成功并不遥远

董剑◎著

安徽师范大学出版社
·芜湖·

图书在版编目(CIP)数据

成功并不遥远 / 董剑著.—芜湖:安徽师范大学出版社,2017.7
ISBN 978-7-5676-2835-9

Ⅰ.①成… Ⅱ.①董… Ⅲ.①成功心理-青少年读物Ⅳ.①B848.4-49

中国版本图书馆CIP数据核字(2017)第102717号

成功并不遥远 董 剑◎著
CHENGGONG BINGBU YAOYUAN

责任编辑:胡志恒 王 贤
装帧设计:任 彤
出版发行:安徽师范大学出版社
芜湖市九华南路189号安徽师范大学花津校区
网 址:http://www.ahnupress.com/
发 行 部:0553-3883578 5910327 5910310(传真)
印 刷:江苏凤凰数码印务有限公司
版 次:2017年7月第1版
2017年7月第1次印刷
规 格:700mm×1000mm 1/16
印 张:24.25
字 数:338千字
书 号:ISBN 978-7-5676-2835-9
定 价:58.00元

前　言

人生在世，谁不想成功？谁愿意平庸，失败？谁愿意蹉跎岁月，碌碌无为？谁愿意“鬓毛不觉白毵毵(sān)，一事无成百不堪”？

然而，成功不是空穴来风，不是天上掉馅饼，并非想成功就能成功，也不是事事都能成功，更不是人人都可以成功。

我国著名学者王国维借用了晏殊、柳永《蝶恋花》和辛弃疾《青玉案》三首宋词，来形象地说明成功的三个阶段。他在《人间词话》里说：“古今之成大事业、大学问者，必经过三种之境界。‘昨夜西风凋碧树，独上高楼，望尽天涯路’，此第一境也。‘衣带渐宽终不悔，为伊消得人憔悴’，此第二境也。‘众里寻她千百度，蓦然回首，那人却在，灯火阑珊处’，此第三境也。”

其第一境界写“立志”，即冲破眼前的压力和障碍，登高望远，独立思考；树立理想，下定决心；明确目标，做好准备。

第二境界写“奋斗”，即专心致志，顽强拼搏；孜孜以求，百折不挠；无怨无悔，坚持不懈。

第三境界写“成功”，或灵光闪现，豁然开朗；或苦尽甘来，柳暗花明；或功到事毕，水到渠成。

然而，有人输在了起跑线上，更多人倒在了第二阶段，却很少有人能进入第三阶段。

何也？修养使然也。

在《文学小言》一文中，王国维又把这三境界说成“三种之阶级”，并说：“未有不阅第一第二阶级而能遽(jù)跻第三阶级者……所以又需莫大之修养也。”

美国政治家、科学家本杰明·富兰克林在他的自传里写道：“我的目的是养成所有美德的习惯。”“当我掌握了一种美德后，接着就开始注意另外一种，这样下去，直到我掌握了十三种为止。因为先获得的一些美德可以便利其他美德的培养。”富兰克林果真养成了十三种品德：节制、寡言、生活秩序、决心、俭朴、勤勉、诚恳、公正、适度、清洁、镇静、贞节、谦虚。所以，他在很多方面都获得了巨大成功。

说到底，成功是一个过程，是一个人从不优秀到优秀的发展过程。成功者，都是优秀者。优秀者，大多能成功。只要优秀了，就不怕不成功。中国俗语“富不过三代”说的就是这个道理。第一代优秀，成功了。后来子孙不肖，中道败落。当然，也有富过几代甚至几十代的，那是因为子孙代代优秀。所以，成功就是优秀。没有人才辈出的家庭难以富过三代，没有人才辈出的企业难以长盛不衰，没有人才辈出的国家难以兴旺发达。

人的成功与优秀相比，优秀是第一位的。可以说，成功是优秀的必然结果。也可以说，成功是优秀的副产品。所谓成功，就是人的优秀品质从量变到质变的发展过程，就是人的优秀品质的培养、聚集、强化和发挥的结果。一位优秀的人就像金子，是金子总会发光，够优秀就会成功。一个平庸的人、不走正道的人、只想着一夜暴富的人等，是不可能成功的，即使靠小聪明、小伎俩、投机钻营、歪门邪道取得一点所谓的成功，也是不可能长久的。

本书选取、囊括了人的与成功有关的优秀品质及其相关因素五十二种，并以先进思想、国学精粹、辩证方法为主线，古今贯通，中西兼蓄，一一加以完整、准确而简明地阐述。由于遗传、天资，又由于家庭、学校、社会的后天教育，一个人本身就已经具备了某些基础性的优秀品质。根据自身条件和所选择的成功道路，如果您阅读了此书，能在本书的启迪、帮助下，再累积若干优秀品质，那么可以预言：您则成才为期不远，成功指日可待！

“插上理想的翅膀，乘坐勤奋的火箭，借助合作的东风，依靠坚持的力量，飞向成功的彼岸”，即：

理想+勤奋+合作+坚持=成功

这是本书所揭示的，在现代条件下适合所有人的成功公式，希望能对您有所帮助。

本书目的，是想帮助所有朋友，特别是莘莘学子和青年朋友们，早日优秀起来，脚踏实地，释放正能量，健康地成长、成熟、成器、成才，即学业有成，事业有成，人生精彩而辉煌，成为对家庭、社会、国家、人类的有用之才，栋梁之才！

是人才，够优秀，就一定成功。套用辛弃疾《青玉案》：众里寻它千百度，蓦然回首，成功就在，灯火阑珊处。它，并不遥远。

鄙人才疏学浅，愚蒙等诮。书中不当、谬误之处，诚恳、由衷地接受批评。如蒙拨冗赐教，当不胜感激之至！

董剑

2017.02.03

目　录

第一章　插上理想的翅膀

理想之想,指的是想象、希望、愿景,是对现实的超越,对自我的超越,对时空的超越;是主体对真、善、美的渴望和追求;是主体对自己人生、职业前途的设想和设计;是主体对未来美好、幸福生活的向往和憧憬。

真正的理想是理智的、理性的、合理的想象、希望和期盼,而不是漫无边际的空想、虚无缥缈的幻想,更不是一厢情愿的痴心妄想。一般说来,经过主体的主观努力,理想是可以实现的。

理想——宏图大志，鹏程万里

只要坚持，梦想总是可以实现的。

——习近平

理想是指路明灯。没有理想，就没有坚定的方向。

——列夫·托尔斯泰

理想是什么？

托尔斯泰说："理想是指路明灯。"

罗曼·罗兰说："理想就是一种动力。"

德莱塞说："理想是人生的太阳。"

作为汉语词汇，理想是"对未来事物的想象或希望（多指有根据的、合理的，跟空想、幻想不同）"（《现代汉语词典》）。

作为一种思想意识，理想是一个人的政治立场、世界观和人生观的集中表现。人们的政治立场有先进与反动，世界观有科学与不科学，人生观有崇高与卑下。因此，人们的理想也有先进与反动、科学与不科学、崇高与卑下之分。

一

崇高理想的故事。

美国有一对莱特兄弟，哥哥叫威尔伯·莱特，弟弟叫奥维尔·莱特。1878年的圣诞节，他们的爸爸带回了一个“蝴蝶”玩具。爸爸告诉他们，这是飞螺旋，能在空中高高地飞行。接着，当场做了演示。

从这以后，在他们幼小的心灵里，就萌发出了创造发明的火花——将来一定要制造出一种能飞上高高蓝天的东西。这个理想和愿望一直影响着他们。他们常常仰面朝天地躺在草地上，一连几个小时仔细地观察鹰在空中的飞行，研究和思索着它们起飞、升降和盘旋的机理。后来，他们用自己自行车生意赚来的钱进行飞机的研制。

1903年12月17日，他们研制的“飞行者一号”飞上了蓝天——世界上第一架飞机发明成功。他们儿时的理想终于实现了！

1910年夏，12岁的周恩来跟随伯父来到东北奉天东关模范学校读书。当时的东北，是帝国主义列强争夺的焦点，让周恩来体会到了“中华不振”的含义。

有一天在修身课上，任课的魏校长向同学们提出了一个问题：“请问诸生，为什么而读书？”

同学们踊跃回答。有的说：“为明理而读书。”有的说：“为做官而读书。”也有的说：“为挣钱而读书。”

周恩来一直静静地坐在那里，没有抢着发言。魏校长打手势让大家静下来，点名让他回答。周恩来站了起来，清晰而坚定地答道：

“为中华之崛起而读书！”

魏校长为之一振！他怎么也没想到，一个年仅十二三岁的孩子，竟有如此的抱负、胸怀和宏图大志！

二

古人之志。

在中国古代，理想与“志”同义，指人生奋斗目标。古人注重人生志向的确立与坚持，并把立志看作是人生事业成功与否的首要因素。立志，为士、大夫、君子、贤达、豪杰、圣人之所为，是一种“内圣外王”和“修身、齐家、治国、平天下”的修为和崇高境界。

孔子曰：“志于道，据于德，依于仁，游于艺。”（《论语·述而》）孔子认为，无论修身还是治学，首要之事是立志，然后依据德、仁，这样才能去学习其它知识（六艺）。孔子把“克己复礼”“天下归仁”作为自己的政治志向，而把“老者安之，朋友信之，少者怀之”（《论语·公治长》）作为自己的人生志向，追求前者是为了实现后者。

孟子说：“士贵立志，志不立则无成。”又说：“古之人，得志，泽加于民；不得志，修身见于世。穷则独善其身，达则兼善天下。”（《孟子·尽心上》）又说：“得志，与民由之；不得志，独行其道。富贵不能淫，贫贱不能移，威武不能屈，此之谓大丈夫。”（《孟子·滕文公下》）孟子一生把追求完善、理想的人格即“人皆可以为尧舜”作为自己的志向。他认为，道德修养与道德实践方面要致力于心性的完善，同时还要做到上以事君，下以利民，安邦济世，即士在穷困、不得志时要保持一种独立的“士”精神；在发达、得志期间要同时造福百姓和社会。大丈夫顶天立地，具有崇高的理想和坚定的操守，不为外在的力量所淫、所移、所屈。

诸葛亮说：“志当存高远。”（《诸葛亮集·诫外甥书》）又说：“非学无以广才，非志无以成学。”（《诸葛亮集·诫子书》）诸葛亮认为，人的志向应当高尚、远大。又认为，“志”决定“学”，“学”决定“才”，即不努力学习就不能增长才智，而不明确志向就不能在学习上获得成就。诸葛亮自己就是个志向高远、目光远大之人。他博学多才，足智多谋，处处把国家利益、江山社稷放在第一位，从不计较个人得失。

苏轼说："古之立大事者，不惟有超世之才，亦必有坚忍不拔之志。"（《晁错论》）自古能成就伟大功绩的人，不只是要有超凡的才能，也一定要有坚定不移的志向。

三

今人之理想。

随着经济全球化、价值多元化、生活多样化和信息海量化，人们的理想更是多种多样，五彩缤纷。

理想之理，指的是理智，即能辨别是非、利害关系以及能控制自己的行为；指的是理性，即在感性认识的基础上，能够进行去粗取精、去伪存真，由此及彼、由表及里的分析、推理和判断；指的是合理，即合乎实际、实情，合乎道理、事理，合乎逻辑，合乎自然和社会的发展规律。

理想之想，指的是想象、希望、愿景，是对现实的超越，对自我的超越，对时空的超越；是主体对真、善、美的渴望和追求；是主体对自己人生、职业前途的设想和设计；是主体对未来美好、幸福生活的向往和憧憬。

真正的理想是理智的、理性的、合理的想象、希望和期盼，而不是漫无边际的空想、虚无缥缈的幻想，更不是一厢情愿的痴心妄想。一般说来，经过主体的主观努力，理想是可以实现的。

理想来自于人们的需求、对现实的不满足和对未来的不懈追求。当人的实践活动还未能给自己创造出美好、圆满、幸福的生活时，那种美好、圆满、幸福的生活就已经在人们的意识中被想象、设计和构造了。而对美好、圆满、幸福的想象就是人的理想。理想集中和凝聚着人们对未来的憧憬和追求，并鼓舞、激励着人们去努力把它变成现实。理想具有以下特点：

1. 指向性。它是人生目标的指南针。有了理想，就有了坚定、明确的人生方向。

2. 创造性。理想是人们给自己描绘的关于未来世界的蓝图。它需要人们发挥自己的想象力去努力创造。

3.激励性。理想是人的精神动力和支柱。多少人之所以意志顽强、自强不息、百折不挠，就是为了实现自己的理想。

4.凝聚力。集体、社会、政党、国家都需要凝聚力。这个凝聚力就是共同理想。有了共同理想，就有了共同的目标，就可能在共同利益的基础上团结起来，共同奋斗。

四

理想的形成。

人的理想不是人的自然禀赋，而是来自于人的家庭、学校和社会教育，来自于人的认识水平和人生实践，并总是伴随着人的认识水平的不断提高和人生实践的不断深入而由低层次向高层次提升。

人的读书阶段，特别是大学阶段，正处于生理发育的成熟期和心理发展的过渡期，处于理想形成的关键期。作为青年人特别是大学生，需要正确地认识自己，把握好自身的社会定位和发展要求，理解自我与他人、与社会、与国家民族前途命运的关系，选择适合自己的理想。

志当存高远。立志做大事，无可厚非，但是不能志大才疏，好高骛远。立志需躬行，伟大的事业、崇高的理想，起点就在脚下，在一个个平凡的岗位上，在扎扎实实的学习和工作中。实现崇高的理想，要从我做起，从现在做起，从日常的学习、工作做起。

要正确地对待挫折和失败，正确地对待人生过程中的顺境和逆境，认清实现理想的长期性、艰巨性和曲折性，在追求理想的过程中遇到困难时要能够无所畏惧、不懈奋斗。

把社会理想和个人理想、崇高理想和一般理想、长远理想和近期理想紧密结合在一起，用社会理想、崇高理想、长远理想来引领个人理想、一般理想和近期理想；用个人理想、一般理想和近期理想带动社会理想、崇高理想、长远理想，这样，前途才会光明。

五

理想与信念、信仰、“三观”(价值观、人生观、世界观)。

理想和信念,二者非常相近、相似,互有交叉。理想离不开信念,信念也离不开理想。很多时候,理想本身就是信念,而信念本身也是理想。所以,人们常常把理想和信念合在一起称作“理想信念”。例如共产主义,它既是理想,又是信念。

但是,理想和信念各自的侧重点和作用是不相同的。理想是同奋斗目标相联系的有实现可能性的想象,重在表现人与奋斗目标之间的关系,主要是指向未来,为人们的行动指明方向;而信念则重在表现人对事物、观念的看法和态度,主要是面对现在,为人们的行动提供精神支持。

信仰以信念为基础,而信仰本身也是一种信念,一种最特殊、最重要、最根本的居于统摄、支配、领导地位的信念。理想与信仰的关系类似于理想与信念的关系。理想以信仰为基础,信仰决定理想,有什么样的信仰,就有什么样的理想。

信仰与理想有着质的不同:信仰表现了主体对最高价值的追求,而理想则着重揭示主体最高价值追求中的价值目标,更加具体;信仰主要是景仰、崇拜和一种精神寄托,而理想则是人的奋斗目标、行动纲领和实践力量;有的信仰与理想是同一的,如共产主义信仰与共产主义理想。但并非一切信仰与理想都是同一的,如同一宗教或群体内存在着不同派别,就是因为信仰相同而理想不同所致。

在以信念、信仰、理想三者组成的金字塔中,信念是塔基,是信仰的基础;信仰居中,是理想的基础;而理想则是在信念、信仰的基础上高高架起的塔尖。

既然信念决定信仰,信仰决定理想,那么,要想获得好的理想就必须首先获得好的信念和信仰。既然信念支撑着信仰,信仰支撑着理想,那么,要想固守好自己的理想就必须首先巩固好自己的信念和信仰。如果信念动摇，信仰迷失，那么，理想就会坍塌、崩溃。

理想、信念、信仰和“三观”相互依存，相互作用，相互促进。“三观”决定理想、信念、信仰，有什么样的“三观”，就会有什么样的理想、信念、信仰。理想、信念、信仰也可以影响和改变“三观”。

从一个共产党人身上就可以看出几者之间的相互关系：马克思主义是他的信仰，社会主义是近期目标，共产主义是远大理想，对社会主义和共产主义的坚定不移是信念。马克思主义的辩证唯物主义和历史唯物主义是他的世界观，全心全意为人民服务、为共产主义奋斗终生是他的人生观，以个人利益与集体利益相结合、而以集体利益高于个人利益为原则、为全人类的解放事业而献身是他的价值观。

总之，孤立地去追求理想，是不可靠的，只能是幻想、空想、妄想。培养和确立科学的理想，必须以科学的信念、信仰和“三观”为基础，为指导，并和正确、科学的信念、信仰、“三观”的培育结合起来，这样，才可以相辅相成，相得益彰。

信念——信之愈深，念之愈远

如果一个人有足够的信念，他就能创造奇迹。

——温塞特

人，只要有一种信念，有所追求，什么艰苦都能忍受，什么环境也都能适应。

——丁玲

一

何为信念？

信念是自己认为可以确信的看法，是人们在一定的认知基础上确立的对某种思想、理论、主张、主义、见解或事物的坚信不疑并为之身体力行、全力以赴的意愿和心理状态。

信念包括认知、情感、意志三个要素。认知部分是信念的前提，它不仅仅是感性的，而且大多是理性的，包括对真理的确认和对价值的认同。在认知的基础上产生兴趣、投入情感，体现对美好未来和对真、善、美的追求。在认知和情感的基础上产生决心、坚定意志。所以，信念是人的认识、情感、意志三要素的有机统一体或“合金”。认知是信念的基础，情感是信念的动力，意志是信念的坚韧和执着。

信念虽然以认知为前提，为基础，但它强调的并不是认识的正确性，而是情感的倾向性和意志的坚定性，是一种心理状态和强大的精神力量。

信念有正确和错误、科学和非科学之分。错误和非科学的信念是以“信以为真”和价值认同为前提，并在此基础上投入情感和意志，因而，它是“信以为真”和情感、意志的混合物。

信念是人的行动前的倾向，影响个人的态度；进而形成一种意向，而影响人的行为；而行为的结果会得到回馈信息，人们又据此增强或修改其信念而不断循环。

作为个体的信念，是后天形成的，是随着个体的成长而成长、随着个体的成熟而成熟的。个体的信念，是学习和参加社会实践活动的结果，是对各种思想、理论、主张、主义、见解进行鉴别和选择的结果，或者是被宣传、被教育的结果。

信念具有稳定性。信念形成后难以改变，即使以后在认知层面上对信念产生疑虑，但情感上强烈的认同也会在相当程度上支持既定的信念。

信念具有执着性。当一个人抱有坚定的信念时，他就会全身心地投入到信念所确认的事业中去，精神上全神贯注，态度上充满热情，行为上坚定不移、始终不渝，并且会超脱个人名利，成为心胸宽阔、精神自由的人。

信念也不是不可以改变的。信念的确立，关键在于正确认识对象的意义和价值。建立在这个基础上的信念，才会坚实、稳固、持久、长远，才会具有不竭的动力。由于环境、事态和认识的改变，信念作为一种反映现实的精神现象，必然随着客观实际的改变而有所变化。信念只有不断调整和完善自己，与时俱进，才能从现实中获得更多的支持，从而更有活力。

一个人面对世界种种现象和事物的反应和态度，所依据的是他的信念系统。所以，心态、态度、习惯甚至性格，都源自于内心深处的信念；决心、耐心、恒心、毅力、热情和主动性也均来自于信念。

信念的作用和能量是巨大的，无与伦比的。它可以使悲观者乐观，可以使弱小者强大，可以将梦想变为现实，可以成就事业，可以创造奇迹，可以书写历史！

有了信念，人生的航道就充满了阳光，充满了生机。它可以激发人们超乎寻常的潜在的体力和智力。如果一个人的内心中蕴涵着一个美好的信念，并坚持不懈地为之努力，那么就像唐僧取经一样，一往无前，没有闯不过的“火焰山”，也没有战胜不了的艰难险阻。

二

信念从何而来？

观念是人们在长期的生活和生产实践当中形成的对事物的认识和看法，它既反映了客观事物的属性，同时又打上了人们主观理解的烙印。一般地说，我们所拥有的任何观念，都带有自我情感的色彩，如果我们进一步相信它，那么，一个普通的观念就会升级而形成为我们的信念。我们在对观念的运用中，观念会受到我们严格地检查与过滤，有些被舍弃了，留下来的观念经过时间的考验就会形成我们各种不同的信念。

信之愈深，念之愈远。信念的形成是一个过程，是一种认识和情感（特别是情感）不断凝聚和加深的过程。信念，重在信，由相信到信任，再到信赖、信服、信奉、信守。在信的基础上，再形成信念——坚信不疑、念念不忘。信念比信更坚定，具有稳定性，持久性；信念比信更深刻，它是以对真理的确认即坚信正确、价值的认同即坚信有美好的未来为基础。

信念是一种强烈的精神追求。信念品味的高低，就看追求的是什么和为了什么去追求。

人有各种想法，其中有很多就是信念。有的人想出去打工，挣点钱，把房子收拾一下，让老婆、孩子生活得好一点；有的人想好好读书，考个好一点的大学，将来找一份好工作；有的人想挣很多很多的钱；有的人想做很大很大的官；有的人想光宗耀祖；有的人想出人头地；有的人则不计较个人得失,总想做点大事,以报恩家庭、报效国家、报答社会。这后一种人,就有明显的社会责任感。

社会责任感就是自觉地为他人、为社会作奉献的心理状态,即把非自己分内的涉及他人、社会的事宜当作自己分内的事去做好的一种心理和态度。社会责任感反映的是个体与社会的关系,其价值取向是社会的整体利益。

以社会责任感为基础而确立的信念无疑是正确的,高尚的;而以追求私利为目的的信念无疑是低下的,渺小的。

对于正确、高尚的信念,一要坚守,不能轻易放弃;二要发展,与时俱进,否则就会僵化、脱离现实。

三

信念与理想、信仰。

一般说来,信念是理想的基础。有信念就必然有理想,有理想也必然有信念。但有时,有理想却未必有信念。信念决定理想,有什么样的信念,就会有什么样的理想。以信念为基础、作支撑的理想大多会实现;没有信念的理想,则往往沦为妄想和空想。信念决定理想的内容和方向,如有社会主义和共产主义的信念,就会有共产主义的远大理想。

信念和理想都是主体对最高价值的追求,但二者的区别在于:理想重在目标,它指向未来,为人们的行动指明方向;而信念重在情感,它面对现实,为人们的行动提供精神支持。

信念和理想虽然是两个不同的概念,但两者含义非常相近,很多时候,理想本身就是信念,而信念本身就是理想。当人们把理想作为信念使用时,它指的是人们确信的一种观点、主张和主义;而当人们把信念作为理想使用时,它指的是与奋斗目标相联系的一种憧憬、向往和追求。

人们常常把信念和理想合在一起,作为“理想信念”来使用。在理想信念这一统一体中,人们向往和追求的理想目标成为了人们确信的观点、主张、主义；人们确信的观点、主张、主义又成为人们现实生活中的理想目标。在我国思想政治教育中常说的“理想信念”，往往是最高层次的理想和最高层次的信念的统一，等同于信仰，特指共产主义。

信念又是信仰的基础，信念决定信仰。有什么样的信念，就会有什么样的信仰。而且，信仰本身也是一种信念。一个人拥有很多种信念，信念又有高、中、低层次之分，并各安其位，形成一个有序的信念系统。其中那个最重要、最根本、居于支配、统摄地位的信念就是信仰。

就信仰是居于支配、统摄地位的最高信念而言，信仰与信念具有某种一致性，所以，有时人们说信念，指的就是信仰。如说马克思主义信念、共产主义信念，指的就是马克思主义信仰、共产主义信仰。从我国当前的用词习惯看，人们很多情况下所讲的信念，其实并不是一般的或低层次的信念，而是指人的支配一切的最高信念、基本信念或信念体系，即人的信仰。

虽说信仰也是信念，虽说信仰与信念具有某种一致性，但信仰与信念毕竟是两个不相同的概念：第一，信仰支配、统摄一切的信念，具有专一性、权威性：而信念不仅有支配性的信念，也还有其他方面和层次的信念，具有多样性、层次性；第二，二者在信的程度上不同。信念是一种向往和追求，而信仰则是全身心的倾倒和情感皈依。信仰比信念更为执着、深沉、投入。

在意识层次上，信念、信仰、理想三者存在着递进关系：信念是信仰的基础，而信念、信仰又是理想的基础。在以信念、信仰、理想三者组成的金字塔中，信念是塔基，是信仰的基础；信仰居中，是理想的基础；而理想则是在信念、信仰的基础上架起来的塔尖。如果信念坚强，那么信仰就牢固，理想及目标就会岿然不动。

四

信念与“三观”。

信念是主宰人们灵魂的精神支柱，是人的“三观”（价值观、人生观、世界观)的高度凝聚和集中体现,所以,信念的确立必须和“三观”的形成和建设相结合。有了“三观”支持的信念才坚强、牢固、持久、长远。

人的价值观念有着固定的价值意识、价值目标、价值追求、价值取向、价值标准,是一种稳定的心理定势或观念模式。信念有着鲜明的价值意识、价值取向、价值追求、价值目标,也内含着价值标准和价值规范,因而,信念也是价值观念。并且,因为信念内含着最高的价值意识、价值追求、价值目标、价值标准,因而,信念又是最重要的价值观念,是居于支配地位和统摄地位的价值观念或核心的价值观念。

价值观是各种价值观念和价值知识的一般观点或根本观点的概括。价值观指导价值观念和价值知识,价值观念和价值知识也体现价值观。信念也以一定的价值观为指导,同时也体现一定的价值观。又因为,信念是处于支配地位的、核心的价值观念,所以,信念是价值观的凝聚和集中体现。

价值观是人生观的重要组成部分,人生观也是价值观的重要组成部分,其交叉、结合部叫做人生价值观。人生信念内含着最高的人生意识、人生追求、人生目标、人生标准,因而,人生信念又是最重要的人生观念,是居于支配地位和统摄地位的人生观念或核心的人生观念。信念以一定的人生观为指导,同时又体现一定的人生观。又因为,信念是处于支配地位的、核心的人生观念,所以,信念也是人生观的凝聚和集中体现。

价值观和人生观都是世界观的重要组成部分,同样的道理,信念也是处于支配地位的、核心的世界观,也是世界观的凝聚和集中体现。

所以,正确信念的确立和正确“三观”的形成密切相关。“三观”是信念的基础,“三观”决定信念,有什么样的“三观”,就有什么样的信念。信念也可以反过来影响“三观”。如果信念坚强而持久,那么“三观”也就牢固;如果信念出了问题,那么“三观”就岌岌可危。所以,一个政党、国家常常把理想信念教育放在政治思想工作的首位。同样,一个人也应该把正确理想信念的确立放在首位。

信仰——精神家园，终极追求

信仰是人生的动力。

——列夫·托尔斯泰

信仰，是事业的千斤顶，失去了它，就失去了人生前进的精神支柱。

——亚米契斯

一

信而仰之。

高山仰止，景行行止，虽不能至，心向往之。信而仰之，谓之信仰。

信，指相信、坚信、信赖、信服、信奉、信守之意；仰，指仰望、仰仗、景仰、敬仰、崇拜、敬畏之意。信仰是“相信并奉为准则或指南的某种主张、主义、宗教等”（《现代汉语词典》）。作为心理学名词，信仰是由认同、信任、崇拜和坚定不移以及全身心的投入、归附而产生的一种心理现象和精神状态。

信仰包括认知、情感、意志三个要素。认知部分是信仰的前提，它不仅仅是感性的，而且也是理性的。这种认知往往注重其是否正确，而不在乎其是否真实。例如，人们信仰上帝，其实谁也没有见过上帝。又如，人们信仰某神某仙，其实某神某仙并不存在，它们只是信仰者自己从外界“拿来”并加以想象和塑造的结果。人们往往在认知的基础上发生兴趣、产生情感、投入虔诚，体现对美好未来的憧憬和对真、善、美的追求。在认知和情感的基础上下定决心、坚定意志、产生执着。所以，信仰是人的认识、情感、意志三要素的有机统一体。其中，认知是基础，情感是动力，意志是坚韧和执着。

有信仰者，对某种主张、主义、宗教或某人极度尊重和信服，并以之为行动的准则和指南。信仰的对象或内容可以是宗教、主义，也可以是任何一种东西，只要你相信它，并以此来解释你存在的理由，它就是你的信仰——精神支柱。

人们的信仰是多种多样的，有政治信仰、宗教信仰、哲学信仰、科学信仰、价值观信仰、社会观信仰、财富观信仰、生活信仰、文化信仰等。

二

主流信仰。

当今，中国社会的主流信仰是马克思主义和共产主义。

马克思主义和共产主义信仰，即是对马克思主义、共产主义学说和理论的信服、尊敬和崇拜。

马克思主义是马克思、恩格斯在19世纪工人运动实践基础上而创立的理论体系。马克思主义以无神论的唯物主义为基础，其理论体系包括三部分：马克思主义哲学、马克思主义政治经济学、科学社会主义。这三部分分别是马克思、恩格斯受到德国古典哲学、英国古典政治经济学、法国空想社会主义的影响，并在此基础上创立的。马克思主义的核心思想是无神、唯物、公有制、计划经济、消灭阶级。

马克思主义不等于共产主义。共产主义是马克思主义的一部分，是一种制度，也是一种思想。作为思想，它主张消灭私有产权，并建立一个各尽所能按需分配的、生产资料公有制(进行集体生产)的,而且没有阶级、没有国家和政府的社会。

共产主义信仰体现着无产阶级革命者的向往和追求,是无产阶级革命者强大的精神支柱,也是无产阶级革命者行动的指南。信奉共产主义信仰,就必须把在全人类实现共产主义作为自己的终生奋斗目标;就必须用马克思主义、共产主义思想体系观察世界、观察社会、观察人生,树立科学的世界观和人生观;就必须用共产主义道德原则和规范来处理个人与社会、集体、他人的关系,培养高尚的道德情操,反对任何特权,全心全意为人民服务。

自古以来,中国本土所产生的教派主要有道教、儒教和墨教。

道教奉老子为教祖,以道为最高信仰,以《道德经》等为主要经典,以学道、修道、行道为主。道教的核心思想是行道与长生不老。

儒教的创始人是孔丘,以《论语》《孟子》等十三经为经典,其基本信仰是仁,即人人友爱。礼是实现仁的基本途径。儒教的核心思想是仁德、礼让、敬天。

墨教的创始人是墨翟,以《墨子》为经典,以“兼相爱,交相利”为学说基础。政治上主张尚贤、尚同和非攻;经济上主张强本节用;思想上尊天事鬼。其核心思想是兼爱、非攻、尊天事鬼。

世界上有影响力的三大主流宗教信仰是基督教、佛教、伊斯兰教。

基督教的创始人是耶稣。基本教义是:上帝创世说,原罪救赎说,天堂地狱说。经典教义是《圣经》。基督教后来分为天主教、东正教、基督新教三大派别。基督教的核心思想是爱神和爱人。

佛教创始人是释迦牟尼,东汉明帝时经丝绸之路正式传入我国,千余年来一直是中国人民的主要信仰之一。佛教的主要思想是因果轮回说。佛教否认神的存在,佛教用修行的方法去掉修行者自己的欲望、罪孽和烦恼,以达至善,摆脱轮回,进入永恒(涅槃),达到不生不灭状态。

伊斯兰教主要分为逊尼和什叶两大派系。逊尼派被认为是主流派别,又被称为正统派,分布在大多数伊斯兰国家,中国穆斯林也大多是逊尼派。两大派系都信仰同一部《古兰经》。伊斯兰教核心思想是信仰安拉是宇宙万物的创造者、恩养者和唯一的主宰。

三

为什么需要信仰?

衣食住行,是人的物质需要;信仰,则是人的精神需要。

1.信仰是人的道德基础。哪里没有信仰,哪里就没有道德。信仰是人心和社会的净化剂。它的内涵主要是哲理、伦理和道德。它承载着人的各种优秀品质,如慈悲、善良、忠诚、自督、自责、自尊、抑制私欲和贪心等。例如,你选择了马克思主义,你就选择了无私奉献、全心全意为人民服务、吃苦在先、享受在后等。又如,你选择了宗教,你就选择了慈悲、向善、无我、利他、自律等。信仰动摇,道德就会滑坡。信仰扭曲或失去信仰,就会惟利是图、坑蒙拐骗、抢劫偷盗、腐败沉沦。

2.信仰是人的精神家园。人的生理上的变化会引起心理上的变化,心理上的变化也会引起生理上的变化。无论是心理上的问题还是生理上的问题,都需要交流、沟通、慰藉、平抚、支撑、修复。找谁?人们往往去找信仰,因为信仰最经济(尤其对于穷人)、最灵验(心诚则灵)、最有效(强大的精神作用)。

人有没有灵魂?有,就是信仰。有了信仰,就有了希望。有了信仰,人就会有依靠感,归属感,充实感,生活就有了阳光,生命就有了意义。如果没有信仰,人就会感到空虚、迷茫、消沉,感到生活无目标,情感无寄托,生命无意义。

3.信仰是人的终极追求。人有很多理想,信仰包含的是最高理想;人有各种信念,信仰是信念中的最高信念;人有各种目标,信仰体现的是终极目标。信仰不同,人的终极追求就不同。人们信仰马克思主义,追求的是共产主义——无剥削、无压迫、物质极大丰富的幸福生活。人们信仰宗教,追求的是神灵保佑,今生安泰,来生幸福。

4.信仰是人的精神动力。“能够激发一颗灵魂的高贵、伟大的，只有虔诚的信仰。”（塞缪尔·斯迈尔斯《信仰的力量》）一个人要想成功，有所作为，不仅要应对来自外部环境的各种挑战，而且还必须不断地超越自我、战胜自己。虽然激励、推动人前进的动力可能来自外部或内部的很多方面，但是，最持久、最根本、最强大的精神动力正是来自人的内心中的信仰。

信仰使人们英勇顽强，百折不挠。信仰使人们可以牺牲一切，甚至把生死置之度外。信仰使凡夫成为志士，志士又使信仰变为现实。

四

信仰与理想、信念。

信仰是个体由于信服和敬仰某某而将某某从外界“拿来”作为自己行动的榜样或指南的；而理想是个体与自己的志向、抱负相联系所自我“产生”的远大目标。从外界拿来的信仰，如果能够内化成自己的理想，那么，这里的信仰和理想就是相同的、一致的，如共产主义信仰和共产主义理想；如果从外界拿来的信仰不能够内化成自己的理想，那么，这里的信仰和理想就不相同、不一致，如我们可以以马克思主义为信仰，但不可以以马克思主义为理想。

信仰是实现理想的内在动力。理想有着双重性，既体现着远大目标，又包含着为实现远大目标而聚集的精神动力。但从理想物化的过程来看，理想本身所包含的精神动力是远远不够的。信仰支配着人们的思维和行动，能产生出强烈的实践欲望和执着的追求意识，能够促使主体为实现理想不懈地努力，乃至赴汤蹈火在所不辞；反之，如果主体失去了信仰，或信仰发生了动摇和危机，那么，意志不再坚强，精神不再执着，崇高的理想就不可能实现。

信念是信仰的基础，没有信念就没有信仰。信仰全是信念，而信念却不全是信仰。信仰具有信念的基本特征，即对于某些尚未被实现和证实的状态或观念的确信，所以，信仰也是一种信念，但信仰并不是一般的、普通的信念，而是最高层次的、居于支配和统摄地位的信念。我们平常所说的共产主义信念，这里的信念是最高信念，等同于信仰。

信仰不仅是对真理的确认与价值的认同，而且还是情感的皈依和虔诚的信奉。信仰比一般的信念更执着、更深沉、更投入，所以，并不是任何信念都能成为信仰，例如“天生我材必有用，千金散尽还复来”，前一句话具有信仰的属性，可以拿过来作为信仰，但后一句话只是一个普通的信念或假设而已，不能成为人们的信仰。

五

信仰的选择。

一般说来，人人都有信仰，人人都应该有信仰，公民有选择信仰的权力和自由。

选择信仰意味着信仰者对于理解世界、人生道路、价值标准和生活态度、生活方式的选择。这是一种最为根本也是最为全面的选择。

人的信仰林林总总，多种多样，但从本质上可分成两大类：有神论和无神论。

信仰又有理智和非理智、科学和非科学之分。理智、科学的信仰来自于对客观世界及其发展规律的正确认识。非理智、非科学的信仰则以“信以为真”为基础，盲从、迷信。

宗教有正教与邪教之分，真正的宗教，其核心是向善、利他。而邪教则打着宗教的幌子，编造歪理邪说，散布封建迷信，反社会、反人类。

一个人可以没有宗教信仰，但不可以没有政治信仰、文化信仰、事业信仰、生活信仰以及为人处世等方面的信仰。

人们应该慎重、谨慎，以自觉、自主的态度来对待信仰的选择，不能采取随波逐流的做法，不能采取随意、糊涂的态度。

在选择某种信仰时，应该清醒地注意到：

第一，某种信仰、主义创始人的人品如何；

第二，某种信仰的目的何在，表里是否一致；

第三，某种信仰有没有实际意义，有没有精神追求；

第四，某种信仰是否与人为善、造福百姓；是否正常、健康和崇高。

六

信仰与“三观”建设。

信仰是人们对一定世界观、人生观、价值观的选择、信奉和遵循。你选择了某种信仰，就意味着你选择了某种特定的世界观、人生观、价值观以及某种特定的生活方式。

价值观是各种价值观念和价值知识的一般观点或根本观点的概括。信仰是人的最高追求、终极追求，有着鲜明的价值意识、价值取向、价值追求、价值目标，也内含着价值标准和价值规范，因而，信仰也是价值观念。并且，因为信仰内含着最高的价值意识、价值追求、价值目标、价值标准，因而，信仰又是最重要的价值观念，是居于支配地位和统摄地位的价值观念或核心的价值观念。信仰以一定的价值观为指导，同时也体现一定的价值观，又因为，信仰是处于支配地位的、核心的价值观念，所以，信仰是价值观的凝聚和集中体现。

价值观是人生观的重要组成部分，其交叉、结合部叫做人生价值观。信仰以一定的人生观为指导，同时又体现一定的人生观。又因为，信仰是处于支配地位的、核心的人生观念，所以，信仰也是人生观的凝聚和集中体现。

价值观和人生观都是世界观的重要组成部分，同样的道理，信仰也是处于支配地位的、核心的世界观，也是世界观的凝聚和集中体现。

所以，信仰的选择、形成和确立必须与“三观”建设同时进行，这样，才会事半功倍、几全其美。

目标——方向恒定，事业有成

成功之秘诀乃是目标之恒定。

——英国谚语

一个朝着自己目标永远前进的人，整个世界都给他让路。

——爱默生

一

目标恒定。

有一则寓言写道，贞观初年，有一对好朋友：马和驴。马被玄奘选中，前往印度取经。

17年后，这匹马驮着佛经回到长安，便到磨房会见它的朋友驴子。老马谈起这次旅途的经历：高耸入云的山峰、浩瀚无边的沙漠、炽热的火焰山、奇妙的女人国……神话般的境界，让驴子听了大为惊异。

驴子感叹道："你有多么丰富的见闻呀！那么遥远的路途，我连想都不敢想。"

老马说："其实，我们跨过的距离大体是相同的，当我向印度前进的时候，你也一刻也没有停步。不同的是，我同玄奘大师有一个遥远的目标，按照始终如一的方向前行，所以我们走进了一个广阔的世界。而你被蒙住了眼睛，一直围着磨盘打转，所以永远也走不出狭隘的天地。”

现实生活中，很多人坚信“天道酬勤”“笨鸟先飞”“一分耕耘一分收获”“世上无难事，只要肯攀登”，这并没有错。但是，这些成功道理必须要有一个最基本的前提——正确而清晰的目标。否则，就会劳而无功。

二

何为目标？

目标之目，指的是目的；目标之标，指的是标的、标准。目标，是指预期想要实现的目的、结果，或指需要通过努力才能达到的境地、标准。如高考目标、就业目标、科研目标、人生目标等。

目标有导向作用。把梦想引向成功的就是目标。目标能给人指明方向，让人知道自己该做什么不该做什么。所以，有人把目标比喻为“北斗星”。

目标有激励作用。目标具体，实在，看得见，摸得着。有了目标，就有了希望，有了动力。有了目标，人们会信心百倍，干劲十足，会不辞辛苦、不畏艰难地去实现它。

目标有凝聚作用。作为个人，目标可以凝聚一个人的时间和精力，像钉子一样，朝着一个方向努力。作为集体，目标可以把一个个分散独立的人凝聚得像一个人一样，心往一处想，劲往一处使。

目标可分为总目标，分目标；定性目标，定量目标；短期目标，中期目标，长期目标和终极目标等。终极目标即人生目标。长期目标一般是 10~20 年。中期目标一般为 5~10 年。短期目标是指 5 年或 1 年以内的规划。

目标的高度要合适。目标的设置应当具有一定的挑战性和可接受性，即付出艰苦的努力后是可以达到的，一般以“跳一跳，够得着”为宜。

三

成功的里程碑。

目标，是人生路上通向成功的里程碑。一个人真正的人生，是从设定自己的人生目标时开始的，是从朝着自己的既定目标持续奋进而展开的。

1953年，美国耶鲁大学对即将毕业的大学生做了一项调查，发现只有3%的人对于自己想要达到的人生目标有非常清楚的计划，并且写了下来。27年后，又做了第二次调查，发现这3%的学生所取得的成就远远地超过了那97%的人。

1970年，美国哈佛大学也对当年毕业的天之骄子进行了一次关于人生目标的调查，发现27%的人，没有目标；60%的人，目标模糊；10%的人，有清晰但比较短期的目标；3%的人，有清晰而长远的目标。25年后的1995年，哈佛大学再一次对1970年毕业的学生进行了跟踪调查，结果是：3%的人，一直朝着自己既定的目标不懈努力，几乎都成了社会各界的成功人士，其中不乏行业领袖、社会精英；10%的人，他们的短期目标一个接一个地不断实现，成了各行各业、各个领域中的专业人士，大都生活在社会的中上层；60%的人，安稳地工作和生活着，没有特别突出的成绩，几乎都生活在社会的中下层；27%的人，过得很不如意，常常怨天尤人。

目标就是有了行动计划和行为实践的梦想、理想、志向、抱负。目标来源于梦想、理想、志向、抱负，但比梦想、理想、志向、抱负更实际，更重要，更具现实性、激励性和可操作性。

古人云："法乎其上，得其中；法乎其中，得其下；法乎其下，得其无。"西方一位哲人说："向月亮射击，即使不能射到月亮，也会射到某一颗星星。"高尔基则说："一个人追求的目标越高，他的才力就发展得越好，对社会就越有益。"一个人的人生终极目标要高远，要有利于人民的利益，有利于社会的发展，当然也要有利于自己，一般以经过长期，甚至一生的努力、奋斗和拼搏才能达到的高度为宜。

四

如何选择目标？

一个人，高考前的专业选择和大学毕业后的去向选择尤为重要，将决定你的人生终极目标能否达到、理想能否实现。最好，要根据主、客观条件，为自己量身打造一个合适的目标。

1.社会需求。人生的价值体现，就在于为社会作贡献。对社会的贡献越大，人生的价值就越大；对社会的贡献越小甚至没有贡献，人生就会黯然失色，没了意义。社会需求决定着人才培养的数量、质量和水平，决定着就业形势的好坏和就业岗位的多少。

由于社会发展的阶段性和不平衡性，社会需求会有一定的波动性、滞后性和隐蔽性，有时候并非一目了然、显而易见。所以需要冷静地观察、分析，适当参加社会实践活动，了解社会真正的需求。一要避免“两耳不闻窗外事，一心只读圣贤书”，主观、固执地去选择自己的人生目标；二要避免“跟风”“随大流”，造成若干年后某方面的人才过剩，就业困难，人生目标无法实现。

2.个人的理想、兴趣、特长。从理论上说，社会的需求量是巨大的，需要各种各样的人才，几乎可以为每一个人提供广阔的平台，让你大展拳脚。“天生我材必有用”，就是这个道理。所以一般说来，个人的理想、兴趣、特长和社会需求并不矛盾，可以在社会需求的基础上，充分考虑个人的理想、兴趣、特长，以便在以后的发展中能够插上理想的翅膀，兴趣盎然地扬长避短，顺势成才、成功。

如果二者发生矛盾时，当义无反顾地服从社会需要。当梦想很难成真时，就需要选择某种责任来作为自己的目标，例如战争时期的投笔从戎，正是出于“国家兴亡，匹夫有责”这种责任。

3.多目标地展开。在有效人生目标下，还应该多目标地展开。

一是学业目标。学生应树立切合实际的学习目标、专业目标 。明确学习目的，端正学习态度。

二是职业目标。要评估一下自己的职业气质、职业兴趣、职业倾向、职业能力和职业潜力等，给自己一个清晰、科学和客观的职业定位，然后以此为目标，规划未来。

三是健康目标。健康目标包括身体健康、心理健康两个方面。

四是价值目标。一个人或作为大学生，应该树立科学的世界观、人生观和价值观，培养健全的人格和高尚的情操。

五

山田本一的秘密。

美国前总统罗斯福说过："成功的道路是由目标铺成的。"目标不是单一的，目标与目标之间在形式、内容上存在着多样性，层次性，所以目标要分段实现。大目标要分解成若干中目标，中目标要分解成若干小目标，这些大、中、小目标就铺成了一条人生的成功之路。

1984年，在东京国际马拉松邀请赛中，名不见经传的日本矮个子选手山田本一出人意料地一举夺魁。两年后，在意大利米兰国际马拉松邀请赛上，他又一次获得了冠军。当时，几乎全世界的人都好奇地在问：他凭什么取得了如此惊人的成绩？10年后，山田本一在自传中写道："每次比赛之前，我都要乘车把比赛的线路仔细地看一遍，并把沿途比较醒目的标志画下来，比如，第一个标志是银行，第二个标志是一棵大树，第三个标志是一座红房子……比赛开始后，我就以百米的速度奋力地向第一个目标冲去，等到达第一个目标后，我又以同样的速度向第二个目标冲去。40多公里的赛程，就被我分解成这么几个小目标而轻松地跑完了。起初，我并不懂得这样的道理，而把目标锁定在40多公里外终点线的那面旗帜上，结果，我跑到十几公里时就疲惫不堪了，被前面那段遥远的路程给吓倒了！"

达到目标，就像上楼梯一样，一步一个台阶，把大目标分解为多个易于达到的小目标，脚踏实地向前迈进。每前进一步，达到一个小目标，就会体验到“成功的喜悦”，这种“感觉”将推动一个人充分调动自己的潜能去达到下一个目标。

六

目标的要求与调整。

有一次，美国财务顾问协会的前总裁刘易斯·沃克接受记者有关稳健投资方面的采访，记者问：“到底是什么因素，使人无法成功？”

沃克回答：“模糊不清的目标。”

记者请沃克进一步解释。

沃克说：“在几分钟前，我就问你，你的目标是什么？你说，希望有一天可以拥有一栋山上的小屋（别墅），这就是一个模糊不清的目标。问题出在‘有一天’的表述不够明确，因为不够明确，成功的机会也就不大。”

接着，沃克又说：“如果你真的希望在山上买一栋小屋，你必须先找出那座山，算出小屋的价值，然后，考虑通货膨胀，算出5年后这栋小屋是多少钱。接着，你还必须算出，为了达到这个目标，每个月要存多少钱。如果真的这么做了，你可能在不久的将来，就会拥有一栋山上的小屋。但如果你只是说说而已，梦想就可能不会实现。梦想是愉快的，没有计划和实际行动相配合的模糊梦想，只能是妄想而已。”

人生目标就是人生规划，不仅要明确、清晰，还必须认真、负责地写出来。因为，书写的过程，就是思考的过程、分析的过程、筛选的过程。

目标是可以修改和调整的，特别是在主、客条件出现重大变化时。美籍华人赵小兰说：“你知道我大学刚毕业时的目标吗？我仅仅希望自己能够生存。我仅仅想找一份工作。我仅仅想能在经济上帮助我的家人。”之后，赵小兰每上一个台阶，就更换一个目标。

七

锁定目标,坚持到底。

卢梭说:“成功的秘诀,在永不改变既定的目的。”目标确立之后,更多的是需要坚持精神——不达目的,誓不罢休。

有则寓言说道,一头老骆驼,在垂暮之年,又一次成功地穿越了号称“死亡之海”的大沙漠。一群驴子听说后,十分感佩,就请老骆驼来介绍经验。“其实,没有什么好说的。”老骆驼说,“认准目标,耐住性子,一步一步往前走,就到达目的地了。”“我们还以为老骆驼能说出些什么惊人的话语来,谁知三言两语就完了。”驴子们都摇了摇头,“一点都不精彩,令人失望!”然后,悻悻地散开了。

其实,成功之路就是这么简单:认准目标,耐住性子,一步一步地向前走。只要耐得住寂寞,抵得住诱惑,守得住清贫,经得起风雨,把得住方向,成功就不会太遥远。

道德——见贤思齐，厚德载物

人不能像走兽那样活着，应该追求知识和美德。

——但丁

应该热心地致力于照道德行事，而不要空谈道德。

——德谟克利特

一

1912年4月14日深夜，当英国豪华客轮泰坦尼克号撞上冰山开始沉没时，救生工作立即紧张、有序地开始了。船上的乐队共8人，为乘客们演奏音乐，直到他们生命的最后一刻。富翁古根海姆特地穿上了晚礼服，静等死亡来临。船长、总设计师、船员和头等舱的富翁们，最有逃生的条件和机会，但他们却把这种条件和机会让给了妇女和儿童，自己选择了死亡，一个个死得像个绅士。令人感佩之至，赞叹不已！

只有泰坦尼克号的大老板——白星航运公司董事主席布鲁斯·伊斯梅抛下了他的乘客、船员和船，在最后一刻跳进了救生艇。在2208人中，705人生还。

这就是道德的力量。不同的道德演绎着不同的传奇，书写着不同的历史。

二

道德是“社会意识形态之一，是人们共同生活及其行为的准则和规范。道德通过人们的自律或通过一定的舆论对社会生活起约束作用”（《现代汉语词典》）。道德反映着社会的价值取向，以善恶评价的方式和人类自我完善的手段，约定俗成地来指导和调节人的行为。

道德包括社会公德、职业道德、家庭伦理道德和个人品德等。

社会公德是全体公民在社会交往和公共生活中应该遵循的行为准则，涵盖了人与人、人与社会、人与自然的关系。社会公德的范围包括两个方面：一方面是在事关重大的社会关系、社会活动中，应当遵守的由国家提倡的道德规范；另一方面是在人们日常的公共活动中，应当遵守、维护的公共利益、公共秩序、公共安全、公共卫生等守则。

职业道德是指人们在职业生活中应遵循的基本道德，即一般社会道德在职业生活中的具体体现，是职业品德、职业纪律、专业胜任能力及职业责任等的总称，属于自律范围。它通过公约、守则等对职业生活中的某些方面加以规范。

家庭伦理道德是每个公民在家庭生活中应该遵循的行为准则，涵盖了夫妻、长幼、邻里之间的关系。

个人品德是个人在任何时候、任何地方言行举止的规范和准则，涵盖了个人与他人、个人与集体、个人与社会、个人与自然之间的关系。

三

中国传统道德从上古发展而来，传说中的尧、舜、禹、周公等都是道德的楷模。

儒家经典学说对于仁义道德作了大量的论述，成为中国传统道德的主要思想来源，从而逐渐形成了以孔孟之道为原则，以忠、孝、仁、义为核心的儒家道德观念。其基本概念有“三纲”（君为臣纲，父为子纲，夫为妻纲）、“五常”（仁、义、礼、智、信）、“四字”（忠、孝、节、义）、“四维”（礼、义、廉、耻）、“三达德”（智、仁、勇）等。

新中国成立以来，先后提出“五爱”公德（爱祖国、爱人民、爱劳动、爱科学、爱社会主义）、二十字公民道德基本规范（爱国守法、明礼诚信、团结友善、勤俭自强、敬业奉献）。中共十八大从国家、社会、个人三个层面提出“富强、民主、文明、和谐”“自由、平等、公正、法治”“爱国、敬业、诚信、友善”二十四字的社会主义核心价值观。

现阶段，我国提倡和弘扬社会主义道德，要求社会成员树立全心全意为人民服务的思想；正确认识和处理国家、集体和个人三者的利益关系；正确认识和处理社会主义条件下人与人、个人与社会之间的关系；正确认识和处理恋爱、婚姻和家庭关系；正确认识和实行社会主义民主和法制；爱祖国、爱人民、爱劳动、爱科学、爱社会主义。提倡克己奉公、助人为乐、毫不利己、专门利人，提倡大公无私的共产主义奉献精神。

四

道德不是孤立的，它与很多概念有关联。

1.道德与伦理

道德主要指个人的道德修养及其结果，侧重于反映道德活动或道德活动主体自身行为。道德是主观法，是自律的。伦理主要指客观的道德法则，是一种自然法则，是有关人类关系（尤其以姻亲关系为重心）的自然法则，侧重于反映人伦关系以及维持人伦关系所必须遵循的规则，具有社会性和客观性。伦理是客观法，是他律的。伦理是伦理学中的一级概念，而道德则是伦理概念下的二级概念。

2.道德与品德

(1)品德与道德所属的范畴不同。道德属于社会意识形态范畴,其产生、发展、变化遵循整个社会的发展规律,不以个人意志为转移。品德的形成与发展除了受社会条件制约之外,还要受个体心理发展的影响,因此品德属于个体意识形态范畴,将随着个体的产生、成长、死亡而发生、发展以至消失。

(2)品德与道德所反映的内容不同。道德反映的是整个社会生活的要求,它作为调节社会关系的行为规范的完整体系,其内容全面而又完整。品德属于私德,是社会道德规范在局部的体现。

3.道德与法律

(1)道德在无阶级的原始共产社会时期就产生了,将来发展到一切阶级差别完全消灭之后,道德仍将继续作为维护社会秩序和调整人们关系的行为准则而存在。法律是私有制和阶级、国家出现之后才产生的,到将来阶级完全消灭之后,也会随着政治国家的消亡而消失。

(2)道德是说服教育和榜样感化的自律性行为规范。它的作用通过社会舆论的赞扬和谴责、表彰和批评的方式来实现。法律则是禁令或强制性的他律规范,如果触犯了法律只有依靠司法机关的审讯和判决来解决。

五

道德依靠社会舆论(报刊、电视、广播、电影、文艺、网络等宣传工具,也包括人们所在的集体的评价和周围人们的议论)、习俗(人类在社会生活中逐渐形成的、习以为常的行为倾向和社会风俗)和人的内心信念(人们发自内心的对某种道德义务的真诚信仰和强烈责任感,人们对于自己的行为进行善恶判断的一种内在精神)的力量,以“应当怎样”“不应当怎样”的方式来指导、调节人的行为。

由社会舆论虚拟出来的法庭叫做“道德法庭”,它判定个人行为的是与非、善与恶,判定一个人的品质是高尚还是低劣。对于善的、正确的、高尚的行为，社会舆论会给予肯定、提倡、褒扬，使之发扬光大；对于恶的、错误的、低劣的行为，社会舆论会给予否定、制止、贬斥，使之收敛以至根绝。

在这个世界上，无德之人很难有立足之地。一个失去了道德的人，可能永远不再被社会所认可。

好人和坏人，小人和君子，恶人和圣人，常人和伟人，其区别不在智慧，不在金钱，不在门第，而在于道德。

大凡成功者，都是有德之人。“得道多助，失道寡助。寡助之至，亲戚畔之；多助之至，天下顺之。”（《孟子·公孙丑下》）有德者朋友多，支持者多，合作者多，帮助者多，一呼百应，一帆风顺，做任何事都容易成功。

《周易·乾卦》曰：“天行健，君子以自强不息。”《周易·坤卦》曰：“地势坤，君子以厚德载物。”其中的“自强不息”“厚德载物”八个字，被很多人称为是人生道德修养的最高境界，后来成了清华校训。

注重自身的道德修养是人之为人的基础。如何才能修养到“自强不息，厚德载物”之境界？儒家道德修养的方法很多，其中的“自省”“自讼”“内省”颇为有效。

“自省”就是孔子所说的“见贤思齐”“见不贤而自省”，即看见贤德的人应向他看齐，看见不贤德的人要反省自己，不重蹈覆辙。

讼是责备，“自讼”是自己责备自己，即自我批评。

“内省”是向内反问，检查自己的言行是否有不对的地方。曾子说“吾日三省吾身”，指的就是“内省”。

我国传统文化营养丰富，再如“己所不欲，勿施于人”“己欲立而立人，己欲达而达人”“穷则独善其身，达则兼济天下”“勿以善小而不为，勿以恶小而为之”等，这些古训所揭示的道德哲理，在今天，依然不失为国人立德向善的大智慧，值得人们好好学习。

佛家被比喻成杂货店，要什么有什么；而道家被比喻成药店，能医治道德上的疾病；儒家被比喻成粮食店，为人们提供精神口粮。例如，一个人如果能够按照儒家的标准行事——仁义礼智信，温良恭俭让，那么就是一个标准的现代绅士。此外，在自我修养的同时，还需要从生活中、从书本里向有德之人好好学习，学习他们的高尚品德，学习他们的修养方法。

六

做事先做人，做人先修德。道德是社会的元素，它无处不在，无时不在，凡有人的地方就有道德。道德修养要付诸行动，即要从自己做起，从现在做起，从身边做起，从小事做起。

诸葛亮《诫子书》曰："静以修身，俭以养德。"修身即修心，修心即修德。无论做人、做事，还是学习，一要"静"，二要"俭"。"静"则不急不躁，"俭"则不奢不贪。这样，才是一个有修养、有道德的人。

季羡林《谈人生》说："能为国家、为人民、为他人着想而遏制自己的本性的，就是有道德的人。能够百分之六十为他人着想，百分之四十为自己着想，他就是一个及格的好人。为他人着想的百分比越高越好，道德水平越高。"这是一条操作性很强的修德之道，只要能遏制自己的私欲、贪欲，多为国家、人民、他人奉献，就能成为一个有道德或道德水准很高的人。

现代社会提倡德才兼备、以德为先的育人、用人标准。这一标准与传统文化一脉相承。依据这一标准来培养塑造自己，就容易成功。

一个人少年时期的主要任务是读书，目标是品学兼优，为今后的人生打下基础。学生要在获取知识、取得优秀学习成绩的同时，不断提高道德认识水平，陶冶道德信念，锻炼道德意志，培养良好的道德行为习惯。

一个人青年、中年时期要德才兼备。德为导向，才为基础。德靠才来发挥，才靠德来驾驭。品德和才能都是衡量、评价一个人的价值的标准。有德有才是精品，有德无才是次品，有才无德是毒品，无才无德是废品。德才兼备是良才，有德无才是庸才，有才无德是歪才，无德无才是废才。德决定着一个人的品质、人格、形象和威望，才决定着一个人的技术、能力和本领。无德之人"天不爱，地不喜，人不欲亲近之"。无才之人"年与时驰，意与日去，遂成枯落"（《诸葛亮集·诫子书》）。德才兼备、以德为先，才是国家需要、社会欢迎、人们喜爱的人才。

少年品学兼优，青年、中年德才兼备（德艺双馨），老来必然德高望重。德高望重指品德和声望极高、极重。权高、位高、年高者都未必望重，只有德高者才会望重。因为，德高者淡泊名利、贡献突出，万人敬仰、景仰。

意志——如钢似铁，无坚不摧

有志者，事竟成。

——刘秀

万事皆由人的意志创造。

——普劳图斯

一

人的行动是由各种不同的动机决定的，这些动机是为了保证生存和满足各种需要而产生的。当一个人意识到自己或社会有某种需要时，就会产生满足需要的愿望，从而进一步有意识地确定追求的目的，拟定达到目的的计划，并付诸行动。这种行动始终是由意识调节支配的，是自觉的、指向于一定目的并与努力克服达到目的所遇到的障碍相联系的。从产生动机到采取行动的这种心理过程就是意志。

常见的辞书大都采用了心理学的研究成果来定义意志，认为意志是人为了实现一定的目的而支配自己的行动，并在行动中自觉地克服各种困难的心理过程。或者说，意志系指自觉地确定目的，并根据目的来支配、调节自己的行动，克服困难，实现预定目的的心理过程。

在社会生活中，小到我们搬一件东西，解一道数学题，大到科学考察、航天、登月，若为一定的目的作出了努力，付出了艰辛，就一定有意志的参与、作用和支配。

意志对于行动的支配、调节作用，包括发动和抑制两个方面。前者指发动、促使、坚持人的从事带有目的性的必要行动；后者则指制止、改变与预定目的相矛盾的愿望和行动。意志过程，使人的内部意识向外部动作转化，体现出人的心理活动的主观能动性，是人类所特有的。

意志支配、调节功能的两个方面在实际活动中不是互相抵触和排斥的，而是一个问题的两个方面，是一个统一的过程。人们常说的“有所为，有所不为”，就是这种道理。正是通过发动和抑制这两种作用，意志实现着对人的活动的制约，从而保证活动目的的顺利实现。

二

良好意志的特征。

意志品质，是指构成人的意志的诸因素的总和，主要包括自觉性、果断性、自制性和坚持性。反过来看，自觉性、果断性、自制性和坚忍性也是良好意志的四大特征。

1. 意志的自觉性

“老牛亦解韶光贵，不待扬鞭自奋蹄”(臧克家《老黄牛》)。自觉性是指自己有所认识而觉悟，其外在表现为积极、主动，内在表现为职责意识、责任心等。即对行动目标有明确的认识，尤其是能认识到行动的社会意义，主动地以目标为中心来调节和支配自己的行动。自觉性是意志的首要品质，贯穿于意志行动的始终。

2. 意志的果断性

“当断则断，不断则乱”(张笑恒《北大思想课·清华行动课》)。果断性是指面对复杂多变的情境，善于明辨是非，敢于抓住时机，迅速而合理地采取措施和执行决定。既大胆，又心细；既能顾全大局、处事严谨，又果敢坚决、雷厉风行。当需要立即行动时，能迅速地作出决断、对策，使意志行动顺利进行；而当情况发生新的变化，需要改变行动时，则能够随机应变，毫不犹豫地做出新的决定，以便更加有效地完成意志行动。

3.意志的自制性

黑格尔说："一个志在有所成就的人，他必须如歌德所说，知道限制自己。"（《新东方经典语录大全》）自制性是指善于控制和支配自己，即自己能管得住自己。在意志行动中，不受无关诱因的干扰，能控制自己的情绪，坚持完成意志行动；同时能制止自身不利于达到目的或与行动目标不一致、相违背的行动。

4.意志的坚持性

"千磨万击还坚劲，任而东西南北风"（清·郑燮《竹石》）。这是最能体现人的意志的一种品质。坚持性要求人在长时间内毫不松懈地保持身心的紧张状态，在任何情况下，都坚持不变，直至达到目的；遇到困难时，能激励自己树立起克服困难的信心，始终如一地完成意志行动。

三

认知、情感、意志，即知、情、意，是人类心理活动的三种基本形式。其一是认知阶段，目的在于解决"是什么"；其二是情感（评价）阶段，目的在于解决"有何用"；其三是意志（决策）阶段，目的在于解决"怎么办"。

人的认知、情感与意志三种基本的主观心理活动分别反映了三种基本的客观事物，即事实关系、价值关系和行为关系。人为了生存和发展就必须首先感知和了解各种事物的事实关系，其次要掌握这些事物对于人的价值关系，再要掌握每个行为的价值关系并且判断、选择、组织和实施一个最佳的行动方案。第一步由认知活动来完成，第二步由情感活动来完成，第三步由意志活动来完成。从认知到情感，再到意志，是一条基本的、不可分割的流水线。认知、情感、意志三者之间又是辩证统一、相互渗透、相互作用、相互制约、共同发展的。

认知产生情感，并为情感提供基础；认知、情感产生意志，并为意志提供基础。反过来，情感又支配认知，使认知具有目的性，能够按照人的价值需要进行发展。意志又支配认知和情感，使认知的注意力集中、持久、使观察认真、细致、深入等；意志又使情感具有目的性、理智性、持久性，能够按照人的意志需要进行发展。如果没有意志的掌控，人的认知活动会漫无边际，人的情感活动会是本能的、盲目的、非理性的，甚至是见利忘义的，低级趣味的。

人的全部认识活动可分解为知、情、意三种相对独立的心理活动，人的综合心理素质也相应地分解为三种相对独立的心理素质：认知素质（或智力素质）、情感素质和意志素质，它们分别表现为人对于事实关系、价值关系和实践关系的能动的反映能力。

1.认知素质（或智力素质）。认知素质的高低取决于人对于事实关系的主观反映与实际情况相吻合的程度，它包括对事物的感觉、知觉和表象的反映能力，对概念进行判断、推理、分析、归纳等方面的思维能力。认知素质用“智商”来表示。

2.情感素质。情感素质的高低取决于人对于价值关系的主观反映与实际情况相吻合的程度，它包括对价值的情感反映、情感记忆、情感应变、情感敏锐以及情感的理性思维等方面的能力等。情感素质用“情商”来表示。

3.意志素质。意志素质的高低取决于人对于实践关系的主观反映（设想、计划、方案、措施、毅力等）与实际情况相吻合的程度，它包括意志的自觉性、果断性、自制性、坚韧性等，具体体现为形成创造性设想、准确性判断、果断性决策、周密性计划、灵活性方案、有效性措施、坚定性行为等方面的能力。意志素质用“意商”来表示。

智商、情商与意商既相互区别、相互独立，又相互促进、共同发展。一般来说，其中之一的发展与提高，均有利于其它二者的发展与提高。不过，这三者毕竟是相对独立的。智商较高的人，其情商与意商也未必较高，如“聪明反被聪明误”。情商较高的人，其智商与意商也未必较高，如

“感情用事”。意商高的人，其智商与情商也未必较高，如“志大才疏”。

四

意志和毅力。

意志是一个大概念，它在不同情况下的不同反映和表现，会形成很多好的品质，这些品质也都是意志品质大家族的成员，如，意志的坚定不移叫决心，长久不变叫恒心，不急不躁叫耐心，坚信不疑叫信念等。其中，意志的顽强持久、坚韧不拔叫毅力。毅者，坚决、顽强、持久、果断也。毅力指的是一种坚强不屈、百折不挠的心理素质和精神力量。

意志力是意志的外化和表现，是一种包括毅力、坚持力、忍耐力、抗压力、自制力、果断力等在内的综合性的精神力量。根据意志力，可判断出一个人的意志是薄弱，还是强大；是发展良好，还是存在障碍。

毅力属于意志和意志力的范畴，也是一种综合性的精神力量，也包含着坚持力、忍耐力等，但在综合的范围和广度上，不如意志和意志力。毅力主要强调坚强、持久，意志却不仅仅如此。当专指坚强、持久时，毅力、意志、意志力可以互换使用。但有些场合，却大多用意志或意志力，例如，当比赛、对抗、对峙、作战等双方或多方势均力敌时，用意志的较量比较多：例如《美俄博弈是战略意志的较量》《钓鱼岛之争——中美日之间意志的较量》等；又如，当面对金钱、美女等诱惑需要自控时，一般用意志和意志力，而不用毅力；再如，“富贵不能淫，贫贱不能移，威武不能屈”里所包含的是意志和意志力，而不仅仅是毅力。

很多情况下，毅力和意志、意志力常常可以互换使用。例如，在居里夫人身上所体现的既是毅力，也是意志和意志力。

居里夫人曾说：“人要有毅力，否则将一事无成。”她又说：“我从来不曾有过幸运，将来也永远不指望幸运……我激励自己，我用尽了所有的力量应付一切，我的毅力终于占了上风。”居里夫人懂得5种文字，从事科学研究工作近40年，指导了不少青年科学家，撰写了很多高深的科学著作，分别于1903年和1911年获得诺贝尔物理学奖和诺贝尔化学奖，成为历史上第一位在两个领域里分别荣获诺贝尔奖的伟大科学家。她的成功，靠的就是超强的意志，其中最为突出的是毅力，即坚持力。

五

意志是从哪里来的？

孟子云：“天将降大任于斯人也，必先苦其心志，劳其筋骨，饿其体肤，空乏其身，行拂乱其所为，所以动心忍性，曾益其所不能。”（《孟子·告子下》）人们又说“宝剑锋从磨砺出，梅花香自苦寒来”“自古英雄多磨难，从来纨绔少伟男”。艰难困苦玉汝于成，意志来源于两个字——磨练！

1. 从小磨练。一是从小时候开始。俗话说：“有志不在年高。”从小培养孩子的意志，特别重要。二是从小事做起。不能做小事者，必定做不成大事。认真地、有始有终地、持之以恒地做好身边的每一件小事，就能培养出坚强的意志来。

2. 学习锻炼。学习需要意志，而学习也正是锻炼意志的很好方式。给自己一个恰当的目标，持之以恒，就能使自己的意志力得到增强。体育也是锻炼意志品质的好方法，如长跑，如果没有一定的意志力是很难坚持下来的。

3. 戒除陋习。培根说：“几乎一切都难以战胜习惯，以至于一个人尽可以诅咒、发誓、夸口、保证——但到头来却还是难以改变他的习惯。”戒除陋习，一举两得，既磨练了意志，又获得了优秀品质。

4. 自讨苦吃。困境可怕，但可以借以磨练意志。顺境安逸，但却会消磨人的意志。身处顺境，要自找麻烦，自讨苦吃，如有公车不坐，步行或骑自行车上班；到基层或到边疆去锻炼；不接受父辈的遗产，自主创业等。

5. 无欲则刚。有欲则贪，无欲则刚。一个不想得到什么也不怕失去什么的人，无比刚强，任何敌人和诱惑都拿他没办法。

6.理想崇高。正确而崇高的价值观、人生观、世界观、理想、信念、目标、动机、热情等能指导、激励意志的磨练。理想越崇高、目标越重大,意志动机的水平就越高,人也就越能克服更大的困难。

胆识——见多识广，胆量过人

读书须有胆识，有眼光，有毅力。

——林语堂

胆识将赋予你天赋、能力和神奇的力量。

——歌德

一

胆识之胆，指胆子、胆量、胆略、胆气、胆魄、勇气；胆识之识，指认识、知识、常识、见识、学识。胆识，即有胆有识，有勇有谋——不仅有胆量，而且有见识；不仅有勇气，而且有谋略；不仅有胆魄，而且有智慧；不仅胆子大，而且深谋远虑、明察秋毫。

胆识之胆，是情商；胆识之识，是智商。胆识，即情商+智商。

兵家、武家特别崇尚胆识。胆识是他们为人处世的灵魂、克敌制胜的法宝，是他们建功、立业、成名、成功的基石。但是，对于其他人来说，胆识也都同样是灵魂、法宝和基石，因为，没有胆识，就没有任何成功。

二

胆识是胆与识的辩证统一。

1.胆是胆识的核心

胆，即胆量，就是勇气和魄力，不怕困难和危险的精神，即敢想、敢干、敢作、敢为、敢闯、敢于冒险、敢为人先。正如鲁迅先生曾称赞的："第一个吃螃蟹的人是很令人佩服的，不是勇士，谁敢去吃它呢？"神农尝百草，李时珍为了写《本草纲目》而"远穷僻壤之产，险探山麓之华"等，就是有这样的胆量。

2.识是胆识的基础

认识、知识、常识、见识、学识，皆为胆识之识。

认识，是人脑在实践基础上对外部现实世界能动的反映，包括感性认识和理性认识。知识、见识、常识、学识都属于认识的范畴。

知识，是客观事物的特征、属性与联系反映在人脑中的主观印象，是人类认识的成果或结晶，也可以看成是前人经验的累积。

常识，一是指无须特别学习的、无须解释或加以论证的知识；二是指对理性的人来说是合理的、符合人的生存和发展的日常知识。

见识，来源于人的亲力亲为和多见多闻，和阅历、视野、思想成熟有关。见识多表现为人对事物发展规律，特别是对形势、社会需求的洞察、估算和预测。

学识，指在学术上有独到的见解，有更新自己的理念、拓展自己思路的能力，有研究能力、发现能力和创新能力。

3.胆与识，相辅相成，相互促进

胆量和见识结合起来，形成胆识，产生了"一加一大于二"的效应——识有助于胆的提升，胆有助于识的增长。

胆小，就会怕事；胆大，就会妄为。一个无知的、连常识也不懂的、毫无见识的人，即便再"勇敢"，也只是莽汉、武夫、愣头青，即使能博得一时的喝彩，终究无济于事，甚至会贻害无穷。同样，一个学富五车、满腹经纶、知识渊博的人，如果缺少胆量和勇气，也很难有所作为，只能是一个毫无建树的庸人，或者是语言的巨人、行动的矮子。

知识能增长人的才干，使人有学问、有能力、有智慧。见识能开阔人的眼界，使人多见多闻，见多识广。知识就是力量，只有掌握了知识、用知识武装起来的人，才具有时代弄潮儿的胆识和气魄，才有可能获得成功。知识，见识能使人成竹在胸、胜券在握，底气十足，那么，胆量和勇气也就会油然而生，此正所谓“艺高人胆大”是也。

长见识、做学问，没有胆量和勇气也不行。一个有知识的人，如果没有胆量和勇气，他的见解和学术，就表达不出来，更不能付诸行动，变成现实。认识真理固然重要，但更重要的是说出真理。人生在世，讲真话很难，很多人都不敢。各个领域内都有禁区，有些禁区并不是一般人敢闯的。在安徒生童话《皇帝的新装》里，绝大多数人说的都是假话，只有一个天真的孩子说了真话。至于哥白尼创立“日心说”、马克思创立“马克思主义”，那就更需要胆量和勇气了。

三

读书要有胆识，战胜困难也要有胆识。

人生苦短，我们该读些什么书?怎样读？的确需要有些胆识，否则，就算读成了“两脚书橱”，也不会“腹有诗书气自华”。

早在先秦，孟子就提出了“尽信《书》，则不如无《书》”（《孟子·尽心下》）的阅读思想。林语堂则说得更明白：“读书须有胆识，有眼光，有毅力。胆识二字拆不开，要有识必敢有自己意见，即使一时与前人不同亦不妨。”没有胆识的人读书，进得去，却出不来，人云亦云，人非亦非，满足于陶醉与欣赏。有胆识的人读书，既可以“入书”，即走进去，跟随着作者，到达每一个角落；也可以“出书”，即跳出来，站在书外居高临下看“庐山”，有“自己的看法”“自己的疑问”“自己的判断”“自己的心得”，然后，去粗取精，去伪存真，为我所用。

古今中外，不知有多少人读过《论语》！一部《论语》仅万余字，但有关《论语》的文章、著作却不计其数。很多人读过《论语》后，敢于独立思考，敢于把自己的心得、体会、看法、见解说出来，写出来，就是胆识。有胆识，才有收获，才有成果。胆识不同，收获也不同。

很多人以自己的胆识去研究《红楼梦》，成了红学家。《红楼梦》是座宝藏，书中的语言艺术，诗词书画，儒、佛、道学，建筑美学、医学、美食等，无一不精，可谓集传统文化之大成。不管你是学什么专业的或是干哪一行的，只要你有一定的胆识，善于独立思考，用心去读，都会有所收获。当然，不论读什么书，都是这样，收获如何，取决于你的胆识和用心。

莎士比亚说："困难与智慧交锋时，智慧有敢为、有胆识，困难就没有机会动摇它。"战胜困难，一要有勇气，二要有办法，这就是胆识。困难，指处境危险、生活艰难，或事情复杂、阻碍多。困难是多方面的，有政治上的、经济上的、人事上的、工作上的、生活上的、感情上的等。人生好比是一辆远行的汽车，长途跋涉中，或坎坷、或平坦、或崎岖、或故障、或追尾，甚至翻车，在所难免。重要的是要有胆识。

人们之所以喜欢故事《空城计》，就是喜欢诸葛亮的胆识。当危险、灾难、困难突然降临时，一要拿出胆量、勇气来，二要拿出见识、办法来。战胜了危险、灾难和困难，就迎来了收获、胜利和光明。

四

把握机会要有胆识，进行决断也要有胆识。

机不可失，时不再来。机会的最大特点是时效性：一是不期而至；二是稍纵即逝。机会往往与风险同在，机会常常与挑战并存。机会有多大，风险就会有多大。该出手时不出手，它就会溜走；不该出手时出了手，就会把事情搞砸。关键是要有胆识，及时出手，恰到好处。

有故事说，两个业务员前后去非洲卖鞋，发现非洲人都不穿鞋。一个业务员说,非洲人不穿鞋子,这里没市场,就离开了非洲。而另外一个业务员则认为,非洲人都没鞋子穿,这里的市场一片大好。后者还采取了一些营销策略,如定制适合非洲天气和非洲人脚型的鞋让非洲人试穿等,凭着胆识,发现并开发出了非洲市场。而第一个业务员却让大好的机会留走了。

决断,包括决策、决定等,需要胆识。

决断指的是针对问题,迅速、及时而合理地拿出意见并付诸行动。决断需要权衡利弊、审时度势,快速而准确地拍板、一锤定音,因此需要过人的胆识。领导人的主要工作,就是出主意、作决定,因此胆识是领导人、头头、CEO必备的、不可或缺的素质。

我国20世纪下半叶以来的几次重大举措,都体现了国家最高领导人过人的胆识。例如,“一国两制”的提出是古今中外历史上的破天荒和创造性的决断,更需要过人的胆识。香港问题、澳门问题和台湾问题都是历史上遗留下来的问题,解决这些问题,实现国家统一,是中华民族的共同愿望。中国政府出于对整个国家民族利益与前途的考虑,本着尊重历史、尊重现实、实事求是、照顾各方利益的原则,提出了“和平统一、一国两制”的方针。这个方针已经使香港问题、澳门问题得到解决,并有力地推动着台湾问题的解决。“一国两制”也为世界上仍在分裂中的民族和国家实现和平统一,为用和平方式解决国际争端提供了新的思路和经验。

五

事关大是大非、国计民生,更是需要胆识。

雨果说:“‘拿出胆量来!’那一吼声是一切成功之母。”

胆识是人的一种能力和意识,具有强大的能动作用。不仅对于个人的事业和成功举足轻重,而且从宏观上说,它能推动社会的发展和历史的进步。例如历史上的改革家,管仲、商鞅、范仲淹、王安石等,都是胆识过人之士,所以他们能够力排众议,革故鼎新,做出历史性的贡献。又如历史上的耿直之士、敢于讲真话的人，屈原、司马迁、魏征、包拯、海瑞等，也都胆识过人，所以他们能够不畏强权、不计后果、仗义执言、坚持真理。正因为有了这些人，历史的车轮才能滚滚向前。

新中国成立后，人口增长过快，经济学家马寅初以过人的胆识提出了自己的“新人口论”，因此，1957年被打成右派。之后，又持续地对他进行无情地批判。面对来自全国上下的围攻、谩骂和政治高压，马寅初胸怀坦荡，无所畏惧。1979年得以平反，恢复名誉。后来人称：“错批马寅初，多生几亿人。”

1955年4月，黄河三门峡大坝工程动工。中国水利部召集学者和水利工程师70多人就已开工的黄河三门峡水利规划方案进行讨论。黄万里是唯一反对建造三门峡水库的与会者，他与其他专家在会上进行了长达七天的辩论。反映了他在事关国计民生问题上敢于直言，坚持真理的精神。

六

做一个有胆识的人。

1. 丰富知识，锻炼胆量。多读书，多实践，有知识才有见识。要自信，要勇敢，自信勇敢才有胆量。

2. 实事求是，尊重规律。胆识必须建立在科学精神、实事求是和自然规律、社会发展规律之上，这样的胆识才是真正的胆识，会永远地立于不败之地。而建立在好大喜功和主观主义基础上的胆识，经不起时间的考验，胆子越大，则错误越大、危害越大。

3. 正直正义，无私无畏。为人处世要光明磊落，敢于主持公道，敢于伸张正义，敢于讲真话。有欲则贪，无欲则刚。无私无畏、无所顾忌、不想得到什么、也不怕失掉什么的人，才会有胆识。

4. 守住底线、问心无愧。良心是一个人内心的价值标准和道德底线。良心就是责任心。不论在何种情况下，违背良心的话，不能说。违背良心的事，不能做。否则，就不能称之为有胆识。

5.思想解放，观念先进。不断地接触、接受新的东西，关注学术前沿阵地的新动态，保持思想、观念的先进性。一定的场合下，只要思想不落后，观念不陈旧，胆识就会油然而生。

人格——人品出众，格调高雅

患难与困苦是磨练人格的最高学府。

——苏格拉底

人格是一切价值的根本，宇宙间只有人格具有绝对的价值。

——西田几多郎

一

何为人格？

人格之格，指的是做人的资格，为人的品格，人之为人的脊梁和灵魂。

人格，指人的性格、气质、能力等特征的总和；也指个人的道德品质，如人格高尚；也指人作为权利、义务主体的资格，如不得侵犯公民的人格。

人格也是一个人在社会上的影响、声望、尊严、威信、名誉、信誉、价值、作用和地位的统一与总和；也是一个人的才智、学识、性格、气质、风格、情绪、精神、思想和行为习惯方式的有机整合。它赋予个人适应环境的独特模式。它又是知（认知）、情（情感）、意（意志）、行（行为）的结合。这种知、情、意、行的复杂组织是遗传与环境交互作用的结果。

人们常常用人格的高低好坏来评价一个人，也常常用自己的人格作为担保来博取他人的信任。人们器重或对一个人产生好感时往往是看重了他的人格等。故此，很多人都极为重视人格，把人格看得比生命还重要。

汉语人格一词源自英文“personality”的意译，而英文“personality”一词源自拉丁文的“persona”，其本义是指面具。把面具引申为人格，暗示着一个人有着两面性——公开可见的一面，以及隐藏在面具之后而不为人所知的另一面。因此对于一个人的人格，通常是从两个方面来观察和分析。外在的人格，是指一个人能被他人感觉、知觉和描述的那个方面；内在的人格，则是指用来解释为什么一个人被他人认为是这样的那些内部的因素，或者是与外在人格截然相反的、一个隐藏很深的庐山真面目。

从罗贯中在《三国演义》里对人物的生动描述中，我们可以感觉到诸葛亮的鞠躬尽瘁，死而后已；关羽的恩怨分明，舍生取义；赵云的所向披靡，勇冠三军；曹操的老谋深算，老奸巨猾。他们分别代表了忠、义、勇、奸四种人格特质，这些人格特质渗透于他们言行举止的诸多方面，显而易见。

然而，读过《水浒全传》的人却很难对宋江这个人物作出评价。宋江的人格特质是什么，很难一言以蔽之。有的人生前不为人所洞悉，死后盖棺也不能定论，甚至让那些学者们也徒费口舌、争论了几百年，成了一个有争议的历史人物，宋江就是其中之一。

人格具有独特性。人与人之间的心理与行为各不相同，其人格结构、组合也不相同，从而使每个人的人格都有其自己的特点。

物以类聚，人以群分。同一民族、同一阶层、同一群体的人们具有相似的人格特征。例如，受传统儒家文化的影响，世界各地的华人都有不少相同的人格特征。

二

人格与性格、气质、道德。

1.人格与性格

人格包含性格，性格是人格的重要组成部分。人格的外延要比性格大得多。它不仅包含性格，而且包含气质、认知风格和人在社会上的影响、声望、尊严、名誉、信誉、地位、作用、价值等。所以，心理学界常常把性格当作人格的下位概念运用。

性格指的是性情和风格，近似于“脾气”和“秉性”。动物也有性格，如熊猫温和，狐狸狡猾，猴子活泼好动等，但动物没有人格，也没有“动物格”这一说。

人们在作出承诺时，常说“我用我的人格来担保”，但不会说“我用我的性格来担保”。一个人如果做了有悖良心和道德的事情，就会降低人格，但不会影响性格。

2.人格与气质

气质是指气势、气魄、气概、气节、气度、气量的总和及其特质，是一个人由内而外所显示和散发出的精神状态和形象风格。一个人不仅有血、有肉、有骨骼，而且还有精、气、神，其中之气，也是气质。

人格包含气质，但人格与气质是有区别的：(1)人的最基本的气质大都是先天的，是很难改变的，而人格中的大部分，特别是高尚的人格，则都是后天教育、培养和磨练出来的；(2)气质是从人的情绪、状态和言谈举止中流露出来的，不涉及行为的具体内容。而人格特征大都与行为的具体内容有关；(3)服装、化妆、美容、发型、装饰、体育锻炼等，可以改变人的气质，但却不能改变人格。

气质是人格的重要组成部分，但部分对整体也是有影响的：例如，勇气、骨气和大气可以使人高尚，而霸气、骄气和小气则可造成人的人格缺陷。又如，军人气质、学者气质、领袖气质、气质型美女之气质，可以使一个人的人格更加鲜明而突出。

3. 人格与道德

人格与道德所属的范畴不同。道德属于社会意识形态范畴，其产生、发展、变化服从于整个社会的发展规律。人格属于个体意识形态范畴，其形成与发展除了受社会条件制约之外，还要受个体心理发展的影响，并随着个体的产生、成长、死亡而发生、发展以至消亡。

人格与道德的结合被称为道德人格。道德人格是作为具体个人人格的道德性规定，是由某个个体特定的道德认识、道德情感、道德意志、道德信念和道德习惯的有机结合，是一个人对一定社会道德关系所特有的具有个性特征的确定的态度和立场；也是一个人做人的尊严、价值和品质的总和。

三

人格的“味道”。

尧、舜、禹，人格高尚，魅力四射，流传千古，楷模万世。

《史记·五帝本纪》载：“帝尧者，放勋。其仁如天，其知如神。就之如日，望之如云。富而不骄，贵而不舒。”尧帝这个人，仁爱之大如天，智慧之博如神。靠近他就像靠近了太阳一样温暖，看到他就像久旱的禾苗遇见了云雨一样高兴。富了而不骄，贵了而不傲。

人格如同磁体，就像磁体产生磁场一样，人格能产生出人格魅力。人格魅力形同磁场，具有影响力、吸引力、感染力、号召力、向心力、凝聚力。孔子曰：“为政以德，譬如北辰，而众星拱之。”（《论语·为政》）远古中国先民为尧、舜、禹的人格魅力所吸引，紧紧地团结在他们周围，通过数代人的团结奋斗，创造出了友好和谐、自由平等的原始社会，为后辈子孙所称道。

一个人的影响、作用和历史地位是其人格决定的，是与其人格高下成正比的。

“苏东坡的人品，具有一个天才所具有的深厚和广博……”（林语堂

《苏东坡传》)

苏东坡的人格魅力在于他的豁达和平民性。他在仕途上几起几落，但始终从容淡定，随遇而安，不颓废，不沉沦。

苏东坡的人格魅力在于他的责任感与使命感。他在仕途顺利时，锐意进取、济世报国；而被贬后，还是为百姓办了一件又一件好事。

苏东坡的人格魅力在于他的大气和才华横溢。他的作品或纵横捭阖，挥洒自如；或大气磅礴，气势恢宏；或情意绵绵，情真意切。读过，看过，让人震撼，让人难忘。

俄国作家列夫·托尔斯泰无论大作品和小作品，都有他独有的“大气”。无论《战争与和平》《复活》《安娜·卡列尼娜》，还是一些很小的随笔，都有一种浓浓的列夫·托尔斯泰“味道”。那“味道”，别的作家没有，也模仿不来。那是隐在文字背后的作家人格的体现，必须经过灵魂的历练，达到大真大善大美时，才可能有那种“大气”。他的人格，达到了很高的境界，被称为十九世纪的“良心”。

有的人像大海，即使绽出一小朵浪花，也会有大海的气息；有的人像小溪，即使来一场山洪暴发，也只是小溪的样态。这就是人格的“味道”。

四

“三岁看大，七岁看老”。

性格是人格的核心。与性格相似，人格的形成与发展也离不开先天遗传因素和后天环境影响，即人格是在遗传与环境的双重作用下逐渐形成并发展起来的。

中国有句俗话：“三岁看大，七岁看老。”所以，幼儿时期的正确引导和科学教育可以对儿童教育起到事半功倍的效果，甚至是决定性的结果。

遗传因素对人格的作用程度随人格特质的不同而异。通常在智力、气质这些与生物因素相关性较大的特质上，遗传因素的作用较重要，而在信念、信仰、价值观等与社会因素关系密切的特质上，后天环境的作用可能更重要。

后天环境的因素是多种多样的，小到家庭，大到社会文化，这些因素对人格的形成与发展都有重要的影响。

不同的家庭教养方式（严厉型，放纵型，民主型）对人格发展和人格差异具有不同的影响。幸福的童年有利于儿童发展健康的人格，不幸的童年会使儿童形成不良的人格。

学校教师对学生的人格常常具有指导定向作用。教师的欣赏、信任和期望所引起的效应称作“皮格马利翁效应”——赞美、信任和期待具有一种能量，它能改变人的行为。当一个人获得另一个人的信任、赞美时，他便感觉获得了社会支持，从而增强了自我价值，变得自信、自尊，获得一种积极向上的动力，并尽力达到对方的期许，以避免让对方失望，从而维持这种社会支持的连续性。这种“皮格马利翁效应”以及同伴群体的鼓励和激励对人格的形成能起到巨大的影响。

社会文化对人格具有塑造功能，使其成员的人格结构朝着相似性的方向发展，不同文化的民族有其固有的民族人格。

五

“内圣外王”之道。

儒家学说就是“教人如何做人”，其提升和完善人格的最高标准是“内圣外王”。“内圣”代表内在修为的最高境界（精神境界），“外王”表示外在功业的最高成就（经世成就）。

《礼记·大学》提出了具体步骤：“格物”（认识、研究万事万物的道理）、“致知”（使自己获得知识）、“诚意”、“正心”、“修身”（以上为“内圣”）；“齐家”（治理好自己的家庭或家族）、“治国”、“平天下”（以上为“外王”）。

“内圣”就是通过自省、自讼、内省等修养方法，达到圣人所具有或应有的品格。“外王”既是一种经世原则和政治理想，也是一种应世原则和人生理想。“自省”是孔子所说的“见贤思齐”“见不贤而自省”，即看见贤德的人应向他看齐，看见不贤德的人要反省自己，不重蹈覆辙。讼是责备，“自讼”是自己责备自己，即自我批评。“内省”是向内反问，检查自己的言行是否有不对的地方。曾子说“吾日三省吾身”，指的就是“内省”。

除儒家之外，道家和释家（中国化的佛教禅宗）也讲“内圣外王”之道，并都以此作为他们达到理想人格的根本办法。不过相比较而言，儒家的“内圣外王”之道是一套相当系统的政治哲学理论，直到今天，它对中国社会的发展都有着很大的影响。

按照现代哲学观点，人格问题，说到底也还是个“做什么样的人”和“怎样做人”的问题。人格问题既是个理想、信念问题，又是个人生观、价值观和世界观问题。所以，人格的培养、修炼、提升和完善还必须和理想、信念、人生观、价值观、世界观的确立和培育紧密地联系和结合起来，这样，才会事半功倍，相得益彰。

自律——不能自制，焉能成功

登峰造极的成就源于自律。

——松下幸之助

不能自律，何以正人？

——张九龄

一

自律，就是自己约束自己，自己把握自己，自己管理自己，自己激励自己，主要表现在理性对个人情感、欲望、私利、惰性等的制约、克制、调节和掌控上。

与自律相对应的是他律。

自律是自觉的，是来自内部的自我约束力量。他律则是强制的，是来自于外部他方的约束力量。

自律和他律是并行不悖、相辅相成和同等重要的。几十亿人同住地球村，都需要自律和他律，这样，才会有秩序，有安定，有和平，有文明，有发展。如果没有了自律和他律，人类社会可能比动物世界还要可怕很多。

自律是他律的基础、依据和补充。自律的程度越高，范围越广，他律的程度和范围就可以降低一些，缩小一些。他律不可能包罗万象、面面俱到，不足之处，需要自律来补充。

他律是自律的参照、趋向和认同。一个人须要在哪些方面自律，自律到什么程度等，则要参照他律，或者说，自律是在他律的作用和影响下，人们在内心深处逐渐形成的一整套潜移默化、自觉遵守社会道德和政纪国法的规范。

对于个人来说，自律是极其重要的。有了自律，才会独立，才会严格要求自己，督促自己，发展自己，成为一个对家庭、对社会、对国家的有用之人。

对于成功来说，自律至关重要。成功等于一个人各种优秀品质的叠加，其中，如果缺少了自律，那么成功等式就不能成立。

如果你当上了主管、领导，那么自律尤为重要。因为，“其身正，不令而行；其身不正，虽令不从”（《论语·子路》）。

二

自律与人性。

《孟子·告子上》曰：“人性之善也，犹水之就下也。人无有不善，水无有不下。”人性的善良，就像水性趋向下流。人的本性没有不善良的，水的本性没有不向下流的。

《孟子·告子上》又曰：“恻隐之心，人皆有之；羞恶之心，人皆有之；恭敬之心，人皆有之；是非之心，人皆有之。”“四心”（同情心，羞耻心，恭敬心，是非心）不是外人教的，是每个人原本就有的。

孟子是性善论的代表人物。他依据性善论，主张通过道德自律，固守、控制“四心”，以防迷失；以教化开拓、发挥“四心”，使其提升或达到圣人的高度；如果“四心”流失了，则要通过修养将其找回。

荀子反对孟子的性善论，他认为孟子的性善论“是不然”（是不对的）。《荀子·性恶》曰：“人之性恶，其善者伪也。”人的天性是恶的，善只是教化人为的结果。

荀子是性恶论的代表人物。他认为，好利之心、嫉恨之心、声色之心，人皆有之，必须加以约束、控制、矫正和教化，如果加以放纵，任其发展，就会危害他人、社会，甚至于自己。荀子提出性恶论，并不是要去批判人性，而是为了客观地凸显出自律、修养、学习、教育的重要和无可替代。

人性犹如一枚硬币，孟子看到了这一面，荀子则看到了另一面。殊途同归，孟子从“性善”出发，荀子从“性恶”出发，出发点截然相反，而归属点却惊人的一致，都同时强调自律、修养、学习、教育。

三

自律与道德。

“道德通过人们的自律或通过一定的舆论对社会生活起约束作用。”(《现代汉语词典》)没有自律，就没有道德。

市场经济里的自律，更为重要。如果生意人能够自律，把自己约束在诚信之中，那么，在利己的同时也会利他，才会有市场经济的秩序和繁荣。如果生意人不自律，不讲诚信，那么就会道德下滑，良心丧失，市场混乱，那么坑蒙拐骗偷，假冒伪劣诈，就会像洪水一样，泛滥成灾。没了自律，哪有秩序，何谈繁荣?

对于市场之外的人们来说，自律同样重要。通俗地说，自律就会变成好人、对社会有用的人；不自律，比如权力场上的腐败，就会沦为坏人，害人害己，危害社会。

弗洛伊德认为，人的人格由本我、自我、超我三部分组成。

人们往往用冰山来比喻弗洛依德的人格论，“超我”是浮于水面之上的那个冰山一角，“自我”是水面之下那个忽隐忽现的部分，“本我”是水面深处那个看不见的庞然大物。在弗洛依德的三层人格中，“超我”是在自律约束下内化了的道德规范，“自我”是“犹抱琵琶半遮面”，“本我”是“庐山真面目”。

弗洛依德告诉我们：人的“本我”充满欲望，必须通过自律，从“自我”

上升“超我”，才能形成健康、完整的人格。

只有自律，才会产生人格。只有高度的自律，才会产生高尚的人格。人格障碍者和品行低下者，自律程度低，他们没有健全的人格。

四

君子慎独。

“慎独”是儒家最高的道德观念和最有效的自我修养方法之一。

《礼记·中庸》说：“是故君子戒慎乎其所不睹，恐惧乎其所不闻。莫见乎隐，莫显乎微，故君子慎其独也。”

这里的“独”，指个人独处；“慎”指小心谨慎。合在一起为“慎独”。大意是说：一个人独处，在无人看见的地方要警惕谨慎，在无人听到的时候要格外戒惧，因为不正当的情欲容易在隐晦之处表现出来，不好的意念在细微之时容易显露出来，所以君子更应严格要求自己，防微杜渐，把不正当的欲望、意念克制在萌芽状态。

《礼记·大学》又说：“如恶恶臭，如好好色，此之谓自谦。故君子必慎其独也！”“诚于中，形于外，故君子必慎其独也。”

大意是说：对于坏的东西要像厌恶腐臭那样，对待好的事物要像喜欢美丽的颜色那样，一切都发自内心的真实，这样才能使自己心安理得。所以，君子哪怕是在一个人独处独知的时候，也一定要戒慎。诚意在内心，而显像在外表。所以，君子哪怕是在一个人独处独知的时候，也一定要戒慎。

大庭广众之中，众目睽睽之下，纪律严明之时，自律一般是没有问题的；但当一个人独处、没有了监督、可以为所欲为时，还能不能自律，就很难说了。特别是到了21世纪，五颜六色的诱惑多了，自由的空间大了，独处的时间长了，很多人就不能自已了，于是，出轨的多了，落马的多了，坑蒙拐骗和网络犯罪的就更多了。

所以，慎独作为一种思想、精神和作风，是中华民族的优秀文化传统，代代相传，历久弥新，至今，仍具有极高的价值和意义。

五

“不畏人知畏己知”。

东汉杨震，少好学，博览经籍。五十岁以后才仕进，官居司徒、太尉之要职。

据《后汉书·杨震传》记载：杨震在赴任东莱太守途中，路经昌邑。当时的昌邑县令王密，是他任职荆州刺史时提拔的官员。王密听说杨震路过本地，为报答当年杨震的提携之恩，于是白天去谒见杨震，晚上则准备了白银十斤想赠送给杨震。杨震对他说：“我们是老朋友，我很了解你的为人，你却不了解我，为什么呢？”王密说：“现在是深夜没有人知道。”杨震说：“天知、神知、我知、你知，怎么能说没有人知道呢？”王密听完后，惭愧地离开了。

清朝雍正年间，有位名叫叶存仁的官吏，先后在淮阳、浙江、安徽、河南等地做官。他当官三十多年，却两袖清风，从未收取过任何贿赂。

有一次，在他离任升迁时，僚属们派船送行，但船只却迟迟不启程。直到夜半时，才见一叶小舟划来。原来，僚属们为他带来了馈赠礼品。为避人耳目，特意在深夜送来。他们以为叶存仁平日不收礼品，是怕他人知道后惹麻烦，而夜深人静之时，神不知鬼不觉，叶存仁一定会收下。谁知，叶存仁见此情景，却挥笔赋诗一首，将礼物退了回去。诗云：

月白清风夜半时，扁舟相送故迟迟；

感君情重还君赠，不畏人知畏己知。

叶存仁两袖清风的原因，就是他严格的“慎独”——“不畏人知畏己知”。

六

人生基石。

自律是人之为人的基本品质之一。人的很多优秀品质都是以自律为基础的，如果没有了自律，其它优秀品质就难以形成，也难以成功。

自律，才能自觉。子曰："吾十有五而志于学，三十而立，四十而不惑，五十而知天命，六十而耳顺，七十而从心所欲不逾矩。"（《论语·为政》）这是孔子自述修身的进程。孔子认为，必须经过从自律到自觉飞跃，才能达到修养的最高境界。孔子把人生划成了几个台阶，每上一个台阶，都要以自律为动力，且也都是自律的结果。只有自律，才能独立、自立、自觉，才能"不惑""知天命""耳顺""从心所欲不逾矩"。

自律，才有自由。毕达哥拉斯说："不能制约自己的人，不能称之为自由的人。"世界上任何事物都是相对的，而不是绝对的。只有相对的自由，而没有绝对的自由。只有身心有所自律，才能获得精神和行动上的自由。鱼儿只有在水里，鸟儿只有在林中，蜜蜂只有在花丛间，才能获得自由。无论是动物，还是人，如果不遵从生存之道，不按照规矩办事，胡作非为，非但没有自由，而且一不小心还会丢了性命。

自律，才会成功。成功者都是高度严谨自律的人。自律的方式包括两个方面：一是去做应该做而不愿做或不想做的事情；二是不做不能做、不应该做而自己想做的事情。马马虎虎、随随便便、意志薄弱、挡不住诱惑、耐不住寂寞的人，绝对不会成功。同样的道理，只有自律，才会自尊、自爱、自强，只有自律才有责任感和责任心，只有自律才有健康、时间和成功。

七

自律方法。

1. 榜样法。榜样的力量是无穷的。伟人、圣人、名人和各领域里的杰出人物都是学习的榜样。《论语·述而》又云："三人行，必有我师焉。择其善者而从之，其不善者而改之。"榜样也许就在你的身边。

2. 自警法。针对自己的性格、弱点和实际问题，选择相关的名言、警句、格言，作为自己的座右铭，用以勉励自己，提醒自己，警诫自己，起到自律及警钟长鸣的作用。

3. 自省法。通过经常地、冷静地回顾自己的思想和行为，寻找自己的缺点和错误而加以改正。

4. 慎独法。"非礼勿视，非礼勿听，非礼勿言，非礼勿动。"（《论语·颜渊》）"勿以恶小而为之，勿以善小而不为。"（《三国志·蜀志传》）"举世皆浊我独清，众人皆醉我独醒。"（《楚辞·渔父》）

5. 共进法。自律与意志、责任、认真、人格、品德等是"亲兄弟"，而对于理想、信念、价值观、人生观、世界观来说，它却是一种被支配的关系。如果我们通过学习和培养，能逐步树立起"自强不息"的进取精神，"厚德载物"的博大胸怀，"天下兴亡，匹夫有责"的爱国主义思想，"助人为乐"、"舍生取义"的高风亮节，"富贵不能淫，贫贱不能移，威武不能屈"的大丈夫气概等，就一定能成为一个高度严谨自律的人。

“三观”(价值观、人生观、世界观)
——三军司命,主宰一切

人生的价值,应当看他贡献什么,而不应当看他取得什么。

——爱因斯坦

世界观的转变是一个根本的转变。

——毛泽东

“三观”——价值观、人生观、世界观,是人的思想的核心和总开关。人的思想的先进性、正确性和科学性就取决于“三观”是否先进,是否正确,是否科学。

“三观”是人的最高调节器,制约着人的整个精神面貌,指导和支配着人的思维活动和行为,决定人的道德情操、思想境界,以及人生追求、人生道路和人生成就。

一

价值观。

“失败也是我需要的,它与成功对我一样有价值。”(爱迪生语)这就是价值观。

“生命诚可贵，爱情价更高；若为自由故，二者皆可抛。”（裴多菲语）这是人生价值观。

价值观是关于价值的一定信念、倾向、主张和态度的系统观点。

人的价值意识包括价值心理、价值观念、价值观三个层次。价值观是各种价值知识和价值观念的一般观点或根本观点的概括。价值观一方面表现为价值取向、价值追求，凝结为一定的价值目标；另一方面表现为评价原则和尺度，成为人们判断事物有无价值及价值大小的评价标准。

价值观是一种内心尺度，它凌驾于整个人性之上，支配着人的观察、理解、行为、态度、理想、信念等，支配着人对世界的认识、明白事物对自己的意义以及自我了解、自我定向、自我设计等，也为人自认为正当的行为提供的理由。

一个人的价值观是后天形成的。其中，家庭、学校等对个人价值观的形成起着关键的作用，其他社会环境也有重要的影响。个人价值观有一个形成过程，它是随着知识的增长和生活经验的积累而逐步确立起来的。个人的价值观一旦确立，便具有相对的稳定性，形成一定的价值取向和行为定势。一个人价值观又是可以改变的。由于环境的改变、经验的积累、知识的增长，人的价值观也会发生变化。

个体价值观是因人而异的。由于人的先天条件不同，后天环境不同，人生经历不同，人的价值观的形成会受到各种不同因素的影响，因此，每个人都有着自己的价值观和价值观体系。对诸事物的看法和评价在心目中的主次、轻重的排列次序，就是价值观体系。价值观和价值观体系是决定人的行为的心理基础。在同样的客观条件下，具有不同价值观和价值观体系的人，其动机是不同的，产生的行为也不同，如同在一个单位中，有人注重工作成就，有人看重金钱报酬，也有人重视地位权力。

历史时代不同、地域不同、社会地位和文化水平不同，人们的需要和利益不同，人们的价值观就不同。处于相同历史条件、自然环境和社会环境的人，会产生基本相同的价值观，所以，每一社会都有一些共同认可的普遍的价值标准，从而形成普遍一致的或大部分一致的行为定势，或曰社会行为模式。

价值观通过人们的行为取向及对事物的评价、态度反映出来。它支配和调节着人的一切社会行为,涉及社会生活的各个领域。

在人的实际生活当中,不存在绝对超越功利、没有任何意义的认识和实践。没有人愿意去做无用功,没有人会去追求毫无价值的东西。所以,在诸般事物中,价值观是人们普遍关注或最为关注的。它是世界观的核心,是人生观的基本内容,也是主导人们行为的内部动力。

人的一切活动都在价值观的指导下进行的,能否树立正确的价值观和科学、合理的价值取向,对一个人的发展是至关重要的。

一般说来,只有以个人利益与集体利益相结合,而以集体利益高于个人利益为原则的价值观才是正确的价值观。这一价值观有利于我们正确处理个人同他人,以及个人同集体、社会、国家的关系。

2012年11月,中共十八大报告中“三个倡导”提出的“富强、民主、文明、和谐、自由、平等、公正、法治、爱国、敬业、诚信、友善”二十四字,为社会主义核心价值观。其中,“富强、民主、文明、和谐”是国家层面的价值目标,“自由、平等、公正、法治”是社会层面的价值取向,“爱国、敬业、诚信、友善”为公民个人层面的价值准则。

二

人生观。

“人生得意须尽欢,莫使金樽空对月。”(李太白语)这是一种人生观。

“人生自古谁无死,留取丹心照汗青。”(文天祥语)这也是一种人生观。

人生观是对人生目的、意义和价值等的根本看法。具体表现在幸福观、公私观、生死观、荣辱观、爱情观等方面。

人生观是在人们实际生活过程中逐步产生和发展起来的,受到人们价值观和世界观的制约。人生观主要是通过人生目的、人生态度和人生价值三个方面体现出来的。不同社会或阶级的人们有着不同的人生观。

每一个人从他来到人世的那天起，就从属于一定的社会群体，同周围的人发生着各种各样的社会关系，如家庭关系、地缘关系、业缘关系、经济关系、政治关系、法律关系、道德关系等。这些社会关系的总和决定了人的本质。人们正是在这种客观的、现实的、不断变化的社会关系中塑造自我，成为真正意义上的人，成为具有个性特征的自我。在实际生活中，人们不断面对各种各样的问题，逐渐地认识和领悟人生。到了一定年龄，无论自觉与否，人都会形成与自己的生活阅历、实际体验密切相关的关于人生的根本看法、价值判断和生活态度，这就是一个人的人生观。

人生观的核心问题，在于如何认识和处理个人发展同社会进步的关系上，即私与公的关系问题。评价一种人生观是积极的、进步的，还是消极的、落后的，根本标准就是在于看它是否符合社会发展的要求。落后的、颓废的、腐朽的人生观的特点是个人主义，一切从自我出发，一切以个人为中心，把追求一己之私视为人生的根本目的。积极的、先进的、科学的人生观是集体主义，一切从集体出发，一切以集体为中心，一切为了集体利益、国家利益和他人利益，把大公无私、舍己为人、全心全意为人民服务视为人生的根本意义和人生的最高目标。

一个人为了生存，既会有物质上的需求，又会有精神上的需求。所以，完全不谈个人利益，彻底否定个人利益，是不正确的。个人利益与他人利益、集体利益相比较，关键是要搞清楚谁重谁轻，谁大谁小，谁先谁后，必要时需要牺牲谁。

正确的人生观指引人走人生的正道，用自己的劳动去创造人生业绩，成为一个有益于社会、有益于人民的高尚的人。错误的人生观将导致人背离人生的正道，走到邪路上去，甚至成为危害社会、危害人民的罪人。

一个人，能为他人贡献愈多，他的价值愈大。对他人的贡献不仅仅是金钱和物质的，还包括知识、理念、关怀、温暖等。这样的人生，也才是有意义和受尊重的。

三

世界观。

“从来就没有什么救世主，也不靠神仙皇帝！要创造人类的幸福，全靠我们自己！”（《国际歌》）这是历史唯物主义世界观。

“世界是物质的，物质是运动的，运动是有规律的，规律是可以被认识的。”这是辩证唯物主义世界观。

世界观，亦称宇宙观，是人们对整个世界（自然界、社会和人的思维）的总的根本的看法。自然观、历史观、人生观、价值观、道德观、科学观等是它的具体表现。世界观不同，表现为人们在认识和改造世界时的立场、观点和方法的不同。人的世界观的改变是一种根本的改变。系统化、理论化的世界观就是哲学。

世界观的基本问题是精神和物质、思维和存在的关系问题，根据对这两者关系的不同回答，划分为两种根本对立的世界观，即唯心主义世界观和唯物主义世界观。

世界观是人们对生活于其中的整个世界以及人和外在世界之间的关系的根本观点、根本看法。它是在社会实践的基础上产生和逐渐形成的。人们在实践活动中，首先形成的是对于现实世界各种具体事物的看法和观点，久而久之，人们逐渐形成了关于世界的本质、人和客观世界的关系等总的看法和根本观点，这就是世界观。

一般说来，人人都有自己的世界观，并以此来观察问题和处理问题。在阶级社会里，世界观具有鲜明的阶级性，不同阶级的人们会形成不同的甚至根本对立的世界观。各种世界观的对立和斗争，归根到底是唯物主义和唯心主义、辩证法和形而上学的斗争。不同的世界观会指导人们采取不同的行动，从而对社会的发展起着促进或阻碍作用。

世界观是社会实践的产物和对社会存在的反映，同时任何世界观的形成和确立都要利用先前遗留下来的现成的思想材料，这样，新世界观和旧世界观之间存在着某种历史的继承关系。人们认识世界和改造世界所持的态度和采用的方法最终是由世界观决定的。正确的、科学的世界观可以为人们认识世界和改造世界的活动提供正确的方法;错误的世界观则会给人们的实践活动造成方法上的失误。

马克思主义世界观,即辩证唯物主义和历史唯物主义。它正确地揭示了自然、社会和思维发展的普遍规律,实现了唯物主义和辩证法、唯物主义自然观和唯物主义历史观有机的高度统一,是无产阶级认识世界、改造世界的强大思想武器。马克思主义世界观揭示了客观世界的本质和人类社会发展的规律。

四

“三观”关系。

价值观、人生观、世界观,三者是统一的,是一个有机的整体,是不可分割的。人生观、价值观是世界观的重要组成部分,又是世界观的具体体现。

价值观、人生观、世界观属于人的主观世界的不同层次。从一定意义上说,价值观是看得见、摸得着的,是表层,是世界观、人生观在价值追求上的表现;而世界观是底层,为价值观、人生观提供理论和方法上的支持。三者间的具体关系如下:

1. 价值观与人生观。价值观是人生观的基本内容。正确的人生观有利于指导人们从集体、从社会的整体需要出发,去看待事物对人的效用关系,从而把人生真正意义看作奉献,形成科学合理的价值评价。同时,正确的价值观,有利于人们客观地分析人自身的价值,树立正确的人生观。人生观决定价值取向,价值观引导人生走向。人生观的一切问题都与人生的价值评价有关,对人生问题的回答都包含着对于人生价值的某种判断。因此,从一定程度上说,一个人的人生观也就是人生价值观。

2. 价值观与世界观。世界观是形成价值观的基础。世界观不同,价值观也就不同。因为，怎样进行价值评价首先是一个世界观问题。价值本身反映的就是主体的需要和客体事物的属性之间的关系。无论是对客观事物的认识，还是对人的需要的认识，都首先是世界观问题。只有对世界、对人与世界的关系有一个正确的认识，才可能形成正确的价值观。因此可以说，价值观是世界观的具体运用和体现，而且，形成了正确的价值观，会使世界观更丰富、更完善。

3. 人生观与世界观。世界观也是人生观的理论基础，它给人生观提供一般观点和方法论指导。宇宙、地球都是一个整体，没有整体就没有部分，只有整体好了部分才会好。所以，自然界好了，人类才会好；人类好了，国家才会好；国家好了，集体才会好；集体好了、他人好了，自己才会好。这就是世界观为人生观提供的辩证唯物主义的认识论和方法论。

人生观是世界观的一个方面，是世界观在人生领域的一种延伸、一种体现。人生观对世界观也有影响，一个人的人生观是世界观的体现和重要组成部分。一般来说，人生观正确的人容易接受科学的世界观，而人生观不正确，则容易受错误的世界观的影响，所以，正确认识人生问题有助于树立科学的世界观。

4. 价值观与人生观、世界观。价值观和人生观是交叉关系，即价值观中有人生观，人生观里有价值观。价值观和世界观是包含关系，即价值观是世界观的一部分，而且是世界观的核心。价值观为人生观和世界观提供价值意识、价值原则和价值标准，使得人生观和世界观具有至高无上的价值，可以说，没有价值观，就不可能有人生观和世界观。

“三观”还联系着理想、信念、信仰。从一个人身上就可以看出什么是“三观”、“三观”之间及其与理想、信念、信仰之间的关系。例如，对于共产党人来说，马克思主义的辩证唯物主义和历史唯物主义是他的世界观；全心全意为人民服务、为共产主义奋斗终生是他的人生观；以个人利益与集体利益相结合、而以集体利益高于个人利益为原则、为全人类的解放事业而献身是他的价值观。马克思主义是他的信仰，共产主义是他的理想，对共产主义的坚定不移则是他的信念。

五

“三观”的培育和构建。

人生在世，要想成就一番事业、活得有意义，就必须培养、树立起正确的“三观”——通过正确的世界观，把握客观规律，认清大千世界和大、小环境；通过正确的人生观，懂得活着为了什么，要做一个什么样的人；通过正确的价值观，确立高尚、进步的价值追求，实现完美的人生价值。

“三观”通常有自发形成和自觉构建两种表现形态。人们在生活实践中根据自己的观察和体验自发形成的“三观”，较为零散、模糊、杂乱和片面，不够系统，不够完整，更不够科学。而自觉构建的“三观”，则是通过理论家们借助一系列专门的概念、范畴，把人们关于世界、人生、价值的思想和观念，用理论的形式加以高度概括，经过深入的逻辑论证而形成的严密、科学、完整的思想体系。

“三观”需要教育、灌输、学习和实践。对于个人来说，主要有以下途径：

1.学习，学习，再学习

“三观”没有遗传。最初的“三观”是家长和老师教给的，以后就得靠自己了。“三观”建设不可能一蹴而就，而是一辈子的事。必须学习，学习，再学习。必须活到老，学到老，改造到老。

(1)熟读经典

经典往往集美景、认知、情感、理想、人格、政治于一身，熟读之，受益无穷。例如《岳阳楼记》，全篇只有368字，却字字珠玑，句句良玉，承千古而启后人，振昏聩而醒人智。其境界，就是正确的“三观”。还有诸葛亮的《出师表》，岳飞的《满江红》，文天祥的《正气歌》等。

(2)学习英雄伟人

英雄，特别是现代英雄，都是些不怕困难，不顾自己，为人民利益而英勇奋斗，令人敬佩的杰出人物。伟人是能够齐家、治国、平天下，以天下为己任的大人物。他们是时代的先驱，是时代的旗帜，所以，他们的“三观”最先进，最值得学习。

(3)学习哲学

哲学是系统化、理论化了的世界观。学习哲学的过程，就是培养和构建世界观的过程。哲学还是智慧之学，能使人变得更聪明。三十六行，不管你是哪一行，学点哲学都是有好处的。

2. 坚持理想，坚持信念

理想、信念以一定的“三观”为指导，同时又体现了一定的“三观”。又因为理想、信念处于“三观”的支配和核心地位，所以，理想、信念又是“三观”的浓缩和集中体现。不论何时何地，只要我们能坚守住自己的正确的理想和信念，那么，就一定能树立起科学正确的“三观”。

3. 实践第一，身体力行

北宋范仲淹就是个身体力行、表里如一的榜样。他说到做到，“先天下之忧而忧，后天下之乐而乐”“不以物喜，不以己悲”。他为人不奸，为官不贪。他“进亦忧，退亦忧”，就是从来不忧自己。他敢作敢为，敢挑“君”的毛病。他几起几落，从不计较个人得失。元好问说：“范文正公，在布衣为名士，在州县为能吏，在边境为名将。其才、其量、其忠，一身而备数器。”梁衡补充说：“在文坛为大家。其思想、其艺术，光照千年。”

第二章　乘坐勤奋的火箭

天资很高的人，再加上勤奋，就很容易成为天才。天资一般，但是很勤奋的人，也能够成为天才。

细数古往今来的成功者，他们虽然年代不一、性格各异、成就不同，但却都具有一个共同点，那就是克服了自己的懒惰，变得很勤奋。

懒惰是勤奋的天敌，勤奋是懒惰的克星。积极向上，才能保持勤奋；稍一松懈，懒惰就会乘虚而入。

如果您能像赖斯那样，愿意付出“八倍的辛劳”“苦其心志，劳其筋骨”“增益其所不能”，那么同样，您也会获得巨大的成功。

勤奋——天道酬勤，功不唐捐

天才出于勤奋。

——高尔基

勤奋和智慧是双胞胎，懒惰和愚蠢是亲兄弟。

—— 古巴民谚

一

文学家说：勤奋是打开文学殿堂之门的一把钥匙。

科学家说：勤奋是从事科学研究的基本条件和通向成功的桥梁。

政治家说：勤奋是展现理想、抱负的基石。

莘莘学子说：书山有路勤为径，学海无涯苦作舟。

勤奋之勤，与懒、惰相对，指的是尽力多做或不断地做；奋，与懈、怠相对，意指鼓起劲来、振作起来。勤奋，指的是分秒必争、废寝忘食、不畏艰难、坚持不懈、效率极高地学习、训练、劳动、工作。

一切物质、精神财富都来自于勤奋。俗话说：“天上不会掉馅饼。”即使天上掉馅饼，那么也要起得早。一个好睡懒觉的懒汉也是捡不到馅饼的。故而俗话又说：“早起的鸟儿有虫吃”。

勤奋，一向为我国古人所倡导。《三字经》写道："勤有功，戏无益，戒之哉，宜勉力。"（意思是，勤奋努力就会有功效，嬉戏闹玩没有任何好处；告戒人们吧，只有勤勉努力，才会取得成功）至于"头悬梁""锥刺股""雪窗萤火""凿壁借光"等勤奋学习的故事，更是流传了千百年，家喻户晓，无人不知。

《论语·述而》云："发愤忘食，乐以忘忧，不知老之将至云尔。"（发愤用功，连吃饭都忘了，快乐起来，把一切忧虑都忘了，甚至，连自己快要老了都不知道）孔子本人以及其他很多伟人的一辈子，就是这样度过的。

韩愈说："业精于勤荒于嬉；行成于思毁于随。"（学业靠勤奋才能精湛，如果贪玩就会荒废；做事成功是因为反复思考、深思熟虑，而毁于随手随意、随随便便）又说："焚膏油以继晷(guǐ)，恒兀兀(wù)以穷年。"（太阳下去了就燃起油灯，一年到头永远地在那里孜孜不倦）这些道理和精神更为人们所尊崇和遵从。

纵观古今中外的名人、名家、学者、大师、泰斗、伟人等，无一不是从勤奋中走出来的。

犹太民族代表性人物、"直逼上帝的三颗思想界巨星"（卞毓方语）——马克思、弗洛伊德、爱因斯坦，他们靠的是什么？他们自己最清楚。

马克思说："在科学上面是没有平坦的大路可走的，只有那在崎岖小路的攀登上不畏劳苦的人，才有希望到达光辉的顶点。"

弗洛伊德说："像我这样的人，活着不能没有嗜好，一种强烈的嗜好——用席勒的话来说，就是暴君。我已经找到了我的暴君，并将无条件地为之服务。这个暴君就是心理学。"

爱因斯坦说："人们把我的成功，归因于我的天才；其实我的天才只是刻苦罢了。"

二

天道酬勤。

《周易·谦卦》曰："劳谦，君子有终，吉。"（勤劳而又谦虚，君子保持勤、谦美德自始至终，吉祥。）又曰："劳谦君子，万民服也。"（勤劳谦虚的君子，广大百姓都服从他。）

《尚书·大诰》曰："天閟(bì)毖我成功所"（上天秘密告诫我成功之道），"天亦惟用勤毖我民"（上天也因此使我的人民勤劳）。"天道酬勤"，就是由这两句话的意思提炼而成。

天道酬勤——上天会厚报勤奋之人，即只要勤奋，定有收获，定能成功。

皇天不负苦心人；有志者事竟成，是天道酬勤的同义语。种瓜得瓜，种豆得豆；一分耕耘，一分收获；多劳多得，少劳少得，不劳不得，是天道酬勤的体现。

成功人士所获得的鲜花、掌声、荣誉、地位、金钱、财富等，就是天道酬勤的结果。例如诺贝尔以及诺贝尔奖的获得者，他们都获得了丰厚的回报。

1833年，诺贝尔出生于瑞典首都斯德哥尔摩的一个技师家庭，从小体弱多病，没有学历，靠着勤奋、刻苦、持久的自学，逐步成长为一位精通多种语言的学者、科学家和发明家。他毕生共有近400项发明，获85项专利，并在欧美等五大洲20个国家开设了约100家公司和工厂，积累了巨额财富。

他一生未婚，没有子女。1895年即去世前一年立下遗嘱，将其财产的大部分美元作为基金，以基金每年的利息或投资收益设立物理、化学、生理或医学、文学以及和平事业5种奖金（1968年瑞典国家银行增设经济学奖金）。从1901年开始，奖金在每年诺贝尔逝世时间12月10日下午四点半颁发，以奖励前一年世界上在这些领域内勤奋、努力、作出了突出贡献的人。

三

勤能补拙。

勤能补拙是指后天的勤奋能够弥补先天的不足和缺陷。英国画家雷诺兹说:“如果你有着很高的才华,勤奋会让它绽放无限光彩。如果说你智力平庸,能力一般,勤奋可以弥补全部的不足。”

公元825年,白居易调任苏州刺史。他自认为自己生来笨拙,只有靠勤奋来弥补,他写道:“候病须通脉,防流要塞津。救烦无若静,补拙莫如勤。”(《自到郡斋题二十四韵》)

宋朝黄庭坚也说:“持勤补拙,与巧者俦。”(《跋奚移文》,意思是,以勤补拙,可与心灵手巧者比肩。)

宋朝邵雍也写道:“弄假像真终是假,将勤补拙总输勤。”(《弄笔吟》,意思是,以假充真,终究还是假的;将勤补拙,最后的赢家总是勤奋者。)

《荀子·劝学》曰:“骐骥一跃,不能十步;驽马十驾,功在不舍。锲而舍之,朽木不折;锲而不舍,金石可镂。”劣马只要勤奋,就可以超过骏马。如果懒惰,枯朽的树木也折不断;只要勤奋,坚硬的金石也可以镂空。生动、形象的比喻,说的也是勤能补拙。

西方一位哲人说过,世界上能登上金字塔的生物有两种:一种是鹰,一种是蜗牛。雄鹰展翅高飞,靠的是先天的条件,轻而易举;蜗牛步步为营,靠的是后天的勤奋,锲而不舍。但是,它们都能达到自己的目的。

勤学苦练、熟能生巧、笨鸟先飞等,也都包含着勤能补拙的道理。

勤能补拙有两层含义。

第一,勤能补拙之拙并非真正笨拙,只是某人觉得自己在某方面有些欠缺,需要通过勤学苦练、专心致志、熟能生巧、笨鸟先飞等办法来增加或强化自己某方面的才能。白居易自认为自己生来笨拙,就属于这种情况。他在写诗作对方面,驾轻就熟,是个天才;但在做官、管理方面,就未免生疏,相形见绌。全才、通才、天才,并非天生地设,大都也是像白居易那样，通过以勤补拙，逐渐地补出来的。

第二，勤能补拙之拙是真笨，需要加倍地努力。传说曾国藩小时候的天赋并不高。有一天在家读书，对一篇文章重复不知道多少遍了，还在朗读，因为，他还没有背下来。这时候他家来了一个贼，潜伏在屋檐下，想等读书人睡觉之后出来偷。可是等啊等，就是不见他睡觉，还是翻来覆去地读那篇文章。贼人大怒，跳了出来说："这种水平还读什么书？"然后将那篇文章背诵一遍，扬长而去！听几遍就能把文章背下来，论天赋，论记忆力，曾国藩都自叹弗如！然而，贼把天赋用在偷盗上，终究是贼；曾国藩把勤奋用在学习上，以后却成了国家的栋梁。

四

勤奋出天才。

天资很高的人，再加上勤奋，就很容易成为天才。天资一般，但是很勤奋的人，也能够成为天才。勤奋是关键！鲁迅说："哪里有天才，我只不过把别人喝咖啡的功夫都用在工作上了。"歌德说："天才就是勤奋。"门捷列夫说："终生努力，便成天才。"

一般来说，除了极少数先天智力过人或智力有缺陷的人之外，绝大多数人的智力水平是相差无几的，都有极大的开发余地。暂时落后的人，说明智力开发的余地更大。科学家们一直认为人的大脑尚有巨大潜力可以挖掘。几十年来，生理学家都在思考、实验，试图将大脑尚未利用的资源开发出来。

勤奋无疑是开发大脑智力水平最有效的手段。

是天才，个个都很勤奋；但勤奋的人，也未必个个都能成为天才。然而，勤奋对于开发天资和增强智力的作用，是肯定的，不容置疑的。

勤奋学习的过程就是开发智力的过程。开发智力就是推动大脑活动，从而在使用中把潜在的智力激发出来。学习与智力具有辩证关系，智力是学习的基础，学习是智力发展的条件。智力，包括观察力、注意力、记忆力、想象力、思维力、创造力,只有在勤奋学习中,才能获得培养、训练和发展。

每一门学科,不仅能向人脑提供知识,而且还能使人脑获得锻炼,提高智力。例如“数学是思维的体操”“数学是智力的磨刀石”。又如语言是思维的工具,精通多种语言的人往往是天才。再如哲学是关于世界观的学问,是智慧之学,可以“转识成智”,即把知识转化成智慧,使人醒悟、聪明、睿智、深刻。

“勤奋和智慧是双胞胎”。达尔文在他的自传中承认自己“并没有很高的机智和敏悟”,“我在观察和收集事实方面,几乎已尽了勤奋之能事”。由于勤奋,他最终获得了巨大成功,成了进化论的奠基人而名扬天下。所以,学习必须和勤奋结合起来才有意义,否则,就达不到开发智力的作用,更成不了天才。

五

勤奋起来!

细数古往今来的成功者,他们虽然年代不一、性格各异、成就不同,但却都具有一个共同点,那就是克服了自己的懒惰,变得很勤奋。懒惰是一种习惯,是后天养成的。勤奋也是一种习惯,也是后天养成的。懒惰是勤奋的天敌,勤奋是懒惰的克星。积极向上,才能保持勤奋;稍一松懈,懒惰就会乘虚而入。当今之人,要想培养勤奋的习惯,就必须毫不松懈地克服懒惰。

人生要有理想、抱负、目标和追求,这样,勤奋才有动力,才会持久。

美国前国务卿赖斯10岁时全家到首都观光,因为是黑人,未能进入白宫参观。赖斯凝视白宫良久,一字一字地对父亲说:总有一天,我会成为那房子的主人!父亲则勉励她:如果你愿意付出八倍的辛劳,就一定能赶在白人前头。

于是,她以超过白人“八倍的辛劳”发奋学习,积累知识,增长才干。

普通白人只会英语，她除英语外还精通俄语、法语、西班牙语；普通白人只能进一般大学学习，她却考进名校丹佛大学拿到了博士学位；普通白人26岁可能研究生还没有读完，而她已经是斯坦福大学最年轻的教授，随后又出任该大学历史上最年轻的教务长；普通白人大多不会弹钢琴，而她曾获得美国青少年钢琴大赛第一名，还精于网球、花样滑冰、芭蕾舞等；普通白人只知道遥远的俄罗斯是一个寒冷的国家，而她已经是美国国内数一数二的俄罗斯武器控制问题的权威了。

她终于完成了从“丑小鸭到白天鹅”的嬗变而一飞冲天！有人问她成功的秘诀时，她说：因为我付出了八倍的辛劳。

天道酬勤，功不唐捐。如果您能像赖斯那样，愿意付出“八倍的辛劳”“苦其心志，劳其筋骨”“增益其所不能”，那么同样，您也会获得巨大的成功。

节俭——节而足用，俭则寡欲

历览前贤国与家，成由勤俭破由奢。

——李商隐《咏史》

俭则足用，俭则寡求，俭则可以成家，俭则可以立身。

——《古今图书集成·家范典》

一

“节俭朴素，人之美德”（程颢语）。

节俭之节，指节约、节省、节制、节食、节能、节衣缩食等；节俭之俭，指俭朴、俭省、俭约、勤俭、省吃俭用等。节俭，指用钱等有节制，惜财、惜物、惜时，不铺张，不浪费，不奢华。

节俭是中华民族的美德，修身、齐家、治国、平天下都离不开它。

《周易·节卦》把古时人们对于节俭的意识和做法归为三类：

1.“安节，亨。”心安理得地、自觉地进行节俭，则百事亨通。

2.“甘节，吉，往有尚。”适当节俭而让人能尝到它的好处，则无往而不吉。

3.“苦节，贞凶，悔亡。”节俭过分，令人苦涩不堪，可作适当调整，则无后悔可言。

《节》卦的基本含义在于，适当地、合乎规律地节俭，有利于事物的顺利发展，反之则致凶咎。这一道理广见于自然界和人类社会的诸多现象，如太阳的热辐射，光、电“抄近路”的特性，动植物的繁衍，人类喜怒哀乐的情状，衣食住行的处置，均与节俭、节制有关。

《论语·卫灵公》曰：“人无远虑，必有近忧。”节俭的意识正是从这种忧患思想里孕育和派生出来的。

《论语·里仁》曰：“以约失之者鲜矣。”孔子认为，减少失误的重要途径是加强节俭和自律。他说，因为节俭约束自己而失误的人，是很少见的。

《荀子·天论》曰：“强本而节用，则天不能贫。”“本荒而用侈，则天不能使之富。”意思是，加强农业，节省用度，那么就是上天也不能使人贫困；反之，农业荒芜而用度奢侈，那么就是上天也不能使人富裕。

唐代诗人白居易说：“天育物有时，地生财有限，而人之欲无极。以有时有限，奉无极之欲，而法制不生其间，则必物暴殄而财乏用矣。”（《养动植之物策》）

明代的张居正也说：“天地生财，自有定数，取之有制，用之有节，则裕；取之无制，用之无节，则乏。”

明人徐榜一生清廉，他在《宦游日记》里把节俭的益处归结为四种：(1)节俭的人不贪不淫，可以养德；(2)节俭的人省啬淡泊，可以养寿；(3)节俭的人肠胃清虚，可以养神；(4)节俭的人无求无愧，可以养气。

二

节俭是我国家庭的传家宝。例如：

1.《诫子书》是诸葛亮五十四岁时写给八岁儿子诸葛瞻的一篇家训。《诫子书》主要讲“静”“俭”二字——静以治学，静以养生；俭以修身，俭以养德。

诸葛亮一生，最为节俭。他去世前写给后主刘禅的《自表后主》曰：“成都有桑八百株，薄田十五顷，子弟衣食，自有余饶。至于臣在外任，无别调度，随身衣食，悉仰于官，不别治生，以长尺寸。若臣死之日，不使内有余帛，外有赢财，以负陛下。”“及卒，如其所言。”（《三国志·诸葛亮传》）

诸葛亮的“自表”是一种自“晒”家产，以示心迹的行为。这份家庭财产清单充分地表明了诸葛亮的节俭和清廉。“桑八百株，薄田十五顷”，按照汉代和三国时期的官俸制度，这是一个很小的数字，例如东汉开国皇帝刘秀的妻舅家就有田4700余顷，比诸葛亮多出数百倍。“子弟衣食，自有余饶”，是指诸葛亮的家人和普通百姓一样从事种植和养蚕等农事活动，以此来维持生计。诸葛亮自己的全部收入都是来自朝廷俸禄。俸禄之外，别无生计，即没有任何其它的生财之道，不搞经营，更无“灰色收入”。诸葛亮去世后，后主刘禅曾派人去其家查验，实际情况均如“自表”所述。

2.《训俭示康》是司马光写给儿子司马康、训诫他崇尚节俭的一篇家训。司马光虽然身居高位，但日常生活还是“食不敢常有肉，衣不敢纯有帛”（《宋人轶事汇编》）。据1961年文物出版社影印的《宋司马光通鉴稿》披露，司马光编修《资治通鉴》所用的稿纸都是用过的废纸，即用淡墨把原来的字迹涂掉，再用来写书稿。《资治通鉴》是官修，纸张全由皇家供应，身为主编的司马光能如此节俭，实属难得。在这篇家训中，司马光结合自己的生活经历和切身体会，旁征博引，把“成由俭，败由奢”的道理，阐述得淋漓尽致，以教育子孙后代继承和发扬俭朴的家风。司马康受到父亲的言传身教，好学过人，俭朴廉洁，竟然终生口不言“钱”。

《训俭示康》里的“以俭立名，以侈自败”“有德者皆由俭来也”“由俭入奢易，由奢入俭难”“俭则寡欲，侈则多欲”“俭，德之共也；侈，恶之大也”等，均已成了格言警句和成功者的座右铭。

三

“成由俭，败由奢”。

正因为节俭不仅仅是节约钱财，而且是一种操守、素养、风范、人格和美德，所以在历史上，因节俭而成功者不乏其人；因奢侈浪费而身败名裂者更是屡见不鲜。

春秋时，宋国上卿正考父，生活非常俭朴，平时都是以米粥为食。鲁国大夫孟僖子由此推断他的后代中必定会出现贤达之人。果然不出所料，历史印证了孟僖子的推断。在正考父的后代中，果真出现了孔子这样名垂青史的大圣贤。

春秋时，鲁国正卿季文子身居宰相之位，执掌着鲁国朝政和财富，并有着自己的田邑。但他忠贞守节，克勤于邦，克俭于家。他一生俭朴，以节俭为立身的根本，并且要求家人也过着俭朴的生活。他除了朝服以外没有几件像样的衣服，每次外出，所乘坐的车马也极其简单。他的妻妾没有一件绢帛料子的华贵衣服，家中的马匹也只喂草料而不喂粮食。季文子连任了鲁宣公、鲁成公、鲁襄公三位国君的宰相，达三十三年之久。

苏东坡一生节俭。被贬官黄州时，生活窘迫，他把全年所有的收入计划成12份，即每月一份；又将每份分为30小份，即每天只用一小份。他把每月分好的每小份钱挂在屋梁上，每日清晨摘下一包来用，准余不准超。后来，情况有所好转，但他仍然注重节俭，从不奢华。他每餐一饭一菜，有客人时也只能增加两个菜。一次，一个老友与他重逢，请他吃饭。他嘱咐朋友注意节俭。届时，酒席却相当奢华，苏东坡竟然拔腿拂袖而去。

晋朝晋武帝的丞相何曾，穷奢极欲，花天酒地，挥金如土，吃饭时，菜多得无从下筷，每天饮食要花去上万元。其子也“骄奢简贵，亦有父风”。到了晋怀帝“永嘉之末，何氏灭亡无遗焉”。

宋朝名相寇准，功业大，名气大，奢侈豪华也为一时之冠。他的子孙继承了他的奢侈家风，后来也大都穷困潦倒了。正应了那句俗语：“街头庙脚褴褛身，半是当年奢靡人。”

四

节俭让人接近成功。

节俭的可贵之处还不仅仅表现在物质和自然资源上的巨大节省上，而且节俭本身就是一笔巨大的、可贵的精神财富。

节俭是一种爱心，是对资源的珍惜和对他人劳动成果的尊重。诗云：“谁知盘中餐，粒粒皆辛苦。”古语说：“一粥一饭，当思来处不易；半丝半缕，恒念物力维艰。”节俭之人就具备这样的思想感情。

节俭是一种自律和自制，是对私心和私欲的遏制。“节用于内，而树德于外。”（《左传·昭公十九年》）“凡不能俭于己者，必妄取于人。”（《日录里言》）有了节制，就不会放纵；有了俭省，就不会奢侈。

节俭的另一表现是勤勉，是无求于人，无愧于己。节俭是一条最可取的成功之道。罗大经说过：“奢则妄取苟取，志气卑辱；一从俭约，则于人无求，于己无愧，是可以养气也。”节俭的人心无旁骛，沿着正道，集中精力，全力以赴，直奔自己的远大目标和理想，很容易获得成功。

节俭是一块基石，是一块一切优秀品质赖以建立的奠基之石。“俭，德之共也；侈，恶之大也。”前半部分是说，诸般优秀品质中有一个共同之处，就是节俭，诸如谦虚谨慎、勤劳勇敢、清正廉洁、大公无私等，都有节俭这个共同之处，而且都是以节俭为基础的。后半部分是说，奢侈是诸般恶行中最大的罪恶，是万恶之源。

节俭不同于吝啬。节俭的人心底无私天地宽，崇尚自然和俭朴，常常能节己而助人。吝啬的人极端自私，拔一毛利天下而不为，不仅抠门，而且贪婪。

节俭也不能过分。过分了就如《周易》上所说的“苦节”。生活好了，适当地休闲、旅游、娱乐，也不为过。

然而，究竟如何节俭为好？古人说：“当用，则万金不惜；不当用，则一文不费。”今人李嘉诚说：“要我马上拿出一个亿，我面不改色。但谁在地上丢一分钱，我会立即捡起来。”

五

1.培育节俭意识

联合国把10月31日定为“世界节俭日”，还设立了“世界地球日”“世界粮食日”“世界节水日”等，以从多方面提高人们的节俭意识和对节俭问题的关注度。

节俭意识包括三个部分，即节俭认知、节俭情感和节俭意志。节俭认知就是人对于节俭的认识，包括感性的和理性的。对于什么是节俭，为什么要节俭，节俭有什么好处、意义等，要有足够的、清醒的认识。对于先贤们“有德者皆由俭来”“成由勤俭败由奢”等，要理解、有心得。节俭情感是在认知的基础上产生的，是对节俭的体会和好感，是对节俭价值的感受和认同，如以铺张浪费为耻、以勤俭节约为荣等。节俭意志就是要把节俭认知和节俭情感变成节俭行动。在节俭意志的支配下，把节俭行为坚持下去。

2.养成节俭习惯

“少成若天性，习惯如自然。”一种优秀品质，如节俭，只有在一个人的身上落了户，变成了习惯，才能真正为这个人所拥有。好习惯的养成，靠坚持。

父母是最好的老师，家庭是第一课堂。孩子自幼与父母生活在一起，“目濡耳染，不学以能”（韩愈语）。父母的节俭意识、节俭习惯、节俭行为是孩子的第一榜样。

古诗“锄禾日当午，汗滴禾下土。谁知盘中餐，粒粒皆辛苦”，幼儿园的孩子都会背。但是，真正感同身受、知道其中艰辛的人却很少、很少。如果城市的家长们能在暑假里少上一个辅导班或特长班，把孩子送到艰苦的农村，和农村的孩子在一起生活一段时间，体验一把“锄禾日当午，汗滴禾下土”的滋味，那么，孩子必定终生难忘，甚至会影响到孩子的一生。

3.形成节俭风气

说到底,节俭意识还是个荣誉感、责任感、责任心和价值观、人生观、世界观问题。如果能够“先天下之忧而忧,后天下之乐而乐”,就必然会克勤克俭。如果自私、狭隘,无视他人、集体和国家利益,就必然会大手大脚。节俭问题也是个社会问题,需要制度保证,更需要各级领导人倡导、带头、树立榜样。

认真——认真做事，就有机会

应该学习认真，除去这一味药外，没有别的药了。

——鲁迅

世界上怕就怕“认真”二字，共产党就最讲认真。

——毛泽东

一

早在20世纪30年代，鲁迅先生就曾批评说：“中国四亿人生着一种病，那名称就是马马虎虎，不医好这个病，是不能救中国的……应该学习认真，除去这一味药外，没有别的药了。”

胡适先生曾写过一篇文章名为《差不多先生传》，他写道：“你知道中国最有名的人是谁？提起此人，人人皆晓，处处闻名。他姓差，名不多，是各省各县各村人氏。你一定见过他，一定听过别人谈起他。”

我们的民族美德多多，例如认真，但却也有很不认真的人和很不认真的事。时至当今，差不多先生还有几多？差不多还差几许？

上海轨道交通（地铁）二号线和一号线，表面上看，真的“差不多”，其实，却相去甚远。一号线（于1993年5月28日开始试运营）是德国人设计的。二号线（于2000年6月11日开始运营）中国设计师设计的。二者“差不多”。然而，前者保留了“德国佬”的认真和严谨；后者却留下了较多的缺陷和遗憾。

放眼全国，各地的污染、矿难、井喷、火灾、爆炸、豆腐渣工程等重大责任事故、种种交通事故和突发事件等，频频发生，大都与疏忽和不认真有关。

认真是人的最为基本和必要的品质，它稳定而持久地支撑和维护着人的其它品质，如执着、严谨、勤奋、细心等。一个人，如果没有了认真，不堪设想，不但做不了大事，甚至连小事也做不了。

二

人之为人，认真第一。

原先，曹植深得曹操的宠爱。曹操曾经认为曹植在诸子中“最可定大事”，几次想要立他为世子。然而曹植行为放任，不拘礼法，屡犯法禁，逐渐引起了曹操的不满和震怒。例如有一次，曹操派曹植带兵出征。带兵出征是掌握军权的象征，是曹操重点培养他的措施。然而，曹植在出征之前喝得酩酊大醉。曹操派人来传，连催几次，曹植仍昏睡不醒。曹操一气之下取消了曹植的带兵权。而其兄长曹丕则矫情自饰，渐占上风，得立为世子，后来称帝。

李白不愿意应试做官，希望依靠自身才华，通过他人举荐走向仕途，但始终未能如愿。天宝元年（742年），因道士吴筠的推荐，李白被召至长安，供奉翰林。他文章风采名震天下，前程似锦，不可估量。但他豪放纵逸，藐视权贵，在京仅三年，就弃官而去，失去了一生中最好的机会，仍然继续着他那飘荡四方的流浪生活。杜甫《饮中八仙歌》写道：“李白斗酒诗百篇，长安市上酒家眠。天子呼来不上船，自称臣是酒中仙。”李白自己也说过：“百年三万六千日，一日须倾三百杯”（《襄阳歌》）。行状如斯，岂能为官？

在中国历史上，魏征、包拯可谓是认真的典范。他们为人行事的风格和方式、方法与曹植、李白迥异。仅对于权贵而言，他们并不是笼统地去蔑视。对于那些遵纪守法、有贡献、有作为的权贵，他们以礼相待，恭敬有加；而对于那些徇私枉法、为非作歹的权贵，他们或弹劾，让其丢官罢职，或直接查办，将其送到铡刀之下取了性命。

魏征辅佐唐太宗17年，以“犯颜直谏”而闻名。每进切谏，虽极端激怒太宗，而他认真自若，不稍动摇，使太宗也为之折服。他那“上不负时主，下不阿权贵，中不侈亲戚，外不为朋党，不以逢时改节，不以图位卖忠”的认真精神，千百年来，一直被传为佳话。

包拯做官以认真、刚直而著称于世。包拯初涉仕途便以魏征为榜样，“披肝沥胆，冒犯威严，不知忌讳，不避怨仇”。他明如镜，清如水，直比青天，故有“包青天”的美誉。

三

一般说来，认真有两种类型：一是“一生唯谨慎”；二是“大事不糊涂”。

20世纪70年代中期，病榻上的毛泽东在一次召见叶剑英元帅时，口述了一句诗相赠：“诸葛一生惟谨慎，吕端大事不糊涂。”一来评价叶剑英在大是大非面前的明智，二来道出了自己对百年之后国事的隐忧。果然，毛泽东去世后不久，叶帅协助华国锋等中央领导，运筹帷幄，一举粉碎了“四人帮”。

诸葛亮的认真方式是一生谨慎——披肝沥胆，呕心沥血、鞠躬尽瘁、死而后已。

诸葛亮不仅自己极其认真，也同样要求他人认真，例如，他在《与群下教》中要求属下向徐元直、董幼宰学习，学习他们的认真精神。他说，即使能学到徐元直的十分之一和董幼宰的勤勉，也就功德无量了。杜甫《蜀相》写道：“三顾频烦天下计，两朝开济老臣心。出师未捷身先死，长使英雄泪满襟。”同样是在杜甫笔下，《蜀相》诸葛亮和《饮中八仙歌》里李白的形象是完全不同的。

公元995年，宋太宗赵光义欲立吕端为相。那时当朝宰相为吕蒙正，太宗和吕商量。吕蒙正说，吕端为人糊涂，不能为相。宋太宗回答：“端小事糊涂，大事不糊涂。”决意让吕端为相。吕蒙正无奈，几天之后，便不得不交出相位，让位于吕端。吕端在任上果然为官持重，识大体，并屡屡在大是大非面前坚持自己的主张，常常让宋太宗“犹恨任用之晚”。

周亚夫，西汉名将，治军严谨，军纪森严、常备不懈。汉文帝曾到周亚夫的细柳军营慰劳，先行卫队到了营前，不准进入，镇守军营的将官回答：“将军有令：‘军中只听从将军的命令，不听从天子的诏令。’”不久，皇上驾到，也不让入军营。几经周折进入军营后，守卫营门的官兵又说：“将军规定，军营中不准纵马奔驰。”于是皇上也只好慢慢缓行。

李广，也是西汉名将，人称“飞将军”。李广的认真治军和同时期的周亚夫却完全不一样。李广治军简易，宽缓不苛。他尽量地给士卒们以自便，在战争间隙期间让士卒们好好地休息、安静地睡觉。他派出侦察兵远远地进行侦察，密切注视敌军动向，以保护士卒们的自便和休息。李广爱惜士卒。作战时，身先士卒，杀敌在前；困难时，士卒饮食在先，他在后。

四

“认真，你就输了！”

为什么要认真？认真是为了把事情做成，做好。认真是为了精益求精，追求完美。认真是为了达到目的，实现理想。如果不是这样，则要另当别论了。

有句话是这样说的：“认真，你就输了！”这句话有双重意思：其一是说你认真过了头就会陷入困境而不能自拔；其二是说你不该认真的地方却死死地较劲是不会有好结果的。

一般说来，在做事方面，在工程、技术方面，越认真越好，但要避免因循守旧,墨守成规,阻碍创新。在为人处世方面,则既须要原则性,也须要灵活性。二者同等重要。

此正所谓:做事如山——坚定不移;为人如水——曲径通幽。

周亚夫不懂得这些道理。他领兵作战时,“将在外,君命有所不受”,皇帝对此,能理解,也能接受,还很赞赏。公元前152年,汉景帝任命周亚夫为丞相。开始景帝对他非常器重。但由于周亚夫固执,过于较真,不会讲政治策略,仍然“君命有所不受”,后逐渐被景帝疏远,落了个悲剧性的结局。

相反,吕端一生经历了两代帝王,却一直受宠。在他40年的宦海生涯中,平平安安,稳稳当当,几乎没有受到过任何冲击。这种经历在封建王朝中十分罕见。这与他大事不糊涂、小事难得糊涂有关。俗话说:“伴君如伴虎。”身为宰辅,要处理好与皇上、大臣、宦官、皇亲国戚等方面的关系,要尽量避免别人的嫉妒、猜忌、怨恨和暗算。如果刻板、固执、死心眼、一根筋、不忍让、不宽容、不机敏、不讲策略、不善于变通,是绝对不行的。俗话又说:“宰相肚里能撑船。”就是这个道理。像李白那样,刚到京城就得罪了高力士、杨贵妃和杨国忠,哪有立足之地?

世界上,最怕的是该认真的地方不认真,不该认真的地方却没完没了。有些事,的确不能认真或不能太认真,例如,对于人格障碍者和不可理喻者;对于剪不断理还乱之类人际间的情感纠葛和利益得失;对于个人生活上一些鸡毛蒜皮的小事等。

五

何为认真?

1.思想重视。思想主宰着大脑的工作,思想如何,你对事物的分析、判断就会如何。思想重视,就会产生热情;思想重视,就会积极主动;思想重视,就会极其认真。

思想又往往来源于认识。如果你能认识到自己工作的意义、价值和重要性，就必然会引起思想重视。所以，认识到位、思想重视，是认真的开始。

2. 聚精会神。亚当斯说："再大的学问，也不如聚精会神来得有用。"为了聚精会神，(1)事先要有准备，要有目标、计划和时间限制；(2)调整好心态，保持内心的平静；(3)排除外界干扰，选择安静的环境；(4)保持充足的睡眠和饱满的精神状态；(5)加强体育锻炼，增强身体素质。

3. 全力以赴。全力以赴就是竭尽全力、全身心地投入，包括精力、体力和时间。种瓜得瓜，种豆得豆。有几成投入，就有几成收获。认真是为了追求完美，超越一流，所以，必须全力以赴。

4. 一丝不苟。就是严谨细致，反复琢磨，反复斟酌，仔细推敲，决不放过每一个细节和任何瑕疵。唐朝贾岛《题李凝幽居》"鸟宿池边树，僧推月下门"里的"推"，在韩愈的建议下改成了"敲"，为此，还和韩愈交上了朋友。从此，"推敲"成了常用词。

5. 坚持不懈。坚持是意志力的完美表现，常常是成功的代名词。认真，需要大量地付出。认真，需要克服困难。认真，往往旷日持久。认真，更需要防止身心疲劳和精神懈怠。所以，认真离不开坚持不懈。

六

怎样认真?

1. 让认真成为一种习惯。习惯是一种条件反射，是思维、行为的自动化、模式化、固定化。认真的习惯一旦养成，就能伴随人的一生而成为支配人的思维和行为的一种难以改变的力量。

2. 让认真成为一种态度。态度是一种对事物比较稳定、持久而不是偶然的倾向和立场。认真的态度一旦养成，就会在学习、工作、生活等方方面面中稳定而持久地表现出来。

3. 让认真成为一种性格。"江山易改，本性难移"。如果养成了认真的性格，认真就进入到了人的"骨子"里，那就一定是个认真的人。

4.让认真成为一种品质。品质也是培养出来的，也具有稳定性和持久性。认真是人的基本品质，一旦养成，其它优秀品质（严谨、刻苦、责任、自觉、一丝不苟等）也就随之而来，人，也就一定会优秀起来。

5.让认真成为一种责任。说到底，认真还是个责任感、价值观、人生观和世界观问题。认真究竟为了谁？究竟为了谁去认真？这个核心问题必须从责任感、价值观、人生观和世界观的高度去认真解决。“三观”正确了，有了高度的责任感，为谁认真和认真为了谁的问题也就随之迎刃而解了。

细节——天下大事，必作于细

不放过任何细节。

——松下幸之助

小事成就大事，细节成就完美。

——戴维·帕卡德

一

细节，即细枝末节，指的是细小的事情、地方、环节或情节。由于它的细、小，由于它的不起眼、微不足道和无关紧要，所以常常被人们掉以轻心、不注意和所疏忽，或者使人感到繁琐、讨厌、不耐烦和不屑一顾。因此，也往往给人们带来麻烦、损失、悔恨、失败和重大灾难。

若干年前，乌鲁木齐市粮食局下属的一家挂面厂花巨资从日本引进一条挂面生产线，作为附带合同，后又花18万元从日本购进1000卷重10吨的塑料包装袋。塑料包装袋的袋面图案由挂面厂请人设计，经挂面厂与新疆维吾尔自治区经贸机械进出口公司的人员审查后，交付日方印刷。数月后，当这批塑料袋漂洋过海运抵乌鲁木齐准备使用时，有位细心的包装工一看惊呆了：包装袋袋面图案上的“乌”字全部多了一点，乌鲁木齐成了“鸟鲁木齐”！后经多方调查，发现原来是设计人员一时马虎大意，把设计样本打印错了，而进出口公司的人员审查时也没有发现。时至今日，人们还常常把去乌鲁木齐公干而调侃成去“鸟市”。

都是细节惹的祸！在人们的日常生活和工作中，因细节上的疏忽而造成的损失，不计其数。

二

“天下大事，必作于细”。

中国传统文化极为重视细节。

老子《道德经》六十三章道：“为无为，事无事，味无味。大小多少。图难于其易，为大于其细。天下难事，必作于易；天下大事，必作于细。”

其意为，要做那些别人还没觉察到就该做的工作，要办那些还没发生事故之前就该办的事，要体味那些没有散发出气味之前的气味。大生于小，多起于少。图谋困难的事情要趁它容易的时候，处理重大的事情要在它细小的时候。天下的难事，必须从容易的地方做起；天下的大事，必须从细小的地方做起。

老子在这里说的是大与小、多与少、难与易、大与细之间的辩证关系，以及处理这些关系的辩证方法。这也是老子的一种世界观和方法论。

《韩非子·喻老》道：“千里之堤，以蝼蚁之穴溃；百尺之室，以突隙之烟焚。故曰：白圭之行堤也塞其穴，丈人之慎火也涂其隙，是以白圭无水难，丈人无火患。此皆慎易以避难，敬细以远大者也。”

《喻老》是韩非子阐发《老子》思想并加以引申发挥和注入新思想的哲理文章。这段文字意为，千里长堤，因为蝼蚁营窟而导致溃决；百尺高楼，因为烟囱漏火而导致焚毁。所以，白圭（战国时期的水利专家）巡视长堤时堵塞小洞，老人谨防跑火而涂封缝隙，因此，白圭没有水害，老人没有火灾。这些都是谨慎地对待容易处理的小事从而避免了大灾大难、郑重地对待细小的漏洞从而避免了大祸临头的典型事例。

三

惟精惟一，精益求精。

1.“致广大而尽精微”

《礼记·中庸》第二十七章曰：“君子尊德性而道问学，致广大而尽精微，极高明而道中庸。”

其意为，君子尊崇道德而又追求学问，既达到广博的地位而又穷尽精微之处，既达到高明的境界而又遵循中庸之道。

“致广大而尽精微”具有普遍意义，是一种成功之道。“广大”和“精微”，即大与细、大与小、整体与部分、全局与局部等，是一对矛盾，它们相依相存，相辅相成。“致广大”（致力于广大），必须“尽精微”（尽心于精微）；“尽精微”为的是“致广大”。

2.“道心惟微，惟精惟一”

《尚书·大禹谟》道：“人心惟危，道心惟微，惟精惟一，允执厥中。”

其大意为，人心是危险的，道心是精微的，应当精心、专一，恪守中正之道。

孔门儒学主张根据这四句话去治理国家、教化人民。后来的宋明理学家称这四句话为“十六字心传”，作了深入广泛的研究和发挥，从而产生了巨大影响，发挥了重要作用。

十六字中，“惟精惟一”这四个字尤为关键：因为“人心惟危，道心惟微”，所以必须“惟精惟一”；而只有“惟精惟一”，继而才可以“允执厥中”。

“惟精惟一”的原意是说，领悟道心要精益求精、执守道心要始终如一。“惟精惟一”同样具有普遍意义，它的本意是专注、专一，即精益求精、一以贯之，也是人们的一种普遍的成功之道。“惟精惟一”是一种精神，也是一种态度，更是一种方法和原则。遵之，则难事可图，大事可成。

四

明察秋毫，细节制胜。

警察破案主要靠细节，蛛丝马迹往往是破案的关键。美国联邦调查局特工乔·纳瓦罗所著的《教你读心术》中，有一段很精彩："1989年，我们抓住了一名间谍。他很合作，但不愿意供认自己的同伴。"被逼无奈，"我们向这位间谍展示了32张卡片，每张卡上都写着一个与他一起工作过的人的名字——这些人很可能是他的同伙……当他看到两个人的名字时，眼睛突然睁大，然后瞳孔迅速收缩，并轻轻地眯了一下眼。显然，在潜意识里，他并不希望看到这两个人。这成了我们唯一的线索。最终，这两个同犯被找到了，并在审问后供认自己参与了此次犯罪活动。直至今日，那个间谍依然不知道我们是如何找出他的犯罪同伙的。"

细节描写是小说创作的重要手段。没有细节描写，就不可能有古今小说。细节描写是指抓住生活中的细微而又具体的典型情节，加以生动细致的描绘，它具体渗透在对人物、景物或场面描写之中。作家李准说过："搞小说创作，编故事容易，编细节难，因为细节只有深入生活才能发现，是编不出来的。没有许许多多真实的细节，你的作品就难以打动读者。"

不仅小说，任何艺术，包括绘画、雕塑、建筑、文学、舞蹈、音乐、戏剧、电影、电视、动漫、摄影等，都离不开细节。可以说，细节是艺术的灵魂，没有细节就没有艺术。李准还说过："没有细节就不可能有艺术作品。真实的细节描写是塑造人物，达到典型化的重要手段。"

一个人的一生又何尝不是一件艺术品，因此更需要细节来充实、丰富和表现。

俗话说："细微之处见端倪。"一个人，在礼仪上注重细节，就会彬彬有礼，温文尔雅；在穿戴上注意细节，就会着装得体，端庄大方；在做人上看重细节，就会谦虚谨慎，广结人缘；在生活上留意细节，就会张弛有度，健康长寿;在学习上注重细节,就会厚积薄发,天天向上;在工作上重视细节就会一丝不苟,精益求精;在事业上重视细节,就会善始敬终,事业有成。

五

“大行不顾细谨,大礼不辞小让。”

其意为,做大事不必过于细微谨慎,行大礼无须拘泥于小节小让。

重视细节,但不能拘泥于细节。任何事物都有两面性,细节也不例外。有些细节很重要,很关键,不可忽视。但细节毕竟是细节,且细节多如牛毛,不可胜数,绝大多数的细节都无关紧要,必须忽视和舍弃。

《史记·项羽本纪》载:“沛公已出,项王使都尉陈平召沛公。沛公曰:‘今者出,未辞也,为之奈何?’樊哙曰:‘大行不顾细谨,大礼不辞小让。如今人方为刀俎,我为鱼肉,何辞为!’于是遂去,乃令张良留谢。”

刘邦在“鸿门宴”上出来后,项羽派都尉陈平来召刘邦回去。刘邦对樊哙说:“现在我出来,没有来得及告辞,怎么办?”樊哙说:“干大事无须谨小慎微,行大礼不必再小谦小让,如今人家好比是刀子砧板,而我们好比是砧板上鱼肉,还告辞干什么!”于是一行人离开那里,让张良留下来向项羽致歉。“鸿门宴”就是要刘邦的命。如果按常理,刘邦去向项羽辞行,那么刘邦就难以脱身,后来的历史或许就要改写了。

成大事者不拘小节。相反,拘小节者难成大事。集中的原则是人生成功的一大原则。人的精力、能力、时间是有限的,欲在一生中做成一件或几件大事,必须目光远大,锁定目标,将精力、时间集中,做到专心致志,心无旁骛。忽略一些无关紧要的细节和鸡毛蒜皮的小事是在所难免的,也是必需的。

例如:赵丹直到人生的大幕降落,也没记住自家的门牌号码,卓别林一辈子也没记住自己的仆人的名字,但他俩都成了伟大的艺术家。沃尔玛公司创建人山姆·沃尔顿在生活小事管理上远不如常人,经常丢三落四。林肯律师出身,但也并非井井有条,细节有序,以至于常常连法律文件都找不到，然而这并没有妨碍他成为一名优秀的律师和美国历史上一位最伟大的总统。

多数情况下，细节做好了，只能锦上添花，而并不能决定成功。如果抓了芝麻丢了西瓜，则因小失大。如果偏执细节，则犹如盲人摸象。如果大事小事一把抓，不分轻重缓急，终日为琐事焦头烂额，拘泥其中难以自拔，那将局限人的视野，消耗人的时间和精力，不仅做不成大事，而且有损健康。作为领导，如果被“细节决定成败”所局限，那将十分危险。就像诸葛亮那样，事无巨细，事必躬亲，结果劳累过度而死。

六

细节与认识、态度、性格、习惯和责任。

1. 是否注重细节，其实是一种认识。一个人如果能认识到细节的重要性，对细节有兴趣，那么就必然会认认真真、一丝不苟地对待细节，其结果肯定是好的。

2. 是否注重细节，其实是一种态度。一个人，是积极还是消极，是认真还是随便，是谨慎还是马虎？态度决定行为，行为决定结果。态度对了，细节问题就解决了。

3. 是否注重细节，其实是一种性格。好性格是可以培养的，有了冷静、细致、小心、谨慎的好性格，就不会忽视细节。

4. 是否注重细节，其实是一种习惯。当注重细节变成了人的一种习惯，那么做事时，细节就不会被忽略。

5. 是否注重细节，其实是一种责任。“人可以不伟大，但不可以没有责任心”。人在这个世界上需要扮演多重角色，每一个角色都有责任。责任重于泰山，责任没有小事。一个人如果有了强烈的责任感和责任心，就不会掉以轻心而轻易地放过任何一个重要的细节。

在客观上，细节和鸡毛蒜皮是有区别的。一个人如果有了认真的态度、良好的性格和习惯、强烈的责任感、责任心，那么，他就能将细节和鸡毛蒜皮区别开来而不会混为一谈。

不论何人，只要认识到位，认真、负责、细心、耐心地做人、做事，其中包括细节和小事，就会成功。思想认识、态度、性格、习惯、责任决定成败。

周恩来总理就是一个严肃、严谨、认真、负责、细心、耐心、思虑周到的人。他总是强调“关照小事，成就大事”“外事无小事，遇事多请示”等。美国前总统尼克松说：“对于周恩来来说，任何大事都是从注意小事入手，这一格言是有一定道理的。他虽然亲自照料每棵树，也能够看到森林。”

“圣人终不为大，故能成其大”，周总理的为人处世和对待细节的态度值得后人学习、仿效。

兴趣——废寝忘食，乐而忘忧

知之者不如好之者，好之者不如乐之者。

——孔子

成功的秘诀在于兴趣。

——杨振宁

一

什么是兴趣？

兴趣之兴，即兴致、兴味、兴奋、兴高采烈之意；兴趣之趣，即乐趣、情趣、志趣、雅趣、趣味盎然之意。兴趣，是指人的喜好的情绪，即个体以特定的事物、活动、人为对象，所产生的积极的、愉悦的和带有倾向性、选择性的情绪和态度。人的兴趣多种多样，一般不以赚钱为目的，如科研、阅读、写作、书法、下棋、集邮、唱歌、跳舞、种花、钓鱼、摄影、打麻将、饲养宠物等。

兴趣来自于需要。人们需要什么就会对什么产生兴趣。兴趣在需要的基础上产生，也在需要的基础上发展。

兴趣还来源于人的好奇心。当人对一个未知的事物产生了浓厚的好奇心时，就会产生兴趣。苏霍姆林斯基说过：“学生对一眼能看到的东西是不感兴趣的，但对藏在后面的奥妙却很感兴趣。”

个人兴趣体现着一个人的性格特点，不同性格的人，会有着不同的兴趣。每个人都会对其感兴趣的事物给予优先注意和积极地探索，并表现出心驰神往或跃跃欲试。

人的兴趣都是后天形成的。由于耳濡目染、言传身教，父母的兴趣会对孩子有着直接的影响。但性格叛逆的孩子，却常常对父母的兴趣不感兴趣。

近朱者赤，近墨者黑。朋友的影响往往很大。既然为朋友，就会对朋友的爱好和特长产生兴趣，如交上了摄影的朋友，就有可能对摄影产生兴趣；交上了书法家，就有可能对书法产生兴趣等。

兴趣可以使人的注意力高度集中，产生出积极、愉悦的心理状态，从而对人的实践活动具有重要的意义。

1.对未来的活动起准备作用。一个人如果对某事物感兴趣，就会有意、无意地去关注某事物，留意、收集某事物的信息。

2.对正在进行的活动起推动作用。兴趣是发自内心的强大动力，使人热情洋溢、干劲倍增、兴致勃勃、津津有味、主动、持续、刻苦地进行学习或工作，甚至废寝忘食、迷恋不舍。

3.对活动的创造性起促进作用。兴趣会促使人深入钻研，创造性地学习和工作，使人的体力、智力和聪明才智发挥到极致，或超常发挥，从而推动着人们向前、向未知领域探索，并且取得成功。

二

兴趣的类型和层次。

兴趣可分为直接兴趣和间接兴趣。直接兴趣是指对活动本身即对活动的过程感兴趣。如有的人从来都不吃鱼，但却喜欢垂钓。间接兴趣主要指对活动过程所产生的结果感兴趣，例如，锻炼是为了健康，减肥是为了瘦身，学习是为了获取知识等。间接兴趣是人对活动的结果及其重要意义有着明确认识之后所产生的兴趣，所以这种兴趣具有理性色彩，与个人理想、信念、目标有一定的联系，所以持久而稳定。

直接兴趣和间接兴趣往往是相互联系、相互促进的。如果没有直接兴趣，活动过程就很乏味、枯燥；而如果没有间接兴趣的支持，也就没有目标，过程就很难持久下去。

人的心理活动主要包括认知、情感和意志三个方面，即人们常说的知、情、意。兴趣也是一种心理活动，所以兴趣也是由知、情、意所组成。

兴趣本身就是喜好，是一种情感，但它也包含着认识，并是在认识的基础上产生出来的。兴趣也需要意志的支持，缺少了意志，兴趣就不会持久。

兴趣可以分为有趣、乐趣、志趣三个层次。

有趣为初级阶段，认识肤浅，体验不深，往往只是觉得好玩而已。这种兴趣短暂易逝，很不稳定。当人对某事物有了一定的认识和体验，感到愉悦和快乐时，乐趣就产生了，这是兴趣的中级阶段，较浓烈，也较稳定。如果乐趣再向前跨一步，与理想、信念、价值观、责任感结合起来，那么，乐趣就升华为志趣，也就是兴趣的最高阶段，其时，人的人格也会相应地得到升华——成为了一个高尚的人、完全脱离了低级趣味的人。

兴趣的能量是巨大的，以兴趣为基础的学习、活动与仅仅以努力为基础的学习、活动，其结果大不相同。人一旦对某事物发生兴趣，其思想就会活跃起来，记忆和思维质量大大提升，并能保持对某事物长久的热情和执着地追求。

三

兴趣—入迷—成功。

“成功的秘诀在于兴趣”。世界历史上，大凡做出了贡献的杰出人物，不少都是从兴趣开始的。兴趣—入迷—成功，这往往是创新成功的三部曲。历史上许许多多的发明创新者，都是沿着这三部曲走向成功的。

例如爱迪生。爱迪生是有史以来最伟大的发明家，拥有2000余项发明，迄今为止，世界上尚没有一个人能打破他创造的发明专利数的世界纪录。

小时候的爱迪生好奇心重，对什么都感兴趣，常常问一些奇怪的问题让人觉得很烦。爱迪生接触到什么，就对什么发生兴趣，接着入迷，不断地实验，最后以成功告终。爱迪生几乎每天都在他的实验室辛苦工作长达18个小时，在里面吃饭、睡觉，但他丝毫不以此为苦。他说："我每天其乐无穷。"

又如达·芬奇。他兴趣广泛，不论接触什么领域，都能发生兴趣，并在兴趣的驱使下，做出惊人的成绩和开创性的贡献。他是人类历史上绝无仅有的全才，既多才多艺，又勤奋多产。他的最大成就是绘画。他是历史上最著名的画家之一，壁画《最后的晚餐》、祭坛画《岩间圣母》和肖像画《蒙娜丽莎》是他一生的三大杰作，也是欧洲艺术的拱顶之石，更是世界艺术宝库珍品中的珍品。此外，他还是雕刻家、建筑师、音乐家、数学家、工程师、发明家、解剖学家、地质学家、制图师、植物学家和作家等。

又如达尔文自幼热爱大自然，喜欢采集标本、钓鱼、打猎，热衷于博物学和矿物学。达尔文说："我有强烈的多样的趣味，沉溺于自己感兴趣的东西。"由于兴趣，达尔文没有成为父亲所希望的医生和牧师，而成了生物学家和生物进化论科学思想的创始人。

再如魏格纳。他从小就喜欢幻想和冒险，童年时就喜爱读探险家的故事。为了给将来探险做准备，他攻读气象学，获得了气象学博士学位。1906年，他加入了著名的丹麦探险队，来到了格陵兰岛，从事气象和冰川调查。此后他又两次去格陵兰考察，发现格陵兰岛相对于欧洲大陆有漂移运动，并测出的漂移速度是每年约1米。到了20世纪80年代，人们认可了他的大陆漂移学说和板块学说，称他为"大陆漂移学说之父"。

郭沫若说过："兴趣爱好也有助于天才的形成。爱好出勤奋，勤奋出天才。兴趣能使我们的注意力高度集中，从而使得人们能完善地完成自己的工作。”

以上几位，就是兴趣造就的天才。

四

兴趣与命运、责任感和使命感。

一个人要想找一份自己感兴趣的工作和职业，实属不易。常言道：人生不如意事常八九。或因父母之命，或因国家召唤，或因社会需要，或因阴差阳错等，人们往往事与愿违。

南唐后主李煜爱好文学，作为词人，他是成功的。他才华横溢，书法、绘画、音律、诗文均有一定造诣，尤以词的成就最高，是被后人千古传诵的一代词人，有“千古词帝”之誉。但作为皇帝，他是失败的。他对皇位毫无兴趣，登上王位完全是个意外。他治国无方，后被宋军俘获、毒杀。

叙利亚总统巴沙尔·阿萨德原来并没有太多的政治抱负。他爱好医学，在上中学期间就树立了人生方向——做一名眼科医生。1988年从大马士革大学医学院毕业后，成了一名称职的眼科医生。其父老阿萨德着力培养长子巴希尔·阿萨德做接班人，没有干涉过他的理想和兴趣。1994年，巴希尔·阿萨德因车祸身亡，巴沙尔上升为接班人。人们说：“他有眼医执照，差点移民美国，但是被他爹抓回去当总统了。”

若干年前，美国心理学博士艾尔森对世界100名各个领域中杰出人士做了问卷调查，结果让他十分惊讶———其中61名杰出人士承认，他们所从事的职业，并不是他们内心最喜欢做的，至少不是他们心目中最理想的。艾尔森博士又走访了多位商界英才。他们的回答是：“因为我在那个位置上，那里有我应尽的职责，我必须认真对待。”正是出于这种“在其位，谋其政，尽其责，成其事”的高度责任感，他们才赢得了令人瞩目的成功。

每个人都有自己的责任，而且这种责任是客观存在的，不以人的兴趣、爱好、意志为转移。“责任重于泰山”，责任大于兴趣。

五

兴趣爱好，益处多多。

爱好一般都是业余的（娱乐的或消遣的），故常常称作业余爱好。而有些人的工作、事业却正是兴趣之所在，但也并不排除其人也有业余爱好。

在日常生活中，业余的兴趣和爱好并没有严格的界线，人们常把它们合在一起使用，统称兴趣爱好。一般人，可选择一两种正当、有益的兴趣爱好，坚持下去，形成习惯，必有好处。

1. 丰富生活，平添乐趣。人们的工作有分工、有安排、有制度、有纪律，不可能只凭兴趣干事，各遂所愿。如果你是领导，那就更不能凭兴趣办事。特别是有些工作，如流水作业，十分单调和枯燥。兴趣爱好就是对生活的调节和补充，使生活变得丰富多彩，情趣盎然。

2. 增长知识，增进友谊。例如集邮。小小邮票是包罗万象的博物馆、容纳丰富知识的小百科。集邮本身也是一门综合的学问，需要信息、知识、技术、耐心和细心。集邮也是一项可获丰厚回报的经济活动。相同的爱好者可以在一起尽情地交流，发展友谊。

3. 修身养性，陶冶情操，有助于生理和心理健康。例如高尔夫运动。它是一种把享受大自然乐趣、体育锻炼和人间交际集于一体的运动。“讲究”是它的特点，如穿着不能随便，球场上要诚信、互相礼让等。

六

兴趣爱好要正当、适度、健康。

1. 要正当。要同培养良好的个性、道德情操结合起来，益智养性，有情有趣，有益于身心发展，使爱好成为“营养素”；要同休闲相联系，放松身心，养精蓄锐，以便更好地学习或工作；要针对自己的薄弱环节，有的放矢地加以选择；选择时要考虑时间、场所、经济等客观条件。

2.要适度。一位成功人士是这样说的："一个人应该把你90%的时间花在你没兴趣的事情上，这是你成功的基础；其它10%的时间用在自己的兴趣上，这将决定你能否成功。"此话好像说反了，然而，这就是哲理，就是辩证法。其实，业余兴趣爱好就是玩，过度了，就是玩物丧志，不务正业。过犹不及，任何一项好的兴趣爱好，只要玩过了头，都会有害处。

3.要健康。网络上有人忏悔：烟——抽走了我的灵魂；酒——醉倒了我的自尊；网——埋葬了我的一生。不良爱好，即不良嗜好，使人迷失、沉沦、堕落。凡是正派、上进、有理想、有抱负的有志青年和有识之士，面对诱惑，要学会说"不"，坚决杜绝一切不良爱好。

敏捷（敏锐、敏慧、敏感、机敏）

——敏而好学，敏则有功

敏则有功。

——《论语·尧曰》

一个机敏谨慎的人，一定会交一个好运。

——培根

一

敏捷——“敏则有功”。

敏，指聪慧、机警、奋勉而反应快速，包括敏锐、敏慧、敏感、敏达、灵敏、机敏等意。捷，指快、迅速、捷足先登等。敏捷，系机敏和快捷的结合，指思维、语言、动作等迅速而灵活。

敏捷是行为主体的快速反应，主要指思维敏捷和身手敏捷。思维敏捷，主要指观察、注意、记忆、分析、推理、判断、决策等敏捷。身手敏捷，主要指人的眼、耳、鼻、舌、身，即视觉、听觉、嗅觉、味觉、动作、行为以及方式、方法，迅速而灵活。

中国人自古就很看重“敏”。

孔子曰：“我非生而知之者，好古，敏以求之者也。”（《论语·述而》）孔子说，他不是天生就有知识的人，而是爱好古代文化，敏勉求学而获取学问的人。这一段话是孔子的“自我鉴定”。他把“敏以求之”看作是自己取得成功的一个重要原因。

孔子曰：“敏于事而慎于言。”（《论语·学而》）处事敏捷而言语谨慎。敏与慎不同，各有场合。处理事务要机敏、果断、快捷，而讲话、发言则要谨慎。

孔子曰：“君子欲讷于言而敏于行。”（《论语·里仁》）君子要说话谨慎、行动敏捷。

孔子曰：“敏而好学，不耻下问。”（《论语·公冶长》）聪明好学，不以向下求教为耻。

孔子曰：“敏则有功。”敏捷就会取得成功。

刘勰《文心雕龙·神思》曰：“敏在虑前，应机立断。”“机敏故造次而成功，虑疑故愈久而致绩。”机敏的人好像未经考虑就能当机立断。写文章时，有些人因为文思敏捷，所以很快就能写成功；有些人因为疑虑很多，所以历时较久才能写好。

自古以来，敏捷就是衡量人的一条重要标准。从文者或社会工作者，文思（才思）要敏捷；从武者或手艺人，身手要敏捷。如果一个人反应迟钝，行动缓慢、凡事都要慢半拍，那是很难有所成就的。

现代社会，竞争激烈。往往：快一步，捷足先登；慢一拍，落后于人。

二

敏捷——“敏在虑前”。

刘勰《文心雕龙·神思》之“神思”，就是文思或才思。他以司马相如、扬雄、桓谭、王充、张衡、左思六人的文思迟缓，和刘安、枚皋、曹植、王粲、阮瑀、祢衡六人的文思敏捷形成对比，来说明“敏在虑前，应机立断”“机敏故造次而成功，虑疑故愈久而致绩”等道理。

例如刘安。西汉淮南王刘安以编有《淮南子》而著名。据《汉书·淮南王传》记载:汉武帝叫刘安作《离骚赋》,刘安一个早上就完成了。

又如曹植。曹植思路快捷,谈锋健锐,每被曹操提问,常常应声而对,脱口成章。曹操喜爱。曹植“七步成诗”——“煮豆燃豆萁,豆在釜中泣。本是同根生,相煎何太急?”广为流传。

再如阮瑀。《三国志·王粲传》注引《典略》说:“太祖(曹操)尝使瑀作书与韩遂,时太祖适近出,瑀随从,因于马上具草,书成呈之。太祖揽笔欲有所定,而竟不能增损。”建安十六年,阮瑀随军西征关中,曹操请他代笔写一封书信给韩遂。他骑在马上沉吟片刻,挥毫立就,呈给曹操。曹操提笔想做些修改,竟不能增减一字。

文思敏捷、身手敏捷者,在我国历史上大有其人。

“李白斗酒诗百篇”,他文思极为敏捷,即使醉了也能写出绝妙好诗,例如著名的《清平调》三首,就是醉酒后一气呵成的。杜甫《不见》对李白作了绝妙的概括:“敏捷诗千首,飘零酒一杯。”他才思敏捷,留下数千首诗;(然而)四处漂泊,唯有借酒浇愁。

“少年十五二十时,步行夺得胡马骑。”“一身转战三千里,一剑曾当百万师。”这是王维《老将行》中的诗句。这四句诗把一位将军的身手敏捷和英勇善战刻画得惟妙惟肖。

在吟诗、作赋、写文章时,文思是否敏捷很重要。文思敏捷的人,写得又快又好,成名早,作品多,成就大,影响大;而文思迟钝的人,则很难写出好东西来,即使能写出来,也费时费工,很吃力,很多年,甚至一辈子只能干成一件事,有的死后很多年才出名。

其实,干什么事都一样,思维敏捷和思想迟钝有着天壤之别,特别是在外交、公关、谈判、辩论、舌战、攻防、演练、战争、散打、武术、杂技、比赛和幽默、诙谐、双关、猜谜语、脑筋急转弯等场合和方面,思维敏捷和身手敏捷的人很快就能占得上风,而思想迟钝和笨手笨脚之人,落败则在所难免。例如《三国演义》中的“诸葛亮舌战群儒”“三英战吕布”“赵子龙单骑救主”等,就必须“敏在虑前,应机立断”;而如果慢慢来,三思而后行,则必败无疑。

三

敏锐。

敏锐，是敏捷和尖锐、锐利的结合，指人的眼光犀利、感觉灵敏、反应迅捷。敏锐体现着一个人目光的深刻、睿智和思维、行动的早、快、准。

敏锐常常表现在直觉和顿悟方面。紧急关头，或命悬一线、或火烧眉毛、或刻不容缓、或十万火急、或千钧一发、或势成累卵、或下级站在面前立等回答，容不得慢慢来、思考思考、研究研究，这时就要靠敏锐的直觉和顿悟来进行快速而准确的决定或决断。常说的“急中生智”“眉头一皱，计上心来”，就是一种敏锐。

敏锐常常表现在观察和洞察方面。敏锐的观察和洞察表现在高瞻远瞩、深谋远虑、临危不惧、从容应变；表现在察言观色、明察秋毫、见微知著，能透过纷繁复杂的表面现象迅速看清事物的本质；表现在迅速而善于发现容易被忽略的信息上，科学家和发明家的可贵之处就在于此；表现在善于从大局上看问题，防止就事论事、一叶障目不见泰山；表现在善于从源头上看问题，“风起于青萍之末”“微风乍起”之时，就能识别其本质和发展趋向；表现在从隐蔽的细节和蛛丝马迹中发现问题，注意常人容易忽视的地方等。

只有敏锐，才能凡事想在前、做在前，未雨绸缪，从容应对；解难事于萌芽，化矛盾于无形，防患于未然；补牢于亡羊之前，防微于成功之后。

四

敏慧。

敏慧，亦作敏惠 。敏慧之慧，指聪明，有才智。敏慧是敏捷和聪慧、贤慧的结合，有聪明伶俐，善解人意，讨人喜欢之意。从古至今，很多女子以“敏慧”或“慧敏”来作为自己的名字，上网一查，不计其数。

有一次，萧伯纳去苏联参加一个活动。在大街上散步时，偶遇一位小姑娘，玩了很长时间。分别时，萧伯纳说：“你回去可以告诉你妈妈，就说今天陪你玩的，是世界上有名的剧作家萧伯纳。”小姑娘十分平静，也学着他的口吻说：“哦，我不像你那么出名，不过，你回去也可以告诉你妈妈，就说今天陪你玩的，是苏联的一位小姑娘。”小姑娘给萧伯纳上了一课。萧伯纳听了，很震撼。此后，每谈起这件事，便深有感触地说：“一个人无论取得多大的成就，都不能自夸，对任何人，都应该平等对待，永远谦虚。这就是那位小姑娘给我的教育。她是我的老师，我一辈子都忘不了她！”

五

敏感。

敏感系指生理上或心理上对外界事物的感觉非常灵敏，反应非常迅速。任何新的、未知的东西都需要发现，有发现才有发明和创造，而发现则要靠敏感，靠人的敏感性。

鲁迅《书信集·致徐懋庸》说：“文学与社会之关系，先是它敏感的描写社会，倘有力，便又一转而影响社会，使有变革。”作家认识社会、反映客观现实需要敏感；作家深入生活，收集素材，也需要敏感；作家进行创作时，浮想联翩，灵光闪现，则更需要敏感。

新闻工作者需要敏感。新闻敏感性强，就能抓住别人抓不住的东西，就能在大海中摸到“活鱼”，就能搞出上乘作品来。在一定程度上说，新闻敏感性的强弱，会决定一位新闻从业人员的职业命运。

敏感的人心思较为细腻缜密，善解人意，懂得换位思考，容易看到生活中点滴的美好。敏感的人往往有灵气，具有较强的洞察力，更有较深刻的思想，在科学、艺术等方面会更有创造力。作家、画家、诗人、艺术家、科学家、记者、演员、警察等，都是生性敏感的人。

一般说来，敏感总比迟钝好，因为，作战要抢战机，经商要抢商机，体育竞技更要强调反应速度，种地还要把握时机等，失去了先机，十有八九会遭受失败。

敏感固然重要，但在某些方面却不能太敏感。心理过于敏感是一种不良的心理素质，是一种脆弱，是自寻烦恼，会伤害到他人和自己，影响学习、工作、身心健康，造成人际关系紧张。

六

机敏。

比如，《晏子春秋》里的“晏子使楚”、故事《司马光砸缸》。再比如，《三国演义》中，曹操行刺董卓未遂后立即改为献刀；曹操煮酒论英雄，刘备闻言失筯并借雷声饰过等，均属机敏之举。

在外交、谈判、辩论、公关、社交和日常生活中，都可以反映出人的机敏与否。

在英国首相丘吉尔80岁生日茶话会上，一名年轻的记者对丘吉尔说：“首相先生，我真希望明年还能来祝贺您的生日。”丘吉尔拍拍记者的肩膀说：“记者先生，你这么年轻，身体又这么壮，应该是没有问题的。”丘吉尔迅速地将健康问题转嫁到了记者身上，着实机敏！

一次，一家办喜事，宴请亲家，请柬上写道：“来，就是贪吃；不来，就是见怪。”另一亲家见后笑了笑，来参加宴会时带了一份礼物，礼单上写道：“收，就是爱财；不收，就是嫌礼轻。”反戈一击，诙谐有趣。幽默、诙谐、讽刺、双关、随机应变、反唇相讥、脑筋急转弯等，都需要机敏。

虽然在人的日常交往和生活中，不乏机敏的火花，但真正的机敏却非同一般。机敏与沉着、稳健、深谋远虑相结合，才是一种大智慧。而那些雕虫小技、小聪明、小把戏和小事精明而大事糊涂等，则称不上机敏。三国时期，吴主孙权在一头驴身上写下“诸葛子瑜”四字，意在嘲笑诸葛瑾脸长。当时只有6岁的诸葛瑾之子诸葛恪，立即拿起笔加上了“之驴”二字，引得满座皆惊。然而，此子长大后，由于缺乏政治远见和大智谋，不但自己身首异处，而且祸及家人，因而也就谈不上真正的机敏了。

七

敏于事,敏于行。

敏捷来源于智慧,智慧来源于知识,知识来源于实践。人有急中生智的本能,但仅靠这种本能是不够的。敏捷、敏锐、敏慧、敏感和机敏等是可以通过培养、锻炼来获得和增强的。

1. 人的幼儿时代是最为敏感的时期。要保护好幼儿的敏感性,让它充分地得以展现。从简单到比较复杂,用游戏和启发性的语言引导幼儿发展敏感性和灵敏性。

2. 青少年、成年人也需要玩玩智力游戏。传统游戏可以玩,电脑游戏、电子游戏更好。后者可以使参与者更为主动地投入到游戏中去,以锻炼和提高机敏能力,但是不能沉迷。猜谜语、对对联、演讲、讨论、辩论等也是很好的提高机敏的活动。

3. 敏感性、敏捷性和机敏性是人的各种水平和能力的综合反映。所以,有的人机敏,有的人迟钝;有的人在这方面机敏,而在那一方面却迟钝。因而,还是要多读书,多实践。只有见多识广、博闻强记者才能够机敏。

4. 体育运动有助于人的敏感、敏捷和机敏。体育运动要求更快、更高、更强,不仅能促进人的机体的灵敏度,而且能提高人的大脑的反应速度。

5. 职业敏感性需要专业训练。有些职业需要比常人更高的敏感性、敏捷性和机敏性,如记者、警察和外交工作者等。他们的这种敏,要从更高的政治水平、理论水平和业务素质中去获得,要从长期的关注、用心和实践中去磨练。

6. 生活要有规律,要精神饱满、积极乐观。比如说,一个睡眠不足或经常酗酒、态度消极或情绪低落的人,是不可能机敏的。

责任——人之为人，先要负责

做人，要先负责。

——蔡元培

人可以不伟大，但不可以没有责任心。

——比尔·盖茨

一

“做人，要先负责”。

从字面上看，责任包括两个方面，即责和任。所谓责，是指职责，即分内事，应该做的事，可谓责无旁贷；而所谓任，是指任务、命令、使命，即必须要做的事，必须要完成的事，可谓责有攸归，无可推卸。

从含义上看，责任也包括两个方面：一是指分内应做的事，如负责任、尽责任；二是指没有做好分内应做的事，因而应该承担的过失，如责任人、责任状、追究责任。

责任常常和责任感、责任心联系在一起。自觉地把分内的事情做好或自觉地弥补过失的精神状态和心理准备，叫做责任感。把该做的事放在心上，全力以赴，精益求精，用心去做的心理状态，叫做责任心。

责任和使命，既有联系又有区别。使命多指重大的任务和责任，如历史使命，神圣使命等。对于工作和职业，既可以看成责任，也可以看成使命。所谓使命感，即人对国家、社会、时代所赋予的使命的一种感知和认同。

二

西点军校的责任。

有一所学校叫西点军校，它几乎成了责任的代名词。

美国西点军事学院，常被称为西点军校，是美国第一所军事学校，创办于1802年。在西点军校的历史上，曾培养出两位总统（尤利塞斯·辛普森·格兰特和德怀特·戴维·艾森豪威尔）、五位五星级上将、三千七百多位将军。此外，还在世界五百强企业里面，有董事长一千多名，副董事长两千多名，总经理、董事五千多名等出自该校。

西点军校的校训是“责任、荣誉、国家”，着力培养与训练学生的责任心、荣誉感和爱国精神。

1962年，校长麦克阿瑟在西点军校授勋仪式上演讲时说：“责任—荣誉—国家。这三个神圣的名词庄严地提醒你应该成为怎样的人，可能成为怎样的人，一定要成为怎样的人。它们将使你精神振奋，在你似乎丧失勇气时鼓起勇气，似乎没有理由相信时重建信念，几乎绝望时产生希望。”

“责任”，是西点军校对其学员的基本要求。正是这种发自内心的责任感，为学员们毕业后勇敢地捍卫“荣誉”、忠实地履行报效“国家”的职责和义务奠定了坚实的思想基础。

三

责任，如影随形。

陶行知说：“人生天地间，各自有禀赋。为一大事来，做一大事去。”做事,就要负责任。做大事,就要负大责任。

马克思说:“世界上有许多事情必须做,但你不一定喜欢做,这就是责任的涵义。”他又说:“作为一个确定的人,现实的人,你就有规定,就有使命,就有任务,至于你是否意识到这点,那是无所谓的。”规定、使命、任务就是责任。每个人都有自己的责任。而且这种责任是客观存在的,不以人的意志为转移,无论你是否愿意接受,无论你是否意识到,是否感觉到它的真实存在,这种责任都会伴随着人的出生降临到每个人身上,当人离开这个世界的时候,它才随人而去。人与责任,如影随形,寸步不离,须臾不分。

人在这个世界上,扮演着种种角色。角色不同,其责任也各不相同:为人父母,要抚养子女;为人子女,要孝敬父母;作为教师,要为人师表;作为学生,要尊师重教;作为医生,要治病救人;作为患者,要谨遵医嘱;作为公民,要遵纪守法;作为行人,要遵守交通规则;作为公务员,要尽忠竭力,全心全意为人民服务;作为政府官员,要恪尽职守,廉洁奉公等。

人的责任来自于何方?一般来自于职业、任务、命令、制度、法律、承诺、合同、契约、习俗、伦理、道德等。一项责任往往来自于多个方面,如父母亲的责任是抚养教育子女,这个责任来自于传统习俗、伦理道德和法律规定。又如警察的责任是依法执行公务,这个责任来自职业的要求、分配的任务、上级的命令和法律的规定。

责任是由四个方面的内容组成的:一是责任认知,即对责任的认识,包括对自己所负责任的内容、意义、重要性、社会影响、自己所付出的代价、回报以及逃避责任的后果等。这是构成责任感和责任心的基础因素。二是责任情感,即对自己所负责任的对象的感情,是深浅,还是一般?这是责任感和责任心的动力。三是责任意志。责任意志是构成责任感和责任心的维持因素。责任意志薄弱或缺少责任意志,是不可能负责到底的。四是责任行为。履行责任要看行动,看成绩,看结果。责任行为是履行责任感和责任心的落实因素,有了它,才能开花结果。

四

人贵有责。

责任是人格的一部分。和人格一样,责任感和责任心也是做人的资格、为人的品格,也是人之为人的脊梁和灵魂。它关系到一个人在社会上的声望、尊严、信誉、价值、作用和地位。负责,就是责任感和责任心的表现。有责任感和责任心的人,会得到人们的信任、尊重和拥戴。责任感和责任心淡薄或缺失的人会遭到人们的疏远、鄙视甚至唾弃。

有这样的一则故事:

老鼠开了一家油店,狐狸开了一家酸奶店,小猪开了一家豆腐店。

老鼠卖的是地沟油,价格很便宜。

狐狸卖的是换了日期标签的过期酸奶,也不管有没有变质。

小猪的豆腐坊里,污水横流,苍蝇飞舞。

他们都这样想:“反正是卖给别人的,管他呢!”

不久,他们都住院了。因为老鼠喝了狐狸的酸奶;狐狸吃了小猪的豆腐;小猪买了老鼠的油炒菜。

在这方面,人之行为有过之而无不及,毒奶粉、毒大米、毒粉丝、地沟油、苏丹红、瘦肉精、染色馒头、黑心棉、假烟、假酒、假种子、假化肥等假冒伪劣、坑蒙拐骗就是在责任缺失、道德下滑的状态下出现的。

长期以来,污染、矿难、井喷、爆炸、火灾等安全事故和种种交通事故给国家经济建设和人民生命财产造成了难以估量的重大损失,究其原因,也主要是责任感和责任心缺失所致。

五

责任重于泰山。

蔡元培先生说过:“做人,要先负责。”责任是人之为人的基本要素。

只有尽到对父母的责任，才能是好子女；只有尽到对国家的责任，才能是好公民；只有恪尽职守，才是好的公务员、警察、医生、员工等。

责任是人格的基础，是人格的底盘。人格是做人的资格。有了人格，人才会正直公道、光明磊落、诚实守信、敢于担当。一个人有了责任，才会有人格；有了人格，才会有人格魅力。一个人一旦没有了责任，也就失去了尊严、价值、精神、思想，整个人格大厦就会坍塌。

爱默生说："责任具有至高无上的价值，它是一种伟大的品格，在所有价值中它处于最高的位置。"责任感是人的基本道德规范，也是道德的底盘和基础。在责任感的基础上才能架构出整个道德体系来。

道德包含着客观和主观两个方面的内容。客观方面，指一定的社会关系对社会成员的客观要求，包括道德关系、道德理想、道德标准、道德原则和规范等。它贯彻到社会生活的各个领域，表现为政治道德、职业道德、婚姻家庭道德和社会公共生活准则等。道德的主观方面，包括道德行为或道德活动主体的道德意识、道德判断、道德信念、道德情感、道德意志、道德修养和道德品质等。

有了责任，才会有客观方面的道德原则、道德规范和主观方面道德修养和道德品质等。没有了责任，全皆落空，整个道德体系就会崩塌。

不承担责任所造成的后果是严重的。一般来讲，得不到人们的信任，普遍受到谴责，甚至受到法律的惩罚，而且更重要的是背离了作为一个人的基本要求。高尔基说过："负责任，是一个人最基本的品质。如果我们放弃了责任，也就等于放弃了整个世界。"

只有能够承担责任、善于承担责任、勇于承担责任的才是可以信赖的人。决定一个人成功的重要因素往往不是智商、领导力、沟通技巧等，而是责任。

六

责任的培养。

1. 培养一颗爱心。责任感和责任心来源于情感。情感包括道德感和价值感两个方面,具体表现为热爱、喜欢、厌恶和敌视等。在责任的构成里,其中有一项就是责任情感,是否热爱自己所负责任的对象,不爱还是忽冷忽热?情感不同,所产生的责任感和责任心就会不同。

2. 培养忠诚精神。责任感和责任心来源于忠诚。忠诚代表着守信、可靠和服从。没有人喜欢战争,但在战争期间,出于对国家和人民的忠诚,很多人投笔从戎,成了军人。很多人的职业都不符合自己的理想、兴趣和爱好,但出于国家、社会的需要和对事业的忠诚,他们服从组织和上级的安排,并在自己原本不喜爱的岗位上作出了卓越贡献。

3. 参与志愿服务。志愿精神,强调的就是无私付出。志愿者,特别是青年志愿者在为他人服务的同时,自己也经受了锻炼,提高了与人交往的能力,丰富了自己的阅历,加深了对社会的认识,同时增强了公民的社会责任感。

4. 树立远大的理想和坚强的信念。在责任的组成中有责任认知和责任意志。远大的理想能提升责任认知,坚强的信念能决定责任意志,所以,有远大理想和坚强信念的人必定敢于负责和勇于负责。

5. 树立正确的人生观、价值观和世界观。人的思想的核心和总开关是世界观、人生观和价值观。“三观”指导和支配着人的一切思维和行为活动,左右着人的思想境界和道德情操,决定着人的人生追求和人生道路。人的责任感和责任心如何,就取决于“三观”是否正确,是否先进,是否科学。

七

责任的履行。

1.爱岗敬业。在人的生命里，最为重要的就是工作和劳动。没有工作，就没有收入，何以养家糊口？在这个世界上，每天都有数以亿计的人在不同的岗位上工作、劳动，否则，人们的衣、食、住、行就会出问题。有了一份工作，就有了一份责任。不论你是否喜欢，是否愿意，你都得把这份工作干好，这就是责任。

2.认真严谨。2002年的一天，位于武汉市中心的景明大楼的业主收到了一封来自英国的挂号信，信中写道："景明大楼为本建筑设计事务所设计，设计的安全年限为80年，现已超期服役，敬请业主注意。"遥远的来信，让人们感受到认真这两个字的分量。履行责任，必须认真严谨；只有认真严谨，才能履行责任。

3.注重细节。东汉有一少年叫陈蕃，自命不凡，一心只想干大事业。一天，其友薛勤来访，见他独居的院内龌龊不堪，便说："孺子何不洒扫以待宾客？"他答道："大丈夫处世，当扫天下，安事一屋？"薛勤当即反问道："一屋不扫，何以扫天下？"小事不做，大事不成，即没有责任。

4.养成习惯。经过培养和锻炼，让责任感和责任心成为自己的一种习惯、一种态度、一种品质，那么，我们就会自然而然地担负起应该担负的种种责任。相反，如果让推诿、马虎、拖延、疲沓、漫不经心、掉以轻心等成为了习惯，那将是一个不负责任的人。

方法——事必有法，然后可成

授人以鱼，只供一饭之需；授人以渔，则终身受用无穷。

——中国古语

成功＝艰苦劳动＋正确方法＋少说空话。

——爱因斯坦

一

方法是人的思维之道，行为之道，是对于工具和手段的制作、选择及使用之道，是人类认识世界和改造世界的中介。通俗地说，方法是人们关于解决思想、说话、行动等问题的门道、门径、窍门和道道儿。人在各种活动中，都会有一定的目的和达到目的的方法。目的是回答“做什么”的问题，而方法则是解决“怎么做”的问题。

有目的，就要有方法，否则目的就会落空。毛泽东为了强调工作方法在办事中的重要性，曾经举例说：“我们不但要提出任务，而且要解决完成任务的方法问题。我们的任务是过河，但是没有桥或没有船就不能过。不解决桥或船的问题，过河就是一句空话。不解决方法问题，任务也只是

瞎说一顿。”（《毛泽东选集》）

方法存在于人的一切活动中。思考有思维方法，学习有学习方法，工作有工作方法，交友有交友之道，管理有管理技巧，领导有领导艺术，甚至饮食、运动、休闲、养生也都各有方法。小至穿衣吃饭，大至航天登月，凡能提供解决问题之道的，都可以称之为方法。

古人说：“授人以鱼，不如授人以渔。”“授人以鱼，只供一饭之需；授人以渔，则终身受用无穷。”方法是金饭碗。学会了种植方法就会丰衣足食，学会了某种工艺就可以当工人，学会了经商之道就有可能发家致富，学会了写作技巧就有可能当作家，学会了某一学科的研究方法就有可能当某方面的专家，学会了兵法就有可能当将军，学会了管理方法就有可能当某方面的主管，掌握了领导方法和领导艺术就有可能当领导、当领袖等。

朱熹说：“事必有法，然后可成。”（《孟子集注》）巴甫洛夫说：“一切都在于良好的方法。”（《创新思维培养与训练研究》）方法就是成功之道，所以，学习、研究与掌握方法至关重要。

二

辩证方法。

一定的世界观原则在认识过程和实践过程中的运用就表现为方法。方法论则是有关这些方法的理论。世界观主要解决世界“是什么”的问题，方法论主要解决“怎么办”的问题。

唯物辩证法既是科学的世界观，又是科学的方法论。唯物辩证法是对客观规律的正确反映，它要求人们在认识和实践活动中一切从实际出发，实事求是，自觉地运用客观世界发展的辩证规律，严格地按客观规律办事。

唯物辩证法的基本规律有三条，即对立统一规律（矛盾的规律），质、量互变规律和否定之否定规律。对立统一规律揭示了事物发展的源泉和动力，质量互变规律揭示了事物发展的状态，否定之否定规律揭示了事物发展的趋势。

唯物辩证法的五对基本范畴是：现象和本质、内容和形式、原因和结果、可能性和现实性、偶然性和必然性。此外，比较重要的辩证范畴还有整体和部分，个性和共性，相对和绝对等。

所谓矛盾，在辩证法中是指“事物内部或事物之间的对立统一的辩证关系”。所谓矛盾分析法，就是运用矛盾的观点来分析处理问题的哲学方法，是对立统一等基本规律的综合和延伸。

唯物辩证法认为，同一性和斗争性是矛盾的两种基本属性；矛盾的普遍性是指矛盾存在于一切事物的发展过程中。所谓“两点论”就是在处理众多矛盾时，既要看到主要矛盾，又要看到次要矛盾，就是在处理矛盾时，要重点抓住主要矛盾，解决主要矛盾。唯物辩证法认为，具体问题具体分析是正确认识事物的基础，也是正确解决矛盾的关键。

唯物辩证法的“普遍联系”和“永恒发展”是世界存在的两个总的基本特征，从总体上揭示了世界的辩证性质；唯物辩证法的基本规律和各个范畴，从不同侧面揭示了这两个基本特征的内涵和外延；矛盾（即对立统一）的观点是唯物辩证法的核心。

三

历史方法。

唯物史观是认识和改造社会的一般方法论。它着眼于从总体上、全局上研究社会的一般的结构和一般的发展规律。它的任务就是为各门具体的社会科学提供历史观和方法论的理论基础。

唯物史观通常为人们提供以下方法：

1.以史为鉴

以史为鉴有两重意思：一是借鉴往古的成功经验而效法恪守之、发扬光大之；二是接受历史的教训，避免同样或类似的悲剧发生。“前车之覆，后车之鉴”“鉴古知今”“鉴往知来”等，说的都是这个道理。

2.勿忘过去

数典不忘祖，为人不忘本。一个人不能忘记过去，不能忘记自己的成长经历，不能忘记为自己提供过知识、帮助和支持的人。要谦虚谨慎，常怀感恩之心，常念感激之情。这样，才能得到更多人的支持和帮助，才能走得更远，才会更加成功。

3.继承创新

（1）古为今用，洋为中用。不论是中国古代的东西，或是外国的东西，都要看它能否为我所用。生搬硬套不可取，“厚古薄今”“全盘西化”更不可取。

（2）剔除糟粕，汲取精华。剔除过时的、保守的、有害的东西，如封建迷信、男尊女卑、三纲五常；吸收积极的、有用的、有生命力的、能够推动当前社会向前发展的东西，如儒家的和谐思想，道家的天人合一，佛家的与人为善。

（3）批判继承。批判的意识、批判的方法和批判的精神自古以来就是人类文明的法宝。一个人只有具备批判精神和方法，才会有远见卓识，才可能洞鉴古今。没有批判就容易受历史欺骗和被历史奴役，就没有自由、自我和创见。

（4）综合创新。一是将各个时代的各个学派如儒家、墨家、道家、法家等思想加以综合；二是将东西方文化中好的东西有机地结合起来；三是推陈出新，在综合的基础上产生出新的东西来。

4.实事求是

对于一个人来说，大到对人生目标、理想、信念的确立和重要机会的把握，小到对工作、生活中每一个细节的重视和处理，都需要恰如其分，恰到好处，既不能太快，又不能太慢；既不能太高，又不能太低；既不能丧失时机，又不能操之过急；既不能好高骛远，又不能妄自菲薄；既不能急功近利，又不能无所作为等，这就需要审时度势，实事求是，即对主客观条件和环境作出冷静的分析和估计，得出科学的结论，作出正确的选择。

四

系统方法。

系统方法是哲学方法和其他科学研究方法之间的中介环节，是唯物辩证法的深入发展和具体运用。系统方法在唯物辩证法的指导下，运用系统理论，为研究、设计和管理各种系统对象提出了基本原则来作为科学方法的入门和向导，以引导人们有效地解决各种问题。

系统方法的基本原则主要有：

第一，整体性原则。系统方法始终把对象看做是由各个部分或各个环节组成的合乎规律的有机整体。从系统整体出发，注意整体效应，以整体为准绳，以整体为归宿。从提高整体功能角度去提高和协调各要素。用什么要素构成整体，各要素之间的关系如何安排，都要有利于系统整体功能的发挥。

第二，关联性原则。这是辩证法的普遍联系观点的具体体现和实际运用。即系统、要素、环境等都是相互作用、相互依存、相互制约的，必须研究其间的联系和关系，从关系和联系中把握系统。系统方法要求把任何事物作为某个系统的一个要素来研究。任何一个系统都是较高一级系统的一个要素，同时，该要素本身通常又是较低一级的系统。

第三，动态原则。这一原则反映了辩证法的发展原理。现代科学研究的对象大都是结构复杂和高度活动的动态系统。动态原则主张在系统的变化中去分析考察事物，注意事物的运动状况，考察研究事物运动的过程。

第四，综合性原则。从综合出发，在综合的指导下进行分析，然后再回到综合。综合性原则还要求，它不是凭借某一方法或某一科学知识，而是综合地运用多学科各种各样的方法和知识来认识和处理问题。

第五，最优化原则。最优化是系统方法的目标和归宿。它要求一个系统的整体联系在运动中达到最适当的有序状态，或者从多种可能途径中选择出最优的系统方案。

实现系统整体功能最优化的关键在于选择最佳的系统结构。它要求在动态中协调整体与部分的关系,使部分功能和目标服从系统整体的最佳目标,以便实现系统总体最佳化。

五

方法创新。

《曹冲称象》《司马光砸缸》等故事中所使用的方法都是创新;《孙子兵法》《三十六计》《鬼谷子》里的兵法、纵横术、为人处世之道、养生法等在当时也是创新。

“工欲善其事,必先利其器”。方法是人进行创新活动的手段,而方法本身则又是创新的对象。为了节省时间、提高效率,为了少走弯路、避免失败,为了精益求精、获得高质量,作为智者,就必须通过比较、鉴别甚至创造,选择和采用精巧、正确、高超、科学的方法。

科学知识和实践经验都可以转化为方法,而转化需要智慧。“必集大成,才能得智慧!”(钱学森语)可以说,方法创新来源于“四多”:多读书、多钻研、多动脑、多实践。

六

方法创新之方法:

1.刻苦学习,从知识中获得方法。方法也是知识,是一种特殊知识,是从一般、系统的知识中总结、转化而来的。知识和方法是一种母子关系,先有某方面的知识,然后才会有某方面的方法。如果系统地学习某领域长期积淀下来的知识,并用以指导自己的实践活动和精神活动,那么久而久之,系统的知识就可以转化成某些具体的方法。阅读是一种熏陶,是一种积累。读多了,就会模仿、转化、借用、引申,就会获得方法。有一种书籍叫工具书，如字词典、目录、索引、文摘、年鉴、百科全书等。工具是方法的物化，工具书就是方法书。善于使用工具书，就会事半功倍。

2. 亲力亲为，从实践中掌握方法。方法来自于实践，又必须回到实践中去指导实践。实践是产生方法的源泉，又是检验方法正确与否的标准。俗话说“熟能生巧”，“巧”就是方法，它来自于“熟”。

3. 学好方法，从方法中产生方法。移植法、借鉴法、综合法、延伸法、KJ法（开发智慧法）等，可以称之为方法的方法。借助于方法的方法，就可以从中产生、改进出新的方法来。

4. 收敛思维与发散思维相结合。收敛思维与发散思维是一种辩证关系，既对立又统一。这两种思维方法相结合，可以创造出崭新的方法来。

5. 哲学方法与具体方法相结合。哲学方法是运用哲学原理认识世界和改造世界的各种方法的统称。将哲学方法与各个领域的具体方法结合起来，协调一致地发挥作用，可以更好地使具体问题得到具体解决。

智力——聪明才智，成功利器

智慧并不产生于学历，而是来自对于知识的终生不懈的追求。

——爱因斯坦

知识是走进智慧的大门。

——池田大作

一

智力与智商。

智力，即智慧、聪明度，是指人认识、理解客观事物并运用知识、经验等解决问题的能力，包括观察、记忆、思考、想象、判断等。或者说，智力也叫智能，是指学习、记忆、思维、认识客观事物和解决实际问题的能力。

智力是可以测验的。智力的高低，通常用智商（IQ：Intelligence Quotient）来表示。智商极高（IQ在130以上）和智商极低（IQ在70以下）的人均为少数，智商中等、接近中等（IQ在80~120之间）者约占全部人口的80%。

智力的作用是无可置疑的。

人类社会的进步，要靠智力。人们探索世界、认识世界、改造世界，也都离不开智力。人类取得的几乎所有的辉煌成就，都与人类大脑神经元细胞拥有强大的智力功能密不可分。人类社会几千年的文明，都是智力的成果和结晶。

一个人的学业，要靠智力。学得快，理解得透，能够举一反三，就会学得轻松，就会有时间去全面发展，成为优秀生和高材生。

一个人的事业和成就，也要靠智力。智商高的人，学习能力强，认识程度深，思维品质优良，在做事、研究方面具有优势，容易在某个专业领域和学术上作出杰出成就，成为某个领域的佼佼者，或专家、学者、教授、科学家、法官、律师、记者、作家等，在自己的领域有较高造诣。

智力在某种程度上决定着人的抱负、个人魅力和创造力。例如，真正的科研往往与一般书本中的知识相去甚远，如果没有一定的智力，就根本无法在这个领域取得成就。科学的前沿阵地，已经成为少数极高智力人物的独占领域。能站在科学前沿做开拓性研究的，或者至少试图做出开拓性研究的，都是些智力极高者。

从一定程度上说，对于一个人的成功，智力往往起到决定性的作用。因此，人们要想获得成功，就必须对智力问题有一个足够的认识和必要的研究。

二

智力的构成与提升。

我国的主流看法是，认为智力是人的五种认识能力，即注意力、观察力、记忆力、想象力和思维力的总和。这五种能力相互关联、相互支撑，构成一个整体，其中的思维力是核心。认为智力是五种能力总和，这是一种概括的说法，展开后，智力还包括分析能力、归纳能力、推理能力、判断能力、语言能力、表达能力、自学能力、研究能力、创新能力等。多数能力实际上都是思维能力，而其他能力，也要以思维能力为基础。因此说，思维是构成各种能力的基础能力和主体能力。

以上理论的提出,对于人们开发、强化、提升智力都是极有帮助的,否则,就很难做到有的放矢。作为正常人,每个人都具备这五种能力,但各人的情况又不一样,各有所长,又各有所短。我们可以根据这种理论去扬长补短,即找出自己的长处或潜能,加以发扬光大;找出自己的不足或“软肋”,加以补救。以此来达到五种能力在自己身上协调发展,或者做到强项愈加突出,短处并不明显。达尔文就是这样的人。达尔文说过:“我既没有突出的理解力,也没有过人的机警,只是在察觉那些稍纵即逝的事物并对其进行精细观察的能力上,我可能在众人之上。”

事实证明,人的某些方面的智力是可以提升的,而且,只要方法得当,成效也是显著的。

三

智力与知识。

知识既是智力发展的基础,又为智力活动提供广阔的平台。只有具备了某方面的知识,才有可能进行某方面的智力活动。缺乏必要的知识,就谈不上进行某方面的判断、推理、分析和综合等。没有知识,智力活动便是无源之水、无本之木。传授知识的过程,也是智力训练的过程。课堂上听课,课后做作业,都是智力训练。离开了知识传授,单纯的智力训练更是不可能进行的。所以,一个人的智力,只有在不断学习和掌握知识并不断利用知识解决问题的实践过程中,才有可能得到发展和提高。

每门学科都包含着智慧,对人的智力都有一定的启迪和提升作用。

人们常说:“语言是思维的工具。”没有语言,就没有思维。语言能力是其它一切智力的基础。无论是记忆、计算还是逻辑推理等,其实质,都是一种内部语言过程,而且这种内部的语言过程又与外显的语言能力密不可分。所以,提升语言能力(包括它的书面形式),就能促进其它智力的发展。研究又表明,通过外语学习,可以强化脑部供血,改善神经细胞之间的联系,由神经元和脑细胞构成的大脑灰质会越积越多,因此,大脑会长期保持年轻和灵敏状态。而且，越早接触外语，大脑灰质的发育越好，神经元密度越高，思维也就更加灵活。每一种语言，都有着自己独特的思维方式。语系不一样，其思维方式的差别更大。多学一种语言，就是多培养一种思维方式，多为自己开辟一方思维的新天地。所以，天才一般都精通多种语言。

我国《数学课程标准》指出："数学是人们生活、劳动和学习必不可少的工具，能帮助人们处理数据，进行计算、推理和证明。""数学在提高人的推理能力、抽象能力、想象力和创造力等方面有着独特的作用。"在民间，人们关于数学的说法也很特别，如"数学是思维的体操""习题是思维的磨刀石"等。所以，仅从开发和提升智力的角度来说，就一定要把数学学习放到突出的位置上，以引起足够的重视。

哲学是理论化、系统化的世界观和方法论，是关于自然界、社会和人类思维及其发展的最一般规律的学问。马克思说："任何真正的哲学都是自己时代精神的精华，是文明的活的灵魂。"哲学不仅仅是科学，而且它是科学中的科学，是大科学。哲学是智慧的自我反思，是关于智慧的智慧，是大智慧。哲学问题和一般问题不一样，哲学问题带有普遍性、哲理性，往往放之四海而皆准。学哲学，就是直接学观点、学方法、学智慧。

文学、艺术、音乐、体育以及游戏等，对于智力的开发和提升，也有着不可估量的作用。

四

智力与勤奋。

人类的智商可分为遗传性智力和后天结晶性智力两种。这两种智商都是可以改变和增强的。《简明不列颠百科全书·智力商数》词条载："根据调查结果，约70%~80%智力差异源于遗传基因，20%~30%的智力差异系受到不同的环境影响所致。"从比例上看，先天远大于后天；但是，先天的遗传智力也需要开发、激活和增强。而且，当人们的先天性遗传智力相去甚远时，要靠后天的教育和环境来拉近；而当人们的先天性遗传智力相近时，后天的教育和环境则就成了决定性因素。

同一父母所生的孩子，其智力并不完全一样。这就说明，人类的智力是可以改变的。现代大量的事实和科学研究的成果已经证明了智力是可以训练和提升的。

人的潜能是无限的，大部分人的潜能没有被开发出来。只有不断地学习，才能开发我们的潜能，获得成功。人们应当相信自己，你不是不聪明，只是你的潜能没有被开发出来。

例如，爱迪生、爱因斯坦等很多天才的智商，并不是父母遗传的，而是后天通过勤奋学习被开发出来的。这其实是一个老话题，即天才与勤奋问题。

爱迪生8岁上学，仅仅读了三个月的书，就被老师斥为"低能儿""愚笨""addled"而撵出了校门。无奈，从此以后，母亲成了他的"家庭教师"。爱迪生长大后成为了举世闻名的"发明大王"。当有人称他是个天才时，他解释说："天才就是1%的灵感加上99%的汗水。"

爱因斯坦小时候并不活泼，三岁多还不会讲话，直到九岁时讲话还不很利索。念小学和中学时，经常受到了同学和老师的嘲笑、呵斥、罚站，大家都称他为"笨家伙"，甚至遭到过退学处分。大智若愚，爱因斯坦终成天才。他根据自己的亲身体会，总结出一个公式：A=X+Y+Z，A代表成功，X代表正确的方法，Y代表努力工作，Z代表少说废话。

世界上许多杰出的思想家、科学家、艺术家，无论他们所从事的事业多么不同，但他们都具有共同点，即醉心于自己的事业，长期坚持不懈，刻苦努力，顽强与困难作斗争。如果没有这些，他们也只能是些平庸的人。

五

智力与开发。

动手，便是动脑。多动手，可以增加智慧，使大脑变得越来越聪明。

一位美国医学博士说过:“如果想培养视野开阔、头脑聪明的孩子,那么必须让他锻炼手指的活动能力。由于手指的活动而刺激脑髓中的手指活动中枢,就会促使全部智力的提高。”

书法、篆刻、绘画、手工制作、体育运动等都可以锻炼人的双手十指,但相比之下,钢琴更具优势。

钢琴是一门精深、高雅而复杂的艺术。它的魅力和优越性,使其成为了世界性的、人们最喜爱的乐器。钢琴作为乐器,具有音乐开发智力的功能。钢琴对发展和完善儿童的各种感觉,其效果独特而显著,是其它乐器和劳作所不可比拟的。

钢琴要求演奏者眼看、耳听、口唱、手弹、脚踏、脑想、全神贯注、全身心地投入。钢琴又对十指的要求极高,可使十指的配合与运动达到极致。钢琴要求演奏者的十个手指在腕、臂配合下,娴熟、灵活、精准而富有敏锐的触感。弹出的声音清晰、明亮、动听,具有生气和活力,富有穿透力、感染力和震撼力。

此外,通过钢琴的学习和演奏,还可以训练人的专注力,陶冶人的情操,培养人的气质,锻炼人的意志和品质等。

“纸上得来终觉浅,绝知此事要躬行”。很多知识是书本里学不到的,必须在实践中学,边干边学,边做边学。实践不可能是一帆风顺的,吃一堑,往往长一智。失败的次数越多,与成功的距离就越近。

“三人行必有我师焉”。必须善于向身边的人学习,向专家学习,向智者学习。学会提问题,以便把别人头脑中的智慧搬到自己的大脑中来。

智力是大脑的产物,所以要爱护好大脑。只有始终保持体格强健、精力充沛、头脑清醒、思维正常,才能获得较高的智力。

六

智商与情商。

智力因素需要非智力因素的支撑。如果一个孩子好动,注意力不集中，听故事听不了一分钟，玩玩具玩不了两分钟，看电视看不了三分钟，那么要想发展他的智力就很困难。如果一个学生对学习不感兴趣，学习态度不端正，学习目的不明确，那么，要想提高他的成绩也不可能。

智力因素和非智力因素是相辅相成、相互依存的。非智力因素指的是与认识没有直接关系的兴趣、爱好、情绪、态度、意志、性格、动机、理想、自信心和世界观等。

非智力因素是引导和促进孩子学习、成长的一种内驱力。它对孩子智力与能力的发展起着动力和定向的作用。所以，在开发发展和提升智力因素时，要同时，或优先、或侧重发展非智力因素。

创新——锐意求新，开拓进取

掌握新技术，要善于学习，更要善于创新。

——邓小平

要么创新，要么死亡。

——托马斯·彼得斯

一

“司马光砸缸”从北宋流传至今，家喻户晓，脍炙人口。在这个故事里，小小司马光有两大创新：一是思维创新，别人用的是正向思维，让人脱离水，而他用的是逆向思维，让水脱离人；二是方法创新，别人的方法是捞人，而他的方法是砸缸。

中医历史悠久，源远流长。但中药在煎熬过程中总是有些药液不断地从罐口外溢，既浪费药液，又不卫生，还影响燃烧，很是麻烦。这一难题，千百年来始终困扰着人们，历代妙手神医也竟然束手无策。事情到了当代，江西的一位中医师将注意力集中到了自己家中的泡菜坛子上。泡菜坛子的上口周围有一圈槽，将碗倒扣在槽上，然后在槽中灌满水，就起到密封坛口的作用。顿时，灵感来了！如果将药罐做成泡菜坛的样式，在罐口边再开一个通向罐内的小孔，当药液外溢到槽里后，即沿着小孔回流向罐里，这样，问题全解决了。该发明获得了国家专利，在使用中很受医患双方欢迎。

创新，是指人类为了满足自身需要，不断拓展对客观世界及其自身的认知与行为的活动。或具体讲，创新是指人为了一定的目的，遵循事物发展的规律，对事物的整体或其中的某些部分进行变革，从而使其得以更新与发展的活动。

创新有三层含义：一是除旧更新，王安石的《元日》“爆竹声中一岁除，春风送暖入屠苏。千门万户曈曈日，总把新桃换旧符”所描述的，就是一种除旧更新的景象；二是发明创造，例如，我国古代的四大发明——造纸术、指南针、火药、活字印刷术和西方国家的显微镜、青霉素、计算机、塑料、飞机、光纤等重大发明；三是改革发展，就是在原有的基础上或对原有的东西进行改造和发展，例如，江西中医师对药罐子的改造等。

创新的内容分为理论创新、制度创新、科技创新、文化创新及其他创新。

创新的结果有两种，其一是物质的，如：飞机、蒸汽机、电脑、手机；其二是非物质的，如：新思想、新理论、新经验、新方法等。

二

掌握创新原理，是人们取得创新成果的先决条件。

1.综合原理。在分析事物各个构成要素基本性质的基础上，综合其可取的部分，使综合后所形成的整体具有优化的特点和创新的特征。

2.组合原理。将两种或两种以上的学说、技术、产品的一部分或全部进行适当叠加和组合，以形成新学说、新技术、新产品。如带橡皮头的铅笔就是橡皮和铅笔的组合。

3.分离原理。把某一创新对象进行科学的分解和离散，使主要问题从复杂现象中暴露出来，从而理清创造者的思路，便于抓住主要矛盾，继而创造出全新的概念和全新的产品。如隐形眼镜就是眼镜架和镜片分离后的新产品。

4. 还原原理。透过现象看本质。在创新过程中，寻根溯源，回到设计对象的起点，再从原点出发去寻找各种解决问题的途径。用新的思想、新的技术、新的方法重新创造该事物。

5. 移植原理。将某个学科、领域中的原理、技术、方法等，应用或渗透到其它学科、领域中以取得新成果的创新原理。

6. 换元原理。采用替换或代换的思想或手法，使创新活动内容不断展开、研究不断深入。即设计者有目的、有意义地去寻找替代物，如果能找到性能更好、价格更省的替代品，这本身就是一种创新。

7. 迂回原理。开动脑筋、另辟蹊径——不妨暂时放下某个难点上的僵持状态，转而进入下一步行动或进入另外的行动，暂时带着创新活动中的这个未知数，继续探索创新问题，而不钻牛角尖、不入死胡同。有时可能会使原来的问题或僵持状态迎刃而解。

8. 逆反原理。敢于并善于打破头脑中常规思维模式的束缚，对已有的理论方法、科学技术、产品实物持怀疑态度，从相反的思维方向去分析、去思索，去探求新的发明创造。

9. 强化原理。对创新对象进行精炼、压缩或聚焦。即通过各种强化手段，使创新对象提高质量、改善性能、延长寿命、增加用途，或产品体积缩小、重量减轻、功能完善等。

10. 群体原理。摆脱狭窄的专业知识范围的束缚，依靠群体智慧的力量、依靠科学技术的交叉渗透，使创新活动从个体劳动的圈子中解放出来，焕发出更大的活力。

三

创新的“四阶段理论”是一种影响最大、传播最广，而且具有较大实用性的创新过程理论。

1.准备期

准备期是提出、明确问题和针对问题进行准备的阶段。一切创新都是从发现问题、提出问题开始的。问题的本质是现有状况与理想状况的差距。爱因斯坦认为："形成问题通常比解决问题还要重要，因为解决问题不过牵涉到数学上的或实验上的技能而已，然而明确问题并非易事，需要有创新性的想象力。"他还认为，对问题的感受性是创新者的重要的资质。准备期可分为下列三步，以力求问题概念化、形象化和具有可行性：

（1）对知识和经验进行积累和整理；

（2）搜集必要的事实和资料；

（3）了解自己提出问题的社会价值，能满足社会的何种需要及价值的前景如何。

2.酝酿期

酝酿期也称沉思和多方思维发散阶段。这一时期，既是对收集的资料、信息进行加工处理，又是探索解决问题的关键。它常常需要耗费很长时间，花费巨大精力。要从各个方面，如纵横、正反等等去进行思维发散，让各种设想在头脑中反复组合、交叉、撞击、渗透，按照新的方式进行加工。加工时要主动地使用创造方法，不断选择，力求形成新的创意。法国科学家庞加莱认为："所谓发明，实际上就是鉴别，简单说来，也就是选择。"这里的选择，就是充分地思索，让各方面的问题都充分地暴露出来，从而把思维过程中那些不必要的部分舍弃。

为使酝酿过程更加深刻和广泛，还应注意把思考的范围从熟悉的领域，扩大到表面上看起来似乎没有什么联系的其他专业领域，特别是常常被自己忽视的领域。这样，既有利于冲破传统思维方式和"权威"的束缚，打破成见，独辟蹊径，又有利于获得多方面的信息，利用多学科知识"交叉"优势，在一个更高层次上把握创新活动的全局，寻找新的突破口。有时也可把思考的问题暂时搁置一下，让习惯性思维被有意识地切断，以便产生新思维；再有，灵感思维的诱发规律告诉我们，大脑长时间紧张、兴奋后的有意松弛，有利于创新灵感的释放和闪现。

3. 明朗期

明朗期即顿悟或突破期。明朗期很短促、很突然，常常呈猛烈爆发状态。久盼的创造性突破忽然在瞬间实现，长期苦思冥想的问题突然得到解决，人们通常所说的“一朝分娩”“豁然开朗”“千呼万唤始出来”“众里寻它千百度，蓦然回首，那人却在，灯火阑珊处”等都是描述这种突发状态的。如果说“踏破铁鞋无觅处”描绘的是酝酿期的话，那么“得来全不费功夫”则是明朗期的形象刻画。

在明朗期，灵感思维——顿悟、茅塞顿开、豁然贯通、出奇制胜、灵光乍现等，往往起着决定性作用。

4. 验证期

验证期是评价阶段，是完善和充分论证阶段。突然获得突破，飞跃出现在瞬间，其结果难免稚嫩、粗糙甚至存在若干缺陷。验证期是把明朗期获得的结果加以整理、完善和论证，并且进一步地充实和完善。创新思维所取得的突破，假如不经过这个阶段，创新成果就不可能真正取得。论证，一是理论上验证，二是放到实践中检验。

验证期的心理状态要平静，需要耐心、周密、慎重，不能急于求成，不能急功近利。

四

把自己培养成具有创新素质的人才，是时代的迫切需要，也是一个国家富强的迫切需要。自己应该怎样去做呢?

1. 见多识广。博闻强识，知识渊博，上知天文、下知地理、中晓人和，这样的人脑子转得快，办法多。知识、见识往往和创新成就成正比。创新需要厚积薄发，只有经过长时间有准备的积累方可有所作为。知识是创新的土壤和温床，一个知识贫瘠、孤陋寡闻的人是不会有创意的。创新往往出现在学科的前沿和边缘，往往产生在学科交叉处，所以，所学的专业知识要深，且知识面要广。学文的人要学点理，学理的人要学点文。要注意与不同学科领域里的朋友交流，在这个信息时代要随时注意接收不同的信息。要跟踪本学科内一两种最权威的学术期刊，以保持自己在知识、学术上的先进性。

2. 头脑灵活。学习和实践、用脑和动手都是促使大脑灵活的法宝。小时候多参加一些智力活动，适当玩一些智力游戏。学习的过程，既是接受知识的过程，也是训练大脑的过程。知识和智力、能力是成正比的。例如哲学、数学、方法学、创造学等就是直接给人智慧、教人怎样用脑的。哲学是智慧之学，授人以渔，直接为创新提供理论指导和方法论。学生每解一道数学题，就是一个小小的创新，题目做多了，就会聪明。而且数学可以培养人的认真、耐心、精细等优秀品质，这些优秀品质都是创新所需要的。至于方法学和创造学，学还是没学，其结果有天壤之别。

3. 掌握方法。近些年来，欧美形成了十几个创造学研究中心。在美国几乎所有大学都开设了有关创新方法训练的课程。我国改革开放后，也逐渐对创新方法的研究和应用重视起来。但作为个人，要有点超前意识，不能等国家重视了自己才重视，要主动地去学习、研究创新方法和创造学。“任凭弱水三千，我只取一瓢饮耳”。任凭创新方法眼花缭乱，不可胜数，但一个人只要学会几种，足矣。例如移植法就是最常用的创新方法之一，江西中医师就是用它解决了千余年未能解决的难题。

4. 意识领先。创新就是意识的能动作用。对于创新行为和创新能力来说，创新意识的有无和强弱起着决定性的作用。

(1)培养强烈的创新动机。动机是推动人从事某种事情的念头或愿望。跃跃欲试，才会有行动。

(2)培养浓厚的创新兴趣。有动机，未必有兴趣，而一旦产生浓烈的创新兴趣，则必然会伴随着强烈的创新动机。

(3)培养持久的创新热情。创新需要情感，特别是需要热情和激情。没有情感，创新就会枯萎。没有热情和激情，就擦不出创新的火花。

(4)培养坚强的创新意志。例如，齐白石正是因为创新意志坚强，从五十七岁起锐意创新，几乎“苟日新，日日新，又日新”，每十年上一个新台阶,终于在九十岁左右登顶,成为一代大师和世界文化名人。

第三章 借助合作的东风

不论你是谁,不论你从事什么职业,也不论你在何时何地,都离不开与他人的合作。小合作有小成就,大合作有大成就,不合作就很难有所成就。

合作是共赢的必然途径,共赢是合作的最终目标。只有合作,才能共赢;只有共赢,才能继续合作。这才是良性的可持续发展。

合作共赢的目标就是追求 1+1 >2 的发展效应。以理性的态度追求利益的最大化,既竞争,又合作;既利己,又利人。互利互惠,两全其美;相得益彰,皆大欢喜。

合作——风险共担，利益共享

三个臭皮匠，赛过诸葛亮。

——中国谚语

一个篱笆三个桩，一个好汉三个帮。

——中国谚语

一

合作是普遍规律，是正能量。

互相配合做某事或共同完成某项任务，称之为合作。或者说，合作就是个体与个体、群体与群体之间为达到共同目的而彼此相互配合的一种联合行动和行为方式。

合作是自然界的普遍法则。世界上的生物千差万别，各不相同，为了生存和发展，大都需要合作，例如蜜蜂、蚂蚁。

不论你是谁，不论你从事什么职业，也不论你在何时何地，都离不开与他人的合作。小合作有小成就，大合作有大成就，不合作就很难有所成就。

合作是一种集中优势、积极向上、催人奋进的正能量。合作有利于个人成功，有利于社会发展，有利于人类进步。历史经验，证明了这一点。

建安十三年（208年），曹操率军20余万（号称83万）沿长江东下，欲征东吴。受刘备之遣，诸葛亮来到江东，先用激将法坚定了孙权的抗曹决心，后又分析曹操的劣势打消了孙权的疑虑。结果，孙、刘合作，以5万之众，在长江赤壁（今湖北赤壁西北）大破曹军，从而奠定了三国鼎立的基础。

历史上，国民党和共产党曾经有过两次合作。

1924至1927年，在共产国际的帮助和撮合下，国共两党以“党内合作”的形式实现了第一次合作，基本上推翻了北洋军阀的反动统治，极大地推动了中国民主革命的进程，为中国革命继续前进奠定了基础。

抗日战争时期，为了崇高的民族利益——抗日救国，中国共产党同中国国民党建立了第二次合作。国共共同对敌，既粉碎了日军“速战速决”灭亡中国的狂妄计划，又取得了抗日战争的最后胜利；既促成了全国人民空前的大团结，也为中共力量的发展和壮大提供了良好的契机。

“度尽劫波兄弟在，相逢一笑泯恩仇”。国共两党两次合作的历史经验，也必将对祖国的统一大业产生深远影响。

二

一加一大于二。

在诺贝尔奖的历史上，两位科学家密切合作、一同获奖的现象并不少见，如1903年诺贝尔物理学奖得主玛丽·居里和皮埃尔·居里；1957年诺贝尔物理学奖得主李政道和杨振宁；1962年诺贝尔化学学奖得主佩鲁茨和肯德鲁等。诺贝尔奖通常很少授予一位科学家，而是同时授予两位或三位科学家（尽管他们并不是合作者）或者一个团队，以鼓励科学家们相互学习、借鉴、合作，从而激发出更大的创造力。

资料显示，30年前诺贝尔奖获得者中，团队合作的只占10%，而现在，团队合作取得成就的比例达到60%。很多获奖者表示，他们获奖得益于团队合作。

总部位于美国的朗讯科技贝尔实验室，分部与研究院遍布世界25个国家，拥有大约3万名工程师和科学家。他们的合作效应，令世界瞩目。在近80年的发展历程中，贝尔实验室的科学家和工程师们共取得了3万项专利，拥有6项诺贝尔物理奖和11位获奖科学家、9项美国国家科学奖、7项国家技术奖。

从二战时期起，世界进入了大科学时代。就研究特点来看，主要表现为投资强度大，多学科交叉，需要昂贵且复杂的实验设备，研究目标宏大等。这不是个别科学家单打独斗或个别学科领域科学家的合作就能完成的。

对于像航天工程、登月计划、交通运输、人口控制、粮食和能源供应、生态平衡、环境保护等这样一些开放、复杂、巨大的对象来说，合作人数就需要更多了。

全球性的人口问题、资源问题、生态问题、环境问题、气候问题、犯罪问题、反恐问题、粮食和网络信息安全问题等日趋严重，需要大多数甚至所有国家和地区的通力合作，才能够有效遏制和彻底解决之。

三

合作——竞争——共赢。

竞争与合作是一对矛盾，是辩证统一关系。

“物竞天择，适者生存。”竞争需要合作，只有合作，才能有效地竞争。合作为的是竞争，没有竞争，就无所谓合作。竞争之中有合作。竞争要遵守规则，要有序，这就是合作，否则就会乱套，竞争不当，达不到竞争目的，例如市场经济，既要竞争又要合作，才能健康地发展。合作之中有竞争。只有合作没有竞争，就是一潭死水，无从发展，例如计划经济，绝对平均，“吃大锅饭”。

合作是共赢的必然途径，共赢是合作的最终目标。只有合作，才能共赢;只有共赢,才能继续合作。这才是良性的可持续发展。

合作共赢的目标就是追求 1+1 >2 的发展效应。以理性的态度追求利益的最大化,既竞争,又合作;既利己,又利人。互利互惠,两全其美;相得益彰,皆大欢喜。

现实告诉我们,一方在着眼于自己利益的同时,只有尊重对方的利益,只有将历史的恩怨、社会制度的异同和意识形态的差别放在求同存异、寻找利益交汇点的大原则下去处理,才能实现合作,实现利益的最大化和争议的最小化。现实还告诉我们,并不是任何形式的合作都能获得双赢或共赢,通常情况下,只有优势互补,意愿真诚,才能开花结果,给各方带来最大利益。

不同的国家、文化、制度,不同的意识形态,都可以合作。二战之后,国家之间的经济合作有三种模式:南南合作、北北合作和南北合作。其中南北合作对于世界的共同富裕更有成效,通常给发展中国家带来更为可观的效益。因为国际贸易和国际投资往往成为贫穷国家经济增长的主要动力源。其优越性主要体现为可以利用发达国家的庞大消费市场扩大本国产品的出口,快速引进发达国家的资本、技术和经济管理制度;可以通过建立经济合作和援助机制,减轻经济危机的影响,保持本国经济发展的速度和稳定。

四

合作的意识、品质、策略。

人的合作意识是随着人的整个心理和行为活动能力的增强而逐渐发展,但并不一定随着年龄的增长而提高。合作意识很难通过说教或讨论的形式得到培养。它需要通过某种活动,通过人与人的交往过程,通过共同完成任务和对各种结果的经历,以及成果的分享和责任的共同承担等去培养,例如体育活动。

体育活动使人感受到,人与人之间只有良好的合作,才能相处得更融洽、亲和，取得成功的机会也更大。可以把体育活动中的感受和合作意识迁移到学习、生活和日常工作中去。要像体育竞技那样，善于合作和敢于竞争。在合作和敢于竞争中使自己的身心更健全，人格更完善，素质更全面，更好地适应时代发展的需要。

要想很好地与他人合作，就必须提高自身的修养。合作需要热情、宽容、诚信、谦虚、理解、沟通等。

孔子所说“己所不欲，勿施于人”（自己不想要的东西或不想做的事，不要强加在别人身上）和“己欲立而立人，己欲达而达人”（自己想成功，就要帮助他人成功；自己想发达，也要让别人发达）是相反相成的，是一个问题的两个方面。只要记住了孔子这两句话，就可以很好地与他人合作了。

与他人合作还需要技巧和策略。

世有三教九流，人分三六九等（在道德品质上）。正人君子，凤毛麟角，很好合作。邪恶歹徒，为数不多，不可合作。有缺点的人，如汪洋大海，且有缺点的人也必有优点，缺点突出的人往往优点也很突出，所以，不可不合作。与有缺点者合作，要特别地予以忍让和包容，不要针锋相对，不要吝啬自己的帮助，在可能的情况下，让他们得到想得到的东西。

对一些很棘手的人，还要有一些方法和策略，例如宋太祖赵匡胤任命曹彬为主将率兵征讨南唐时，曹彬便请求皇上让田钦担任军中某一路的先锋官。有人问道：“这种狡猾、贪婪、争名夺利又爱告密的小人你也敢用?”曹彬说：“正因为怕他在后方坏事，所以才把他放在眼皮底下，多少还能派上一些用场。”

五

合作伙伴。

伙伴是朋友，但不是普通朋友。伙伴是指为着相同的理想走到一起、相互扶持、共同奋斗、高度信任、永不背弃的朋友。

自20世纪90年代末以来，无论是国家层面还是企业层面，都根据自身利益及其在国际体系中的位置，努力寻求与其它国家或企业结成某种战略伙伴关系，谋求在更多方面的合作和发展。当今，建立战略合作伙伴关系已经成为新形势下政治和经济发展的新的运作模式。这种模式可以使合作方在资金、技术、能源、材料、人员、管理经验等方面得到互帮、互补，互利、互惠，共担风险、共享利益，从而大幅度地提升合作各方的发展能力和竞争能力。

同样道理，个人的发展和成功，也需要伙伴。闻道有先后，术业有专攻。尺有所短，寸有所长。一个人要想取得事业上的成功，没有几个伙伴帮衬，是不可能的。所以，为人要广结人缘，多交朋友，从朋友中去寻找和物色好的、适合自己的合作伙伴。

微软公司人才济济，比尔·盖茨正是靠着与这些出类拔萃的伙伴的合作，才让微软公司在竞争中走向了成功。有一次，当被问及微软成功的秘诀时，比尔·盖茨毫不犹豫地回答道："微软有成功的团队。"他也曾多次说道："把我们顶尖的20个人挖走，那么微软会变成一家无足轻重的公司。"他又说："这些人绝顶聪明，与公司一起成长。他们组成了一个团队。"

六

团队。

团队是由员工和管理层所组成，为了实现某一目标而相互协作的正式群体。它合理利用每一个成员的知识和技能，协同工作，解决问题，以达到共同的目的。团队最为显著的特征就是分工合作。它人员精当，结构合理，分工明确，合作密切，目标一致，具有极高的战斗力。

对于成功，团队至关重要。团队比传统的部门结构或其他形式的稳定性群体更具灵活性，反应更迅速，绩效更突出。事实表明，如果某种工作任务的完成需要多种人员、技能和经验时，那么由团队来做，通常效果都比较好。

20多年前，丰田、沃尔沃等公司将团队引入生产过程时，曾轰动一时，很多媒体跟踪报道这些团队的工作过程和事迹。但20年后的今天，500强中如果哪个公司没有采用团队形式，则一定会成为新闻热点。仅仅20年的时间，团队已经如此普及，渗透到各个优秀企业、各个部门，甚至政府部门都将领导团队视作不可忽略的环节而予以重视和建设。

团队精神的核心在于协同合作——风险共担，利益共享，强调团队的合力、默契、凝聚力、向心力，注重整体优势，远离单打独斗和个人英雄主义。

团队最大特色是其成员在才能上的优势互补，以达到团队的工作业绩超过成员个人的业绩。团队业绩由各部分组成而又大于各部分之和，也就是说，团队所产生的效应，不是1 + 1=2的加法效应或物理效应，而是X×X的乘法效应或化学反应。

热情——为人处世，热情第一

对于任何事情都热情的人，做任何事都会成功。

——艾柯卡

一个人成功的因素很多，而居于这些因素之首的就是热忱。

——拿破仑·希尔

一

“周公吐哺，天下归心”。

成语“握发吐哺”，是从周公的“一沐三握发，一饭三吐哺”简化而来的。意思是，洗一次头，要三次握起头发，中止洗头；吃一顿饭，要三次把食物从口中吐出来，停止咀嚼——以接待来访之士，回答他们的问题。握发吐哺，为的是显示热情，礼贤下士。

周公成为了后世为政者的楷模。孔子的儒家学派，把周公的人格品质奉为最高典范，把周初的仁政视为最高的政治理想。孔子终生倡导的就是周公的礼乐制度。

曹操的《短歌行》写道：“山不厌高，海不厌深。周公吐哺，天下归心。”

建安五年(200年),曹操军两万与袁绍军十万相持于官渡(今河南中牟东北)。曹操士卒疲乏,军粮告竭。有一天深夜,袁绍谋士许攸突然来访,“时操方解衣歇息,闻说许攸私奔到寨,大喜,不及穿履,跣足出迎。遥见许攸,抚掌欢笑,携手共入,操先拜于地”(《三国演义》)。于是,许攸献策。曹操依计而行,大破袁军。

三国中期,益州牧刘璋得知汉宁太守张鲁即将起兵进犯,束手无策。属下张松自告奋勇前去许都,意欲说服曹操攻打汉中张鲁,以解益州之围。张松到许都后受到冷遇,好不容易见到了曹操。因话不投机,曹操竟令军士将其乱棍打出。

在张松归川的路上,刘备先差赵云率一队军马到襄阳迎候,又嘱关羽在湖北荆门盛情款待。接着,刘备又亲率诸葛亮、庞士元及全体文武官员出城相迎。后,连留张松饮宴三日。三天后,又在十里长亭,为张松饯行。刘备热情好客,礼敬有加。临别前,张松从袖中取出(原本打算献给曹操的)西川地图赠予了刘备。刘备凭着这张详细地图,打下了西川。三国鼎立之势成矣。

二

玛莎和安德鲁·卡内基的热情,铸就了一代成功学大师——拿破仑·希尔。

希尔幼年丧母,任性、叛逆、顽劣,自暴自弃,破罐子破摔。他以强盗杰西·詹姆斯为偶像,迷上了射击、打斗和暴力。甚至搞到了一把六发左轮手枪,挂在屁股后面,招摇过市,惹是生非。他成了人们公认的坏孩子。周围无论出了什么不好的事情,乡邻们都会怀疑到他,甚至连他本人也认为自己无可救药,应该下地狱。

9岁时,来了继母玛莎。玛莎是一位校长的遗孀,受过良好的教育,充满热情和爱心。她一进家门就亲近他,把他搂到怀里,说:“从今天开始,我们就开始聪明的行动,好吗?”

继母对希尔从不强迫，只是循循诱导。在他11岁时，建议他去试一试写作。她说："如果你将惹麻烦的时间和精力投入到写作上，你就等着全州的人来敬仰你。"在继母的指导下他发奋写作，渐渐地对涉猎的各种知识产生了十分浓厚的兴趣，几乎成了一个小学究，已经没有时间和精力去惹是生非了。

玛莎发现希尔很有"文气"。过了一年又同希尔商量：只要他把左轮手枪交给她，她就答应给他买一台打字机。当时打字机非常稀罕而且昂贵，这对希尔具有很大的吸引力。希尔放弃了手枪，开始玩打字机，走上了继母为他设计的作家道路。不久，成了当地有名的少年写手。20岁的时候，已经被人们称之为作家了。

1908年，希尔走进了纽约第五大道一座豪华别墅——采访安德鲁·卡内基。

和希尔一样，卡内基也是位出身贫寒、充满热情的人。他决定帮助这个年轻人。他以钢铁大亨的名望和人脉给希尔写了许多推荐信，介绍了不少名人，包括发明家托马斯·爱迪生、汽车巨头亨利·福特、石油大王约翰·洛克菲勒、总统西奥多·罗斯福、发明电话的亚历山大·贝尔、发明飞机的威尔伯·莱特等人。在卡内基的支持下，希尔在20年里采访了504位名人，成就了他的终身事业。

继母曾深情地对他说："永远不要让自己失去那份应有的热情。"拿破仑·希尔从没有忘记继母的话，一直照着去做。他成功了。他成了励志书籍作家和成功学大师。他永远如火如荼的热情，鼓舞着千百万美国人。

三

"没有热情，永远干不成大事"。

没有一个成功者没有热情，没有一个冷漠的人可以成功。

2004年10月，美国《商业周刊》调查了全球200位大企业领导人，其排名第一的特质就是热情。

社会心理学实验研究、民意调查和跨文化比较研究等多方面的证据证实,人们的社会认知包含着两个基本维度:热情和能力。即人给予人的印象,首先是热情和能力。

热情,是指人进行工作、参与活动、待人接物、为人处世时所表现出来的一种热烈、饱满、积极、主动、友好的情绪。热情的反义词是冷漠。热情的近义词是激情。激情是热情的升华和爆发,强度很高但持续时间却很短。人在激情的支配下,常常能调动身心的巨大潜力,使人的智力、体力超水平、超极限地发挥,而有利于表演、比赛,有利于突击性地完成任务,有利于创作和创造。

热情是一种情感,从人的内心深处,散发到人的全身甚至说话的语气、看人的眼神等。热情的另一面是真诚。热情见诸于外,真诚深藏于内,二者互为表里。否则,所谓的热情,就是虚心假意。

热情的主要表现有:生气勃勃、阳光开朗、积极主动、热爱工作、接受挑战、愿意分享、善于沟通、乐于助人、适应变化、不惧困难、不发牢骚等。

热情是能源,是动力,是助推器,是螺旋桨,是发动机。它是一种取之不尽、用之不竭的精神力量,支持和推动着人的积极性、主动性、自觉性、持久性和上进心等。一个人,如果没有了热情,就像电池没了电,帆船没了风,火车头没了蒸汽,火箭没了助推器,直升机没了螺旋桨,汽车没了发动机。

拿破仑·希尔说:“把热情和你的工作混合在一起,那么,你的工作将不会显得很辛苦或单调。热情会使你的整个身体充满活力,使你只需在睡眠时间不到平时一半的情况下,工作量达到平时的两倍或三倍,而且不会觉得疲倦。”这是他的经验之谈,他就是这样做的,所以,他很成功。

热情支撑意志,热情和意志助推勤奋和努力,然后成功。这就是成功秘诀。

过犹不及。为人处世,热情是少不了的,但要恰到好处。如果过于热情,往往会弄巧成拙,让人反感。

四

成功因素，热情为首。

拿破仑·希尔说："一个人成功的因素很多，而居于这些因素之首的就是热情。没有热情，不论你有什么能力，都发挥不出来。"一个人成就的大小，与做事的热情成正比。当你拥有满腔热情时，就会激发出你的信心，产生追求成功的动力，你的潜能就会得到极大的发挥。

热情胜过才干。不论你有多高的才能，有多丰富的知识，如果缺乏热情，就不能转化为持久的行动，终究一事无成。微软的招聘官说："从人力资源的角度讲，我们愿意招的'微软人'，他首先应该是一个非常有激情的人：对公司有激情、对技术有激情、对工作有激情。"

热情带来幸运。热情可以传染，能给周围的人带来好心情；热情可以拉近人们的距离，便于人与人之间的相互沟通和了解；热情可以消除人们的误会和猜忌，有利于人与人之间的相互信任；热情可以增进人们的情感，有利于团结和相互帮助。热情像一块磁石，能把周围的人吸引到自己的身边。你对别人热情，别人也会对你热情。所以，热情还能带来幸运。因为人们都喜欢热情的人，对他们宽容而不嫉妒，容易接受他们而不是拒绝。

热情催生创新。文艺创作、科学研究、创造发明、社会变革等，都需要热情。有热情才能产生激情，有激情才能激活人的思维，才能把人的积极性、创造性和潜能发挥到极致。有激情才能产生直觉、顿悟和灵感，才能创作、创造出前所未有的东西来。

热情造就个人成功。如果要成功，就必须热爱自己的工作。成功者原本都是普通人，甚至家徒四壁，两手空空。唯一不同的是，他们拥有热情。有了热情，就可以白手起家，就可以疯狂地工作。所以成功者都是充满热情的人。

热情是所有品质中最中心的一种品质，一旦你具备了"热情洋溢"这一中心品质，就意味着围绕这一中心你一定还具备一系列的其它优秀品质，如朝气蓬勃、勤奋好学、坚持不懈、诚实无私、开朗阳光、助人为乐等，而当你在与人交往时，就会让你很快地赢得人们的好感、认同和支持。

这种强烈的中心性品质，就像月亮所形成的光环一样，向周围弥漫、扩散，从而昭示和涵盖了其它多种优秀品质或特点，所以，人们形象地称之为“光环效应”。

人们一旦感受到了你的热情，就会聚集到你的周围，把鲜花、友谊、信任、支持都献给你。正因为热情具有巨大的感染力和吸引力，所以政治家们才不惜一切代价，用激情四射的辞藻、精力充沛的状态、乐观开朗的情绪、生动幽默的肢体语言等，来极力表现自己的热情，从而赢得选民的喜爱，当上了总统或首相。

五

让热情成为一把火！

1.以成功者为榜样。能接近成功者，近距离地读懂他们的热情，当然更好，否则就阅读有关他们的书籍。阅读他们的书籍，会让你热血沸腾，久久不能平静。阅读中，你会受到鼓励、熏陶、感染。

2.交几个热情的朋友。热情的人是热心肠。当你遭遇困难时，第一个向你伸出援助之手的，就是热情的人。热情的人如火焰，可以温暖你的心，照亮你的前程。热情有感染力。你身边有几个热情的人，你自己不知不觉地也就会热情起来。

3.深入了解你的对象。热情的程度，在于认识的深度。不论任何人，对于陌生的人、陌生的事，都不可能倾注太多的热情。对于一个人、一件事，只有有所了解，才能有所认识；产生了感情，才能倾注热情。

4.积极调动自己的情绪。我们不妨在心里建立一个“热情加油站”，通过自我激励，去刺激兴奋神经，从心理和生理两个层面去调动自己，甚至强迫自己去采取热情的行动。

5. 用理想、目标激励自己。人的热情来源于人生观和价值观，而人生观和价值观的具体体现就是理想和目标。有了理想和目标，就会精神抖擞，信心十足。

6. 让热情成为习惯。可以通过学习、训练，使自己获得一些好的行为举止。例如，比常人起得早一点，步伐快一点，微笑多一点，积极性、主动性高一点等。

7. 让热情成为“冬天里的一把火”。作为领导、主管，一方面，自己要热情，要像“冬天里的一把火”，去温暖、感染你的下属；另一方面，要细心地激发、珍惜、呵护员工们的积极性，使员工们真正热情起来，真正感觉到“工作着是美好的”。

总之，拥有一份对人、对学习、对工作、对生活的热情，难能可贵。它会让你一路向前，风光无限！

诚信——人而无信，不知其可

诚信为人之本。

——鲁迅

信用是成功的伙伴。

—— 英国谚语

一

中华民族历来重诚实，讲信用。古代圣贤，诸子百家，文献典籍，都把诚信放到了人生修养、待人接物、为人处世和安邦定国的首要的或中心的位置上。

孔子说："言必信，行必果。"(《论语·子路》)又说："人而无信，不知其可也。"(《论语·为政》)"仁"是儒家思想的核心。孔子认为，"信"是"仁"的体现，他要求人们"敬事而信"，"谨而信"(《论语·学而》)，即做事时，既要敬业，又要守信；既要谨慎，又要讲信用。他说："信则人任焉。"(《论语·阳货》)即诚信能得到别人的信任和任用。他还说："上好信，则民莫敢不用情。"(《论语·子路》)为官者重视诚信，老百姓就不会不动真情而说真话。他又说："民无信不立。"(《论语·颜渊》)如果老百姓对统治者不信任，那么统治者就无立足之地了。

到了孟子时期，诚信已经上升为理论概念，且地位十分重要。他说："是故诚者，天之道也；思诚者，人之道也。至诚而不动者，未之有也；不诚，未有能动者也。"（《孟子·离娄》）意思是：诚是天赋予人的本性；追求诚，是做人的根本准则。一个人做到至诚而不能使人们感动，是从未有过的事；相反，缺乏诚心的人是无法感动别人的。在这里，诚信不但是天道的最高范畴，而且也是做人的准则和方法。

荀子发挥了诚信的思想，指出它为"政事之本"。他说："天地为大矣，不诚则不能化万物；圣人为知矣，不诚则不能化万民；父子为亲矣，不诚则疏；君上为尊矣，不诚则卑。夫诚者，君子之所守也，而政事之本也。"（《荀子·不苟》）即天地是伟大的，不诚实就不能造化万物。圣人是智慧的，不诚实就不能教化万民。父子是亲近的，不诚实就会相互疏远。君主是尊贵的，不诚实就不会被人们尊重。诚实，是君子必须遵守的，而且是国家政务的根本。

汉代董仲舒将仁、义、礼、智、信并列为"五常"，视为最基本的社会行为规范。

《礼记·大学》把"诚意"作为八条目之一：格物，致知，诚意，正心，修身，齐家，治国，平天下。"诚"成为圣贤们体察天意、修身养性和治国平天下的重要环节。

《礼记·中庸》从第二十章后半部分开始一直到第二十六章，集中地对"诚"这个概念进行了论述。在《中庸》里，"诚"成为了礼的核心范畴和人生的最高境界。

二

诚信，即诚实、守信。

诚即诚实、诚恳、诚心、诚意、真诚、忠诚、老实，光明磊落、开诚布公，说老实话、办老实事，不弄虚作假、不隐瞒欺骗、不自欺欺人，表里如一、言行一致。它主要指主体内心的道德品质。

信即信用、信任、信誉、信义、守信，信守承诺，说到做到，忠实于自己承担的义务，答应了别人的事一定要去做，言必信行必果，一言九鼎，一诺千金，一言既出驷马难追。它主要指主体内诚的外化。

中国人说：“诚，五常之本，百行之源也。”欧洲人说：“失去了信用的人，就再没什么可失去的了。”诚实是做人之根本。诚实待人就是言行一致、表里如一、真心实意地与人以心交心。

守信以诚实为基础，离开诚实就无所谓守信。诚与信是统一的，组合起来，就形成了一个内外兼备，具有丰富内涵的词汇——诚信。其基本含义则是指诚实无欺，讲究信用。

古代社会是自然经济、“熟人社会”。传统意义上的诚信，主要是指一个人的可靠性和可信任度。

现代社会是市场经济、“陌生人的世界”。随着市场经济的发展，诚信规范成为调节社会关系的最基本、最普遍的准则。如果人们的诚信意识缺失，则法不治众，那么，假冒伪劣、坑蒙拐骗、偷税漏税、尔虞我诈、贪污腐败等比比皆是，市场、社会将混乱不堪。

所以，近现代意义上的诚信，除了传统意义上的诚实、守信之外，还包括：

1. 忠诚。忠于国家、集体的最高利益，忠于人民，忠于正义事业。

2. 老实。特指说老实话，办老实事，做老实人。

3. 正直。拥有积极向上的人生观和价值观，具有健康的心态和正义感。为人正派、阳光，处事公正、公平。见义勇为，敢于主持公道，敢于伸张正义。坦坦荡荡，不说违心的话，不做违心的事。实事求是，不夸大其辞，不文过饰非。

4. 有责任感。认真负责地做好分内的事，履行好自己应尽的义务。敢于负责，敢于担当。

5. 尊重他人。不分级别、职别、文化、年龄、性别、肤色等差异，对他人保持尊重与真诚。

6. 遵守规范。严于自律，遵守制度、规定，不假公济私，不以权谋私。

7. 遵守社会公德。遵守社会公德和法律、法规，注重个人形象和影响。

诚信是个褒义词，具有“善”和“德”的特质。它不等同于准确、如实地传达客观事实这样的一种意思。比如，一个如实交代自己行凶过程的罪犯，我们不会用诚信来称赞他；而一个为了保护无辜被迫不说真话的人，我们也不能用不诚信来责备他。

讲诚信是有条件、有范围、有对象的。国家机密、科技机密、商业机密、个人隐私等，是不能向外透露的。保密不是不诚信，而正是对国家、对公司、对自己的诚信和保护。对于敌人，不仅不讲诚信，而且“兵不厌诈”；对于坏人、恶人，原则上也不能讲诚信，否则会上当受骗。如果在某时、某地、某人面前不能讲真话，那并不是不诚信，而是一种策略或迫不得已。

三

诚信是什么？

1. 诚信是人的一种美德和人格魅力

鲁迅先生说：“伟大人格的素质，重要的是个‘诚’字。”一个诚信的孩子，学习认真，不骗人，不说谎，父母、老师、同学都喜欢。长大后，光明磊落，坦坦荡荡；诚实可靠，童叟无欺；遵守时间，从不迟到；答应了的事，一定办到；说出去的话，一定兑现。这样的人，走到哪里都受欢迎。所以，诚信是一个人形象和声誉的标志，是人的另一张“身份证”。

诚信，也是一种人生修养。孟子说：“反身而诚，乐莫大焉。”（反躬自问，自己是诚实的，便是最大的快乐）真诚无欺，既不自欺，也不欺人；既对得起他人，也对得起自己的良心。内心坦然宁静，身心必然愉悦、快乐！

2. 诚信是社会的一种道德原则和规范

在我们的社会生活中，每个人每天都要与他人或单位打交道，根据与他人、与单位达成的协议来安排自己的学习、工作、劳动、会议和其他活动。如果人人都不诚实，不守信，那么，人和人之间的一切交往就无法进行，一切学习、工作、劳动、会议就无法开展，整个社会就瘫痪。

3. 诚信是人的心理与行为、道义论与价值论、义务论与功利论的辩证统一

价值论和功利论的诚信观把诚信作为一种价值和实现目标的手段和工具，认为人们如果不讲诚信就无法实现自身的发展和完善，也很难取得长久而真正的利益。

道义论和义务论的诚信观则把诚信视为一种应尽的义务和内在的要求，认为人们讲究诚信是为了提升自身素质和实现全面发展的需要，讲究诚信哪怕不能带来物质上的利益，也仍然是弥足珍贵的。

道义论与价值论、义务论与功利论可以辩证地统一起来，既把诚信视为一种谋利和促进发展的手段、工具和方式方法，又把诚信视为一种神圣的使命和应尽的义务，从而使得诚信既崇高又实用，既伟大又平凡。

四

诚信有什么功能和作用？

1. 诚信是一个人立足和成功的基石

诚信对于修身养性、安身立命、齐家交友、就业立业、为官为政，都至关重要。一个人要想站得住，立得久，获得成功，就必须站到诚信这块基石之上。

孟子说："车无辕而不行，人无信则不立。"黄宗羲说："诚则是人，伪则是禽兽。"一个人失去了诚信，就等于失去了生存和发展条件——人际关系，在这个社会上就没有立足之地，或者说，只能像禽兽一样地生活。

程颢指出："学者不可以不诚，不诚无以为善，不诚无以为君子。修学不以诚，则学杂；为事不以诚，则事败；自谋不以诚，则是欺其心而自弃其忠；与人不以诚，则是丧其德而增人之怨。"（《河南程氏遗书》）诚信不仅是德、善的基础和根本，也是一切事业得以成功的保证。最大限度的诚信就是最好的为人处世之道。

2. 诚信是交友之道

孔子说："与朋友交，言而有信。"（《论语·学而》）曾子说："吾日三省吾身：为人谋而不忠乎？与朋友交而不信乎？传不习乎？"（《论语·学而》）现代人说："千里难寻是朋友，朋友多了路好走……"交友这种事须臾离不开诚信，失去了诚信，就会失去朋友和友谊。朋友之间没有血缘关系，而是诚信关系。能成为朋友，就是相互忠诚，相互信任。一旦失去了诚信，就不再是朋友了，甚至反目成仇。

3. 诚信是经商之魂

同仁堂药店挂着一副对联：品味虽贵，必不敢减物力；炮制虽繁，必不敢省人工。凭着这份诚信，同仁堂历经300年风雨而不衰。我国的晋商、徽商以及其它的百年老店也都是凭着一份诚信创造了辉煌的历史。

富兰克林说："信用就是金钱。"现代市场经济是诚信经济，诚信是市场经济的灵魂。货真价实，买卖公平，童叟无欺是维持良好的贸易秩序的基本原则。市场经济越发达，就越要强化信用伦理，这是融入世界经济、参与国际经济竞争的先决条件。

4. 诚信是为政之本

国家的主体是人民，国家的主权也归属于人民。孔子将治国之道概括为"足食，足兵，民信之矣"。可以"去兵""去食"，但不可以去"信"，因为"民无信不立"（百姓不信任，国家也就不复存在了）。王安石也说："自古驱民在信诚，一言为重百金轻。"

诚信是领导者治理国家的基本准则。诚信构成国德，支配国运。没有诚信的国德就不能拥有长久而向上的国运。

五

诚信要从小做起，即从小时候做起，从小事做起。

在与人交往过程中，具有诚信品质的孩子往往能结交更多的朋友，得到更多的帮助，受到更多的关怀，这对孩子的身心健康发展无疑有着重要作用。为人诚信，会使孩子在今后的人际交往中受到更多人的欢迎、尊重和信任。对孩子进行诚信教育,关系到他一生的发展,而且必须从小开始。

为人父母要从点滴、小事做起。既要有耐心、细心、恒心,又要深深扎根、渗透到日常生活的琐碎事中,贯穿于家庭生活和孩子成长的全过程。家长应从小就要求孩子说真话,不说假话;做错事时,勇于承认自己的错误并能及时改正;不拿别人的东西,借别人的东西要还;做到言必信,行必果。针对社会上那些坑蒙拐骗的行为,父母要态度鲜明地进行批判,要让孩子坚信,弄虚作假的行为必将受到惩罚。这样,孩子长大以后才能成为一个诚实守信、光明磊落的人。

礼仪——有礼则安，无礼则危

不知礼，无以立。

——《论语·季氏》

礼貌不用花钱，却能赢得一切。

——蒙田

一

礼仪之邦。

2008年，我国四川汶川“5·12”大地震后不久，一个刚刚从废墟中被营救出的小男孩，躺在担架上被抬了起来。他立即举起了一只小手，向营救他的武警官兵敬了一个礼。小男孩的这一举动，感动了所有在场的人！照片发表后，几乎感动了整个中国！

古语有云：“礼者，敬人也。”

礼仪之礼，指对人的敬重，如礼貌、礼节，礼让、礼数、礼俗等；礼仪之仪，指礼的体现，如仪表、仪容、仪态、仪式和言谈举止等。礼与仪合二为一为礼仪，指的是人际交往和社会生活中的程序、方式和行为规范。礼仪是人们在长期共同生活和相互交往中逐渐形成，并且以风俗、习惯和传统等方式而固定下来。

对一个人来说，礼仪是一个人的思想道德水平、文化修养、交际能力的外在表现。对一个社会来说，礼仪则是一个国家社会文明程序、道德风尚和生活习惯的反映。

我国是历史悠久的文明古国，几千年来创造了灿烂的文化，形成了高尚的道德准则、完整的礼仪规范，被世人称为“文明古国，礼仪之邦”。

《诗经·相鼠》曰：“相鼠有体，人而无礼；人而无礼，胡不遄死？”老鼠也有自己的肢体，做人怎能不讲礼；既然连老鼠都不如，何不早点去死掉？

《左传·昭公二十五年》曰：“夫礼，天之经也，地之义也，民之行也。”

《荀子·修身》曰：“人无礼不立，事无礼不成，国无礼不宁。”

礼与仁是儒家学说的核心。论礼最多，并自成体系的首推孔子。他把“礼”放在了高于一切的位置，主张“非礼勿视，非礼勿听，非礼勿言，非礼勿动”（《论语·颜渊》）。他一生以诗书礼乐教导弟子。

在诸多典籍中，集礼仪之大成者当数《礼记》。《礼记》开宗明义，道出了礼仪的重要性：“道德仁义，非礼不成。教训正俗，非礼不备。分争辩讼，非礼不决。君臣、上下、父子、兄弟，非礼不定。”

《礼记》不仅编织出了一张从治理国家、求学问道一直到婚丧嫁娶、衣食住行等日常生活各个方面的精细周密的礼仪网络，而且还从宇宙观、人性论、历史观的哲学的高度对礼的起源、礼的作用等问题进行了详细阐述。《礼记》的出现，标志着中国传统的礼仪文化已走向成熟，以至于后来影响到了整个东亚及东南亚地区。

二

“礼之用”。

礼仪是人们共同认可、约定俗成的行为准则，因而对人们的行为具有很强的约束力。它与伦理、道德、法律一起，约束人们的行为，从而使人们的行为更加规范，更为文明。

礼仪是无处不在的，大至人类文明、社会进步、国家外交，小至婚丧嫁娶、饮食盥洗，坐、卧、立、行，乃至一举手一投足，无处不有礼。礼仪内容丰富多样，但其基本原则却很明确：一是敬人；二是自律；三是真诚；四是适度。

“礼之用，和为贵。”（《论语·学而》）礼的作用，贵在和谐。礼在规范人们的社会行为、协调人际关系、促进人类社会发展方面具有积极的、无可替代的作用。它能使家庭和睦、邻里和气、社会和谐、世界和平。

礼仪主要包括礼貌、礼节、仪表、仪式四个方面。礼貌、礼节、仪表，偏重于个人；而仪式，则偏重于集体。

蒙田说：“礼貌不用花钱，却能赢得一切。”礼仪对于一个人的成长、成才和成功具有重要作用。

1.塑造形象

“凡人之所以为人者，礼义也。”（《礼记·冠义》）交谈讲究礼仪，可以变得文明；举止讲究礼仪，可以变得高雅；穿着讲究礼仪，可以变得大方；行为讲究礼仪，可以变得美好。

2.沟通信息

现代社会拉近了人们之间的距离，人与人之间来往密切、频繁，聚会多，访谈多，沟通多。人们愿意接触有礼貌的人，甚至会主动提供有价值的情报和信息。

3.调节关系

在社会交往中，只有遵守公共礼仪，才能与他人保持一种平等、尊重、相互帮助的关系。避免障碍和摩擦，使相互之间的关系协调发展，从而促进工作的顺利开展。

4.广结良缘

人缘、人气和人脉不能急功近利，其决定因素在于一个人为人处世的方式，在于对人与人之间一些细节的处理与把握。注重礼仪，处处敬重他人，就会获得很好的人缘、很高的人气、很深厚的人脉。

5.化解矛盾

约翰逊说，礼貌像只气垫：里面可能什么也没有，但是却能奇妙地减少颠簸。精诚所至，金石为开。温和谦让，礼数周全，就可以化腐朽为神奇，化干戈为玉帛。

三

礼貌待人。

1.平等友善

对各种人，无论其年龄、天赋、肤色、出身、贫富、地位、职务如何，都本着真诚、尊重、友善的态度以礼相待。

2.遵时守约

（1）遵守时间。有事要有约在先。有约要如约而至。万一原因特殊，需要变更时间或取消约定，应尽快有礼貌地通知对方。

（2）慎于承诺。一要三思而行。要根据自己能力和主客观条件深思熟虑，反复斟酌，慎之又慎。二要100%地兑现承诺。万一由于难以抗拒的因素致使单方面失约，或是部分承诺难以兑现，则尽早说明原委，或道歉，或采取一些补救措施。

3.以诚相见

礼数不到、礼仪不周是失礼，但是，过了头也不合适。要想把握、拿捏好分寸，最好的方法就是待人以诚。只要你发自内心，就可以问心无愧，恰到好处。

在与人交往中，要尊重他人的意愿，体谅别人的需要和禁忌，不能强人所难。不苛求别人做不能做的事，不强求别人接受不喜欢的东西。幽默与善意的玩笑往往给人带来轻松、愉快，但决不可用来戏弄、取乐。

4.礼尚往来

用对方对待自己的态度和方式去回敬对方。有来有往，合乎礼仪，关系才能正常、长久。

受人滴水之恩，当以涌泉相报。有情有义，以德报德，有恩必报，也是一种礼尚往来。

往来之礼，也应适度。礼仪的本意，在于表达敬意和答射，所谓礼轻意重是也，并非多多益善。

四

尊老敬贤。

早在两千多年前，孟子就提出了“老吾老，以及人之老”的道德规范。尊老敬长是中华民族的优良传统。《三字经》所说“融四岁，能让梨”，指的就是一个传承了千百年、尊老敬长的“孔融让梨”故事。

敬贤，就是对那些德才兼备的贤人、学者以礼相待，倍加敬重。纵观中国古代历史，历来有作为的君主，大多非常重视尊贤用贤，视之为国家安危的决定因素。其中，“三顾茅庐”堪称经典。

作为一个有礼貌的现代人，对长者和老人，应该处处谦让，时时敬重。我们如何对待老人，我们的子女就会学着如何地对待我们自己。

领导人，特别是国家领导人，大都率先垂范，倡导尊老敬贤之风气。例如1937年徐特立先生60寿辰时，毛泽东写了一封热情洋溢的贺信：“您是我20年前的先生，您现在仍然是我的先生，将来必定还是我的先生。”1947年徐老70寿辰时，毛泽东又题词“坚强的老战士”送给他，表示尊敬和祝贺。1959年，毛泽东回到故乡韶山，曾特地邀请亲友中的老年人吃饭。他将昔日的老师毛宇居老人安排在上座，并第一个向他敬酒。毛宇居激动不已，连忙起身谦让：“主席敬酒，岂敢岂敢！”毛泽东亲切地对答：“敬老尊贤，应当应当！”对于社会名流，毛泽东更是以礼相待。毛泽东曾分别邀请过溥仪、章士钊、程潜、王季范、齐白石等到家作客。齐白石老人90大寿时，毛泽东特意送上野参、鹿茸和湖南特产等寿礼。

五

容仪有整。

中国有古训“文质彬彬，而后君子”。英国有谚语“仪表端正是最好的介绍信”。

一个人的仪表、仪态，是其修养和文明程度的体现。举止庄重，进退有礼，执事谨敬，文质彬彬，不仅能够保持个人的尊严，还有助于进德修业。

1. 衣着容貌

莎士比亚说：“千万不要华丽而低俗，因为从衣服往往可以看出一个人。”莫洛亚也说过：“最朴素的往往是最华丽的，最简单的往往最时髦，素装淡抹常常胜过浓妆艳服。”一般说来，衣服要穿得整洁、大方、得体，要以迎宾、应聘、会客、社交、上班、休闲等场合的不同而不同。

2. 行为举止

行为举止是一个人在一般场合或特定场合的各种活动中最基本、最稳定的礼仪行为。庄重、自然、大方是最为重要的。我国自古以来就有“站如松，坐如钟，行如风，卧如弓”的要求。现代礼仪对行为举止的要求则更为具体，对不同场合下不同的人有着不同的要求。

3. 言语辞令

一要诚挚。孔子说：“巧言令色，鲜矣仁。”（《论语·学而》）花言巧语，仪容伪善，就几乎谈不上仁了。二要慎言。三要说话算数。四要轻松大气。

4. 风度仪态

美好的言谈、举止和姿态，是一个人内在修养和实力的自然流露，也是一种魅力。它主要取决于人的举止、口才、气质、形象等，是人的最直观的素质。一个人要善于自我控制和收放有度——不放纵，不随心所欲；言谈举止自然从容，落落大方；冷静稳重，处变不惊；理智大方而又能急人所急；彬彬有礼而毫不谄媚；充满热情却从未轻佻；着装得体而品质高尚；话语不多而富于技巧；坐有坐相，站有站相，吃有吃相，行有路相等。当然，风度仪态也应与年龄、身份、环境相一致。

六

知书达礼。

“腹有诗书气自华”。人的礼仪与人的气质有关。气质不同，其言谈举止也就不同。读书有诸多好处，其中之一，就是养气。读书能养思维敏捷之灵气，朝气蓬勃之朝气，与人为善之和气，清正廉洁之清气，开朗大度之大气，气贯长虹之正气，一往无前之勇气，铮铮铁骨之骨气，能言善辩之才气和“学富五车，才高八斗”之书卷气等。浩然之正气多了，俗气、媚气、霸气、小气、娇气、骄气、官气、邪气等就自然少了或没了。

除了读书之外，还必须学一点音乐。柏拉图说：“体操和音乐二个方面并重，才能够成为完全的人格。因为体操能锻炼身体，音乐可以陶冶精神。”福莱说：“诗是寄寓于文字中的音乐，而音乐则是声韵中的诗。”书籍和音乐有异曲同工之妙，如能双管齐下，定可事半功倍。

人从小就要重视体育锻炼和适当的形体训练，要长得挺拔、健康、大气和精神饱满，否则，穿什么衣服都不好看。普京的个头不高，头发少且黄，其貌并不惊人；但是，他擅长柔道，喜欢滑雪，能驾驶直升机和潜艇，身体特别健壮。他的外表，给予人们的感觉是坚定、刚毅、自信而又正派，再加上他的突出政绩，所以他在俄罗斯人民中，享有很高的声誉，人民大众很喜欢普京的形象和魅力。

塞缪尔·斯迈尔斯在《品格的力量》一书说得很恳切：“人们往往忽视了自己的仪表、风度和礼貌。无论对于男士还是女士，一个人的仪表、风度和礼貌的确是太重要了……人生苦短，但愿每个人都注重自己的仪表、风度和礼貌。”

谦虚——劳谦虚己，附之者众

满招损，谦受益，时乃天道。

——《尚书·大禹谟》

成功的第一个条件就是谦虚。

——斯宾塞

一

中华之谦，源远流长。

谦虚之谦，指谦逊、谦和、谦恭、谦顺、谦让、谦卑；谦虚之虚，指虚心，虚怀若谷，不自以为是。谦虚指不自满，不夸大自己的能力或价值，肯接受批评，能向人请教，甚至不耻下问。

中国是世界文明古国中提倡谦虚最早的国家。

传说孔子曾问道于老子。老子手指浩浩黄河，对孔子说："汝何不学水之大德欤？"孔子说："水有何德？"老子说："上善若水：水善利万物而不争，处众人之所恶，此乃谦下之德也；故江海所以能为百谷王者，以其善下之，故能为百谷王。"孔子闻言，恍然大悟道："先生此言，使我顿开茅塞也。"

孔子说："君子泰而不骄，小人骄而不泰。"（君子安详而不骄傲，小人骄傲而不安详)孔子又说:“知之为知之,不知为不知,是知也。”(《论语·为政》)他不仅是这样说的,而且也是这样做的。“樊迟请学稼,子曰:‘吾不如老农。’请学为圃,曰:‘吾不如老圃。’”(《论语·子路》)传说孔子周游列国在去齐国的途中,遇见两个小孩子正在激烈地争论太阳距离地面的远近。一个说早上太阳温暖,中午太阳烫人,所以太阳早上远,中午近。另一个说,早上的太阳大得像篷盖,中午小得像菜盘,所以太阳早上近,中午远。他们请孔子评理,孔子想不出谁对谁错,只好老实承认自己回答不了这个问题。

《周易·谦卦》专讲“谦”之道理。周公旦曾借此《谦卦》告戒其子伯禽说:“《易》有一道,大足以守天下,中足以守其国家,小足以守其身:谦之谓也。”(《韩诗外传》)意即仅一“谦”,足以修身、治国、平天下!

《谦卦》,地在上,山在下。山,代表巨大的实力和才能。山隐藏在地下,即不显山,不露水,表示谦虚。其意为,有真才实学的人,不外露,不张扬,普普通通,和平常人一样。《谦卦》卦辞指出:“谦,亨,君子有终。”即,谦虚象征亨通,只有君子才能将它保持至终,并能借此取得人生的成功。对此,其《象传》的解释是,一个人只要谦虚,则天助、鬼佑、人信,无往而不利。《谦卦》全卦六爻,一一揭示了行谦必益的道理。

二

《尚书·大禹谟》中,有“满招损,谦受益,时乃天道”这样的教导。把满损与谦益这一客观规律提高到了“天道”的水平,可谓高矣!大矣!自此,“满招损,谦受益”即被人们奉为至理名言。

历代圣贤无不提倡谦虚,贬抑自满。谦虚之德逐渐深入人心,久而愈彰。

古代大量谦辞、敬辞的出现和使用,是中华儿女谦虚美德的体现,也是中华传统文化的一大特色。

谦辞即谦称,是表示谦虚的自称,一般对己。称自己为敝人、鄙人;称自己的意见为拙见、愚见；称自己的文字、文章或书画为拙笔、拙著、拙作；称自己的家人为家父、家母；称自己的住处为寒舍、敝舍等。

敬辞为尊称，一般对他人。它和谦称正好相反，多数用美好、高贵、高尚的字眼来表示对他人的尊重和尊敬。一般人称对方为君、足下、阁下；称呼对方父母为令堂、令尊；称对方子女为令爱、令郎；称别人的意见为高见、高论，别人的文章为大作、佳作；称别人的妻子为尊夫人；称别人的家为府上等。

谦辞和敬辞纷繁复杂，由于历史的进步、人们地位的平等、西方文化的影响，很多已经不用了，但仍有一部分一直沿用至今，特别是面对长辈、上级、陌生人之间、庄重场合、一些特殊场合和戏剧里，还不得不用。

三

“成功的第一个条件就是谦虚”。

1. 谦虚可以使人不断地学习和进步

“谦虚使人进步，骄傲使人落后。”学习的最大敌人是自己的满足。一旦自满，就会自我感觉良好，不再努力，不再刻苦，也就不再进步了。巴甫洛夫说：“无论在什么时候，永远不要以为自己已经知道了一切。不管人们把你们评价得多么高，但你们永远要有勇气对自己说：我是个毫无所知的人。”

2. 谦虚有助于发现他人的优点和长处

谦虚能使人有自知之明，也能使人有知他之明。自知和知他是一个问题的两个方面：只有看到自己的缺点，才能看到他人的优点；只有发现了他人的长处，才能发现自己的不足。

顾炎武就是一个这样的人。他经常对照别人检查自己，既发现了他人的优点，又发现了自己的不足。所以，他成为了明末清初三大学者之一（另两位是黄宗羲、王夫之）。他的事迹也被当作了《清稗类钞·谦谨类》的典型。

3.谦虚能博得众人的帮助和支持

魏征说："自满者，人损之；自谦者，人益之。"葛洪说："劳谦虚己，则附之者众；骄慢倨傲，则去之者多。"人们需要交往，也需要朋友，但是谁也不想和骄傲自满、狂妄自大的家伙打交道。谦虚的人很低调，态度谦和，为人谦逊，言谈举止谦恭有礼，不专断、不傲慢、不自以为是，所以在交往中比较容易获得别人的好感，容易得到忠告、帮助、支持和真诚的合作。

4.谦虚能减少他人的嫉妒和伤害

谦虚不仅是一种美德，更是一种人生智慧，是一种通过贬低自己来保护自己的策略。巴尔扎克说过："嫉妒潜藏在人心底，如毒蛇潜伏在穴中。"嫉妒者不能容忍别人的快乐与优秀，不能容忍别人超过自己，于是，就暗中使坏、伤人，使他人的工作受挫、心灵受伤，甚至使他人的事业功败垂成，非常可怕！防止他人嫉妒的最好方法，就是谦虚。你的谦虚、低调，甚至示弱，可以帮助他人重新平衡自己的心理，从而削弱、减轻嫉妒之心或不再去嫉妒。

5.谦虚能给人带来机会和机遇

从理论上说，机会是均等的，人人都有机会。但从实践上看，有人获得机会的概率比较大，有人比较小，有人却有缘无分。谦虚的人具有两个基本条件：一是成绩好，能力强（因为谦虚好学）；二是品德好，人缘广（因为低姿态）。所以，谦虚的人处处有机会。

6."谦虚是最宝贵的美德，是一切道德之母"

富兰克林年轻时到一位前辈家拜访，当他从低矮的小门进入时，头被门框狠狠地撞了一下。出来迎接的前辈说："很痛吧！可是，这将是你今天拜访我的最大收获。要想平安无事地活在这个世上，就必须时时记得低头。这也是我要教你的事情，不要忘了!"富兰克林牢牢记着了这句话，并把"谦虚"列入一生的方针之中。因此，他获得了多方面的成功。

四

当谦则谦，谦而有度。

1.谦虚要看对象

一般情况下，谦虚的对象是陌生人、同事、师长、上级，而像夫妻、好友、晚辈、下级、西方人就不合适了。东、西文化是有区别的。在西方，对老师、朋友、不熟悉的人，必须说真话。如果你谦虚，他们会信以为真。

2.谦虚要掌握分寸

当一个人求职作自我介绍时，当售货员介绍商品时，为新产品做广告宣传时等，不能吹牛，夸张；但要实事求是，不能过于谦虚。面对任务、挑战、责任等，更不能谦虚，否则就是懦弱、逃避和没有责任感。

3.谦虚要看真假

朱熹说："谦固美名，过谦者，宜防其诈。""大意失荆州"说的就是关羽中了东吴的"谦虚"之计。日常之中，也有人把谦虚作为手段，以退为进，"装孙子"，来博取他人的好感和信任，以达到自己的目的或实现自己的计划。遇到这样的过谦者，要谨防其诈。

5.谦虚与虚伪——仅一字之差

谦虚过度就是虚伪、做作。缺少谦虚就是骄傲、自负。有些人，出于某种目的，尽管骨子里很骄傲，但却戴着一副谦虚的假面具出现。真正的谦虚是真诚的；而虚伪的谦虚、骄傲的谦虚是不真诚的。前者表里如一，后者口是心非。

6.谦虚与自信——对立又统一

谦虚是姿态，是亲和力；自信是底气，是实力。没有谦虚，自信就会过头；没有自信，谦虚就没有意义。

谦虚是对他人的，自信是对自己的。谦虚是对他人的尊敬，自信是对自己的认可。做人要谦虚，做事要自信。自信是为了让自己看到自己的能力，谦虚是为了让自己看到自己的不足和他人的优点。面对任务、责任、竞争、挑战,需要自信,面对鲜花、掌声、成绩、荣誉,需要谦虚。面对敌人、战争、困难、失败,需要自信,面对师长、领导、同事和陌生人,需要谦虚。自信中带着谦虚,才能获得他人的帮助和支持;谦虚中不失自信,才能获得他人的尊重和信赖。

五

怎样才能使自己谦虚起来呢?

1.要谦虚,必须看得起普通人。从古代圣人到当今伟人,都非常重视普通人,把他们看成衣食父母和推动历史向前发展的真正动力。除了平时多接触他们、多了解他们之外,还要多学一些历史和哲学,逐步树立起正确的历史观、人生观和世界观。否则,你的谦虚就不可能是真诚的。能看得起普通人,就能看得起一切人,就能发现别人的优点和长处,就会觉得“三人行,必有我师”,从而进入上善若水、海纳百川的境地,去虚心地向他人学习。

2.要谦虚,必须有自知之明。纵观芸芸众生,表面上谦虚、恭敬,实际上自以为是,总觉得自己有一套而看不起他人所谓的“谦谦君子”,实在不少。为什么呢?就是缺少自知之明。老子说:“知人者智,自知者明。”能看到他人的优点和长处,又能看到自己的缺点和不足,那才是聪明、明智,也就不会骄傲了。列夫·托尔斯泰说:“一个人就好像是一个分数,他的实际才能好比分子,而他对自己的估价好比分母。分母越大,则分数的值愈小。”

3.要谦虚,就要学习。谦虚是学出来的,越学越知不足,就会越谦虚。无知者永远不知道谦虚为何物,自以为知道了一切,很了不起。谦虚总是和自己的学识、才能成正比。保持谦虚最好的方法,就是不断地刻苦学习,不断地加强自身修养。学的东西多了,就会觉得世界太大,自己太渺小,从而怎么也自大不起来、骄傲不起来。

笛卡尔的博学是举世闻名的,但他越学越觉得自己无知。有人不解,问他原因，他说："先哲芝诺（古希腊哲学家）不是解释过吗？他曾画了一个圆圈，圆内是已知的知识，圆外是未知的世界。知识越多，圆圈越大，圆周也越长，其边缘与未知世界的接触面越大，因此当然就觉得未知部分更多了。"

中国有句俗语："一瓶醋不响，半瓶醋晃荡。"要想做一个不声不响的谦虚之人，就必须设法把自己的瓶子装满。

和气——天地之美，莫大于和

礼之用，和为贵。

——《论语·学而》

天时不如地利，地利不如人和。

——孟子

一

态度要和蔼，为人要和善，关系要和顺，邻里要和气，家庭要和睦，社会要和谐，人类要和平。正如古人所说："天地之美，莫大于和。"

《周易》一书的精髓和核心内容，即是阴阳和合与变易。"天地以和顺为命，万物以和顺为性。"（《周易外传·说卦》）我国古人所创造的、流传至今的"太极图"——两条阴阳鱼首尾相连，浑然一体，生动地表现出了阴与阳相依共存、互推互进的和合关系。

《周易·乾卦》曰："乾道变化，各正性命，保合太和，乃利贞。首出庶物，万国咸宁。"其意为：天道之变化，要求各正其位，保持太和（"太和，和之至也。"——王夫之），以有利于向好的方向发展，这样，万物才能生长，万国才能安宁。后来的思想家都把"保合太和"作为一个重要思想来弘扬。北京故宫三大殿：太和殿、中和殿、保和殿，其殿名盖源于此。"太和"

是指宇宙间、大自然万物间的和谐;“中和”是指人与人、人与社会的和谐;“保和”是指永远保持和谐。我国至高无上的三大宫殿,其殿名皆取“和”,这在一定程度上反映出了中华文化的核心价值观——和,高于一切,大于一切,贵于一切。

道家主张“天人合一”。道家的“和”包括三层关系:人与自然的关系,人与人的关系,人自身(心与身)的关系。

《论语·学而》曰:“礼之用,和为贵。”其意是说:礼节、礼仪的运用,以达到人际间的和谐为最宝贵。

《论语·子路》曰:“君子和而不同,小人同而不和。”和与同不一样。孔子把和与同的区别运用到了人格修养和人际关系上,其意思是:君子以义为重,能和谐处世,而不去结党营私;小人以利为重,同气相求,同流合污,却不能和大多数人和谐相处。

《孟子·公孙丑下》曰:“天时不如地利,地利不如人和。”有利的时机和气候不如有利的地势,有利的地势不如人的齐心协力。

《荀子·王霸》曰:“上不失天时,下不失地利,中得人和,而百事不废。”集天时、地利、人和于一身,则事事如意。

宋人林逋曰:“和以处众,宽以接下,恕以待人,君子人也。”和谐地与众人相处,宽厚地对待下属,能够原谅他人的过失,这样的人才是君子。

二

中国哲学三大支柱——儒、道、释,都对“和”有着精辟地论述和独到的见解,各有侧重地丰富和发展了“和”的思想体系。儒家的出发点是个群关系、人我关系,追求的是人与人之间的和谐。道家的出发点是主客关系、物我关系,追求的是人与自然的和谐。禅宗的出发点是理欲关系、身心关系,追求的是人自身内部的关系,即人的内心世界的静修、平衡与和谐。

宋明理学以物我和谐为目标,以人我和谐为手段,以自我和谐为基础，将儒、道、释三大和谐论整合为一个体用结合、紧密联系的有机体，从而完成了对和谐思想理论体系的构建。

中华民族不仅仅拥有完整的和谐思想理论体系，而且有着伟大的和谐实践，例如著名的将相和、昭君出塞、文成公主和亲、郑和七下西洋等化干戈为玉帛和远播友谊与和平的壮举，永垂史册，并在民间广为流传，为人们所津津乐道。

传统和谐思想在化解各种矛盾、维系社会稳定、促进社会和谐、推动社会发展的历史进程中，发挥了不可或缺的重要作用，并为现代和谐社会的建设提供了可资借鉴的思想资源。

世界上的任何事物都是有局限性的，“和”也不例外。传统的和谐思维模式，“推天道以明人事”，从自然界的天上地下、天尊地卑，推演出人类社会的君上臣下、贵尊贱卑是天经地义、理所当然，从而掩盖了矛盾的存在和斗争的作用；同时过分强调人与自然的和谐，而忽视了人对自然的抗争、征服和改造。

“和”与“争”是一对矛盾，矛盾推动着和的发展。有时，通过必要的竞争、抗争、斗争甚至战争，可以在新的基础上达到新的和谐。此正所谓“以斗争求团结则团结存，以妥协求团结则团结亡”是也。

一般来说，东方文化侧重于“和”，而西方文化侧重于“争”。如果东西合璧、融会贯通，则“善莫大焉”！

四

和是一种态度，有的人谦和、好讲话；有的人偏执、头难剃。

和是一种性格，有的人温和、善良；有的人凶残、自私。

和是一种人生观，有的人向往祥和，喜欢过平静、安宁的日子；有的人则奉行斗争哲学，与天斗、与地斗、与人斗，其乐无穷。

和是一种价值观，有的人认为和为贵，和气生财，天时不如地利、地利不如人和；有的人则总是喜欢制造矛盾而从中渔利或喜欢用拳头说话。

然而，对于人的成功来说，和气以及和蔼、和善、和睦、和谐、心平气和、和风细雨、和颜悦色、和衷共济等，确实都很重要。

1.家和万事兴

俗话说："金窝，银窝，不如自己的草窝。"不论对于谁，家，永远都是一个温馨的字眼！李白的"举头望明月，低头思故乡"；杜甫的"烽火连三月，家书抵万金"等，所抒发的都是思家、思乡之情。家，是生儿生女、养老育幼、过日子的地方，是避风的港湾，是心灵的驿站，是一片真正属于自己的小天地。家是用爱筑起来的巢。家是用情砌起来的城堡。家是整个世界在下雪，走进去却温暖如春的花园。家是亲切、体贴、舒适、温馨、美满、幸福的代名词。这儿有友情、亲情、爱情，这儿有老安少怀，这儿有膝下之欢，这儿有天伦之乐！没有家，就没有归宿，就会一无所有，就要漂泊、寄人篱下。

成功者的家庭要比一般普通家庭更加稳定与和谐。人们常说，每一个成功男人的背后，都站着一位出色的女人。同样也可以说，每一个大女人的背后，也都站着一个特别优秀的男士。的确，夫妻之间、家庭成员之间的互相包容、理解、鼓励、帮助和支持，比什么都重要。当一个人遭遇困难、挫折、坎坷和失败时，家庭所能给予的不仅仅是温暖和温馨，而且还有力量和自信。

2.人和百事通

人，特别是成功者，都需要一个和谐的人际关系和良好、宽松的社会环境。鱼儿离不开水，瓜儿离不开秧。成功者离不开同事、朋友、领导和群众的支持和帮助。如果你和周围的人群关系不好，身边有嫉妒者和对立面，有人像王熙凤那样"上头一脸笑，脚下使绊子；明是一盆火，暗是一把刀"，那么你做起事来，就会处处掣肘，举步维艰；相反，你就会如鱼得水，如虎添翼，左右逢源，一帆风顺。

俗话说："一道篱笆三个桩，一个好汉三个帮。""多一个朋友多一条路，多一个仇人多一堵墙。"然而，由于人们在文化背景、社会地位、思想观念、价值取向以及品行、气质、情操、能力等方面都存在差异，所以，"和以处众”并非容易。成功者则要突破空间、职业、学科和各种差异的局限，利用一切机会，广交朋友，广结人缘，尽量多地去团结更多的人，去为自己赢得一个好的人缘和口碑。

有人说：做一个受欢迎的人，胜过腰缠万贯。此话不虚！和谐的人际关系和良好、宽松的社会环境是成功之外因，很重要。历史上很多人之所以扶危济困、仗义疏财，现在很多人之所以对公益事业和慈善事业乐此不疲，大都是这个道理。

3.业和会发达

事业和谐、和顺，才是成功的保证。试以企业为例说明之。一般来说，一家企业需要三个方面的和谐：一是企业内部的和谐，即领导层、员工间、各个部门内和部门之间的和谐；二是与利益相关者的和谐，包括原料供应商、配件生产商、代理商、销售商、股东、行业协会、主管部门甚至所在街道的社团等；三是与外部大环境的和谐，即与同行间、与企业所处的地理、经济、政治、人文等方面的环境的和谐等。内部和谐主要靠制度（硬件），靠企业文化（软件）。外部和谐则要靠沟通、友善、调整，如果改变不了他人、市场、环境和国家政策，那么就需要调整和改变自己，以求得和谐。.三个方面的和谐是推动企业前进的车轮。企业只有不断地达到一个又一个的和谐时，才能朝着自己的目标不断前进。只有在各个方面都达到和谐状态时，企业的能量才会最终、彻底、完全地释放出来，从而达到目标，取得骄人的成就。

4.身和能长寿

身心和谐，健康长寿。华佗在《中藏经》中说，人体就像自然界一样，无论体内阴气过盛还是阳气过盛，都会导致疾病产生。这就是说，人体是一个小小的自然界，只有让它达到阴阳和谐状态才能延年益寿；如果不和谐，就会失去健康，患病，甚至死亡。所以，要想获得健康，阴阳和谐至关重要。

阳气是人体内的火，阴液是人体内的水。体内阳气过剩，则火就大了；阳气不足，则阴液就过剩了。维持体内阴阳平衡，主要包括两个方面：

一是饮食平衡(即饮食和谐),二个是劳逸结合(即动静和谐)。身心和谐,必然长寿。长寿之人,正因为其长寿,就往往能达到常人所达不到的高度,取得常人所取不到的成就,例如齐白石、季羡林、邵逸夫等。

五

“礼之用,和为贵”。礼与和有着密切的关系,要想取得和谐的人际关系,就必须正确、恰当地使用礼。我国传统文化对于礼特别重视,中国因此而被称为“礼仪之邦”。

人无礼则不立,事无礼则不成,国无礼则不宁。礼能促进人类和谐和帮助人们解决很多的矛盾和问题。通俗地说:礼不用花钱,却能赢得整个世界!

礼主要包括礼貌、礼节、礼让、仪表、仪式等。礼貌、礼节、礼让、仪表,偏重于个人;而仪式,则偏重于集体。

礼要从小处着手,以小见大,如遵守公共道德、用好礼貌用语等。

“礼之用”首先要主动。主动打招呼,主动表达善意,主动对人友好,能使人产生受重视的感觉,会赢得别人的好感。其次要真诚。真诚能使人产生安全感和信任感,能打开对方的心灵,拉近双方的距离。再次要恰当。礼需要表达,你的热情、诚恳和对别人的恭敬之心,如果不表达出来,别人就不会知道。过犹不及,过了头则会适得其反。要做到不温不火,恰到好处,才有效果。

人际关系的和谐,仅凭礼仪是不够的,还需要直接用语言去交流、沟通和促进。其中,善于使用风趣、诙谐、幽默的语言者,往往事半功倍。

幽默语言有着化腐朽为神奇的功效。它可以打开局面、拉近距离、活跃气氛、平添情趣、消除隔阂、填补鸿沟、祛除压力、减轻重负、缓和矛盾、化解纠纷、自我解脱、避免尴尬等。

用幽默来处理矛盾与纠纷,会使人感到和谐愉快、相融友好。例如,曾有位企业女高管,整天忙于工作和应酬,怠慢了丈夫。丈夫要同她离婚。当丈夫问她离婚后要些什么东西时,她说:“我什么都不要,只要你。”

有幽默感的人,往往是乐观主义者,为人处世比较灵活,比较容易地与周围的人群,包括上司和下属,建立起良好、和谐的人际关系。

宽容——海纳百川，有容乃大

能容小人，方成君子。

——冯梦龙

人之心胸，多欲则窄，寡欲则宽。

——金缨

一

海纳百川，有容乃大。

宽容之宽，指宽厚、宽大、宽恕、宽让、宽饶、宽宥、宽宏大量；宽容之容，指容忍、容人、忍让、忍受、忍气吞声等。宽容，指豁达、大度，有气量，有风度，尊重他人的处世方式、生活习惯和言论自由，能听得进与自己的观点或与公认的主流观点不一致的意见，对于反对过或伤害过自己的人，不计较，不追究，不耿耿于怀。

宽容是中华民族的美德，是中华文化的精髓，也是中国很多家庭的传家之宝。

《周易·坤卦》云："地势坤，君子以厚德载物。"大地的气势宽大厚实，正人君子当效法地势，以宽厚的道德来容载万物。

厚德载大物，薄德载小物，缺德载无物。民国时期，梁启超在清华大学任教时曾作过《论君子》的演讲，他引用了《周易》的“自强不息”“厚德载物”来激励清华学子。他说，“君子自励犹天之运行不息，不得有一曝十寒之弊”，“君子接物，度量宽厚，犹大地之博，无所不载”。此后，“自强不息，厚德载物”这八个字便演变成了清华校训。

《尚书·君陈》曰：“必有忍，其乃有济。有容，德乃大。”一定要有忍耐精神，这样，所做之事才能成功。有宽容的胸怀，德行才能广大。

《老子》第八章曰：“上善若水。水善利万物而不争，处众人之所恶，故几于道。”大善之人如同水一样。水滋养万物而不与之争锋，汇集在人们厌恶之地，因此，近于大道。

水之善，在于其平和，不争名、不争利、不争位、不争权；水之善，在于其包容，容污秽、容丑陋、容坎坷、容机变；水之善，在于其柔顺，遇圆则圆、遇方则方，得深则深、得浅则浅，处众人之所恶而毫无怨言。

《论语·里仁》中，曾子曰：“夫子之道，忠恕而已矣。”曾参说：孔夫子的主张，只是忠恕罢了。《论语·卫灵公》中，子贡问道：“有一言而可以终生行之者乎？”子曰：“其恕乎！己所不欲，勿施于人。”子贡问道：是否有一句话足以终生奉行的呢？孔子说：大概是恕吧！自己所不想望的，不要施加于他人。

一个“恕”字，可以贯穿整个儒学之教义。这里的恕，指的就是宽恕，即宽容和饶恕。作为道，宽容可以在儒家思想中一以贯之。作为行为准则，宽容在一个人的一生中，可以奉行终身。

二

民间关于宽容的俗语也很多，如“海纳百川，有容乃大；壁立千仞，无欲则刚”“宰相肚里能行船，将军额头跑得马”“沧海不遗点滴，始能成其大；泰岱不弃拳石，始能成其高”“大肚能容，容世上难容之事”“处己何妨真面目，待人总要大肚皮”等。

宽容的内涵非常丰富，至少有五层意思：

1.包容。包涵和容纳，指接受、接纳之意。即对于他人与己不同的地方，如信念、信仰、价值观、行为方式、生活习惯、兴趣爱好甚至缺点、短处等，能够接受、容纳，不排斥，不干涉，不反感。正如孔子所说的“和而不同”，虽然与他人在很多地方不相同，但却能和谐地、友好地来往、相处、共事。

2.忍让。忍耐和退让。即对于人际间非原则性的小摩擦、鸡毛蒜皮的小事和眼前、暂时的得失不计较、不理论，不放在心上。

3.原谅。原宥和谅解。对他人的疏忽、过失、误会、错误，给予宽宥、谅解，不加责备，不以牙还牙，不伺机报复。

4.宽恕。宽大和饶恕，放过那些严重伤害过自己的人。

5.以德报怨。道德极高者和出家人往往如此——慈悲为怀。

宽容，是人际关系的润滑剂和黏合剂，社会、集体都离不开它，对于个人的品德修养、为人处世、事业成功都极为重要。

三

宽容是一种生活态度——退一步，海阔天空。

春秋时代，楚庄王在一次平定叛乱后大宴群臣，宠姬嫔妃助兴，轻歌曼舞，觥筹交错。楚王最宠爱的许姬和麦姬轮流向文臣武将们敬酒。忽然一阵风过，蜡烛全灭，一位官员趁机拉住了许姬的手不放。许姬挣脱后，机智地取下了那人帽子上的缨带作为证据来向楚王告状。楚王听后，却传令暂且不点蜡烛，并要求诸位全都去掉帽缨，以便尽兴饮酒。

席散回宫，楚王解释说：“此次宴饮，意在尽兴，酒后失态，乃人之常情，若要深究，岂不大煞风景！”这就是历史上著名的“绝缨宴”。

明代京官董笃行和清朝宰相张廷玉虽然生活在两个不同的时代，但却遇到了相同的事情，采取了相同的办法，收到了相同的效果。他俩分别在某一天收到了一封家书，说家中盖屋，因地皮与邻居发生争执，希望他们能出面干预一下。董笃行立即修书道：“千里捎书只为墙，不禁使我笑断肠，你仁我义结近邻，让出两尺又何妨？”张廷玉则当即修书曰：“千里家书只为墙，让他三尺又何妨？万里长城今犹在，不见当年秦始皇。”

家人见书明理，马上后退几尺。对方也有所感悟，也同样相让。两家之间形成了一条胡同，前者共让出了八尺，后者共让出六尺。世称前者为“仁义胡同”、后者为“六尺巷”，以表彰他们的高风亮节。

宽容能化解矛盾，消除隔阂，增进团结。卢梭说：“忍耐是痛苦的，但它结出的果实是甜美的。”宽容会给人带来很多好处。

“忍一时风平浪静，退一步海阔天空”；“得放手时须放手，得饶人处且饶人”；“遇方便时行方便，能糊涂时且糊涂”。

有宽容才有友谊和人缘。从某种意义上讲，宽容是获得友谊、积累人气的一种重要途径，也是一种不可或缺的手段。宽容的人朋友多，人缘好，人脉丰富，容易获得成功。

有宽容才有健康和长寿。宽容不但益于他人，更益于自己，有利于身心健康和祛病延年。

四

宽容是一种处事方法——精诚所至，金石为开。

战国时期，蔺相如因为出使秦国，不辱使命，完璧归赵和渑池会上挫败秦王有功，被赵王先后封为上大夫、上卿，位在廉颇之上。廉颇不服，要当面羞辱他。而蔺相如或推脱有病不上朝，或望见廉颇而引车避匿，一再回避、忍让。蔺相如门人以为他畏惧廉颇。蔺相如说：我秦王且不惧，岂惧廉将军？“强秦之所以不敢加兵于赵者，徒以吾两人在也。今两虎共斗，其势不俱生。吾所以为此者，以先国家之急而后私仇也。”（《史记·廉颇蔺相如列传》）廉颇听到此话后，羞愧交加，负荆请罪，留下了千古佳话“将相和”。

有宽容才有教育和进步。陶行知先生早就把宽容与民主的思想渗透到自己的教育实践中，让它们发挥着奇妙的作用。他当校长时，有一天看到一位男生用砖头砸同学，便将其制止并叫到校长办公室去。当他回到办公室时，男孩已经等在那里了。陶先生掏出一颗糖给这位同学："这是奖励你的，因为你比我先到办公室。"接着他又掏出一颗糖，说："这也是给你的，我不让你打同学，你立即住手了，说明你尊重我。"

男孩将信将疑地接过第二颗糖，陶先生又说道："据我了解，你打同学是因为他欺负女生，说明你很有正义感，我再奖励你一颗糖。"

这时，男孩感动得哭了，说："校长，我错了，同学再不对，我也不能采取这种方式。"

陶先生于是又掏出一颗糖："你已认错了，我再奖励你一块。我的糖发完了，我们的谈话也结束了。"

五

宽容是一种境界和胸怀——如果够广阔，就会获得整个世界！

《汉书·五行志》曰："上不宽大包容臣下，则不能居圣位。"汉语词汇"宽容"，就是来自于这句话。

《老子》六十六章云："江海之所以能为百谷王者，以其善下之。"江海之所以能成为百川汇合之处，是因为它善于处在低下的位置。

1981年3月的一个周末，在英国伦敦的一家剧院，一部名为《"恐怖分子"进了撒切尔夫人的家》的讽刺喜剧正在上演。丈夫丹尼斯在整部剧中是一个严重的"妻管严""傻瓜式"的人物，滑稽可笑，没有一丝男爵风范，而剧中的撒切尔夫人则是一副冷漠且高高在上的强权主义形象。整部剧拿撒切尔夫妇的私生活开涮，极具讽刺意味，并暗示他们存在着严重的感情危机。

演出结束，当演员们上台谢幕时，一位身穿风衣的中年妇女，突然快步走到台上，挨个与演员握手，并送上自己的慰问。随后，人们惊呼起来——她，正是撒切尔夫人！

接着，撒切尔夫人和丹尼斯邀请演员们去唐宁街吃宵夜。席间，撒切尔夫人称赞他们的演技，并且说道："谢谢你们的提醒，以后我在家里一定要做个温柔的'小女人'、一个合格的妻子，听从丈夫的'差遣'。"这让大家愧疚不已，觉得对不住撒切尔夫人。

剧本是一个在野党精心策划出来的，企图攻击、丑化和激怒撒切尔夫人。但是，由于宽容，撒切尔夫人巧妙地化解了这场危机，从而赢得了更大的美誉和支持，而策划者却搬起石头砸了自己的脚。

六

宽容的修养和修炼。

雨果说："世界上最广阔的东西是海洋，比海洋更广阔的是天空，比天空更广阔的是人的胸怀。"然而，并非人人的胸怀都能比得上海洋和天空。宽容，说起来容易，做起来难。有的人生来就和善大度，而有的人生来就气量狭小，但是，主要还是靠后天的修养和修炼：

1. 与人为善，成人之美

(1)遇方便时行方便，得饶人处且饶人。与人方便，别人也会给你方便。你宽恕了别人，别人感恩戴德，以后就会支持你、拥戴你。

(2)睁一眼，闭一眼，难得糊涂。难得糊涂也是一种胸怀、气度和境界。对于一些小事、琐事、无关紧要的、非原则的问题不妨糊涂一点。

2. 记几个故事，记几位人物，记几条警句

故事有启迪作用，人物有榜样作用，格言和警句有警示作用。记住一些宽容的故事、人物、格言和警句，在关键的时候，很起作用。

3. 多读书，多磨练，陶冶情操，提高素养

一个人，成为了全面发展、高素质的人才，就既懂得宽容和忍让，也善于宽容和忍让。

4. 有理想，有信念，视野开阔，志向高远

有了理想和信念，生命就有价值，生存就有意义，生活就有方向，工作就有动力。人，就会变得豁达、开朗、大度，就会"以你希望别人待你的方

式去待别人”（现代心理学人际关系的黄金规则）。

七

宽而有制，容而有度。

《尚书·君陈》云：“宽而有制，从容以和。”宽大而要有限度，从容而又要和谐。

宽容不是纵容，宽容不是软弱、妥协，宽容更不是黑白不分、助纣为虐、为虎作伥和养虎为患。宽容有原则、有底线、有尺度，宽容因人、因事、因时而异。例如，在《农夫和蛇》《东郭先生和狼》这两则寓言中，因为宽容不当，农夫被毒蛇咬死，东郭先生险些遇害。

豁达——胸襟开阔，性格开朗

乐观是一首激昂优美的进行曲，时时鼓舞着你对事业的进取精神。

——大仲马

没有豁达就没有宽松。

——比尔·盖茨

一

豁，指的是开阔、开朗、开通；达，指的是达观、旷达、通达、通晓、明白、懂得透彻之意。豁达，系指性格开朗，胸襟开阔，肚量大，气量大，能容人，能容事。豁达之人，执着专注，往往容易成功。豁达之人，益寿延年，常常健康长寿。

不同的时代、不同的信仰、不同的人，有着内涵不相同的豁达。

儒家的豁达是“安贫乐道”，“死生有命，富贵在天”。孔子说：“贫而乐，富而好礼。”（《论语·学而》）

道家的豁达是“空虚无欲”，“清净无为”。主张摆脱功、名、利、禄、权、势、尊位的束缚，在利益面前“无己”，在事业面前“无功”，在荣誉面前“无名”。

佛家的豁达是“四大皆空”“六根清净”。他们看破红尘，遁入空门，超出三界外，不在五行中，或吃斋念佛，或云游四海，心若止水。

还有范仲淹的“不以物喜，不以己悲”；李白的“天生我材必有用，千金散尽还复来”；毛泽东的“不管风吹浪打，胜似闲庭信步”；徐志摩的“得之，我幸；失之，我命”等。

二

尽管时代、信仰等不同，但人们所表现出的豁达却都有如下共同的特征：

大度。大度和豁达经常一起使用。豁达大度，意思是宽宏大量，能容人、容事、容物。

大气。指人在各种状态下所表现出来的一种人格力量、气势和气度，如心地坦荡，光明磊落等。

大方。举止自然，不拘谨，不做作；对钱和财物不吝啬；不俗气。

淡定。胸怀坦荡，志存高远，对于荣辱、得失、进退、成败和功名利禄看得很透、很淡。

幽默。潇洒、灵活、含蓄、风趣、诙谐，善于使用双关、反语、谐音、夸张、调侃等语言手段。

乐观。豁达的人总是乐观的，总是以一种积极、快乐、愉悦的心境去看待周围的一切。对于未来，对于事物发展的前景总是充满信心，即使在最困难、最糟糕的环境和形势下也能保持良好的心态，相信“面包会有的，牛奶会有的，一切都会好起来的……”

不过，豁达和乐观稍有不同。豁达是指看得深，看得远，看得透，看得开，放得下，过得去，有一种沉稳老练、成熟老到、明白事理、心中有数的含义。乐观则不然，它既有通、透的一面，也有盲目的一面。例如，体育比赛中，对抗双方在比赛之前往往都表现得很乐观。但是，其中有一方很可能胜算不大，是一种盲目乐观。所以，这里只能用“乐观”，而不能用“豁达”。又如，乞丐们衣裳褴褛，沿街乞讨，风餐露宿，很令人同情，但他们自己却大都很乐观。同样，此处的“乐观”不是“豁达”。

豁达之人并非草木之躯、铁石心肠，喜怒哀乐、悲欢离合、生离死别，同样有之。他们也同样是“不如意事常八九，可与语人无一二”。当碰到不合理、不公道、不公正时，当遭遇困难、挫折、失败时，当身处逆境时，当身患疾病时，当灾难、不幸降临时，当心想事不成、不能如愿以偿时，人人都会感到懊恼、沮丧，从而心境不好，情绪低落。

然而，豁达之人能屈能伸，知进退，明事理，经得起挫折失败。善于控制和调整自己的心态，能很快地从不良情绪中解脱出来。该忘记的就忘记，该放下的就放下，该过去的就让它过去，既不怨天尤人，也不灰心丧气。以一种积极向上的精神，一如既往、心平气和地继续着自己的生活。

三

豁达之人胸怀博大，目光深远，不为身边的小事、琐事、俗事所纠缠，不计较眼前的利益和暂时的得失，始终把目光锁定在大事和自己的人生目标上，心无旁骛，了无牵挂，这样的人容易成功。

北宋范仲淹出身贫苦，曾借住一座寺庙读书，饥肠辘辘，苦读不已，五年间未曾脱衣睡觉。数年寒窗，博通儒家经典要义，且负有兼济天下之志。

他几度升迁，几度遭贬。他政绩卓著，文学成就突出。他的《岳阳楼记》，流传千古。《岳阳楼记》将洞庭湖的浩渺、岳阳楼的壮观，连同“先天下之忧而忧，后天下之乐而乐”的思想和“不以物喜，不以己悲”的态度，铭刻到了千百万文人墨客和志士仁人的灵魂深处。

“先天下之忧而忧，后天下之乐而乐”是范仲淹的政治抱负，而支撑这一政治抱负的就是“不以物喜，不以己悲”这种豁达的人格力量。

“不以物喜，不以己悲”就是不因为外物的好坏和自己的得失而或喜或悲，即得之不喜，失之不忧，或得之淡然，失之泰然。只有这样，才能把自己的精力集中在政治抱负和人生目标上，无论外界如何变化，无论内心如何起伏，都能够克制，始终保持着豁达大度、恒定淡然、从容平静的心态。这样，才能成功。如果得之喜不自禁，失之悲痛欲绝，斤斤计较，患得患失，那么就会目光短浅，胸无大志，成不了气候。如果追名逐利、见利忘义、利欲熏心，就会走上邪路，为人们所不齿，何谈成功！

苏轼21岁进士及第后便开始了仕宦生涯。王安石变法时，他因两次上书，反对变法，被贬出京城，到杭州、徐州等地做地方官。不久，又因写诗讽刺新法，受谏官弹劾，被捕下狱。司马光为相后，新法全部废除。苏轼回京，官至翰林学士等。但他又主张革除弊政，保留某些新法，并痛骂司马光为“司马牛”。于是，又被贬到杭州、扬州等地任知州。新党再度上台，苏轼一贬再贬，直至海南岛的琼州别驾。最后，病逝于常州。

苏轼一生，宦海沉浮四十余年，从不以官职的大小和地方的远近为念，也不把新党、旧党放在心上，大部分时间都在逆境中度过的，但他旷达豪放，每到一处，都有一份好心情，都能为老百姓做一些好事，也都能创作出不少好作品。他在文、词、诗、书、画诸多方面登峰造极，成为中国历史上少有的文学和艺术天才。其文章，平易流畅，豪放自如，气势恢宏，与欧阳修并称“欧苏”，与其父苏洵、其弟苏辙世称“三苏”。“三苏”与其它五人又并称“唐宋八大家”。其词，雄壮为骨，超逸为肌，倾荡磊落，开豪放词派之先河，与辛弃疾并称“苏辛”。其书法，丰腴跌宕，洒脱遒劲，天真浩瀚，与黄庭坚、米芾、蔡襄并称“宋四家”。他在其它很多方面也颇有建树，以至于“东坡帽”“东坡酒”“东坡肉”流传至今。

四

东晋诗人陶渊明几度出仕，几度归隐。任彭泽县令时，俸禄只够买五斗米，因对邮督不满，“不能为五斗米折腰”，便作《归去来兮辞》，解印辞官，正式开始了他的归隐生活。

《归去来兮辞》是一篇脱离仕途回归田园的宣言，叙述了他辞官归隐生活的情趣和内心感受。随后写下了大量的诗篇，如《归园田居》五首、《饮酒》二十首、《咏贫士》七首等，表现了诗人安贫乐道的生活情趣和高洁豁达的人生态度，也体现了他后期创作上沉郁豪放的风格。

陶渊明天性豁达、乐观、淳朴，无论何时何地，都能以其豁达的胸襟从容应对，泰然处之。儒家的“安贫乐道，固穷守志”、道家的道法自然、玄学的顺应宇宙运化，在陶渊明精神世界里融会贯通，提升、强化，完善了他的豁达、乐观、淳朴的性格和人格，使他真正物我两忘，能够“纵浪大化中，不喜亦不惧。应尽便须尽，无复独多虑”（《形影神赠答诗》），即无拘无束地置身于大自然中，既不感到欣喜亦不觉得恐惧。命有定数当结束时便结束，不必独自冥思苦想地去寻找长生之术。

启功先生幼年丧父，少年失学，中年丧母，老年丧妻，无儿无女，孑然一身，1957年被划成右派，又有疾病缠身，似乎人间之大不幸全都降临到了他一人身上。66岁那年，他以宽广的胸襟、幽默的心境和自嘲的口吻写下了《自撰墓志铭》，用72个字，勾勒出了自己一生的辛酸、无奈和不幸：“中学生，副教授。博不精，专不透……”

启功姓爱新觉罗，是雍正的后裔，出生于辛亥革命的第二年。从辛亥革命到“以阶级斗争为纲”的漫长岁月里，他只能诚惶诚恐地度日，战战兢兢地做人。只是后来的改革开放为他带来了一段最后的好日子。

先生凭着勤奋自学和拜求名师而成为一代大家。他是我国著名的书画家、古典文献学家、文物鉴定家、教育家，是我国当代集诗、书、画、文物鉴定、学术研究于一身的文化大师。

先生一生坎坷，历尽磨难，但他达观、开朗、大度、幽默、宽厚、仁慈，享年93岁。

五

让自己豁达起来！

豁达有遗传因素，也是可以改变的。生活老人告诉我们：“‘性格开朗’并非‘豁达’之全部内涵，要做到‘豁达’两字，够你说，够你学，也够你做一辈子。”豁达需要在淡定、宽容、志向等多方面进行终生修养。

1.要在淡定——荣辱、得失、进退、成败上下功夫

美国前总统的富兰克林·罗斯福家中失盗，被偷去很多东西。但他却说："第一，贼偷去的是我的东西，而没有伤害我的生命；第二，贼偷去我部分东西，而不是全部；第三，最值得庆幸的是，做贼的是他，而不是我。"他看得远，想得开。

2.要在宽容——对人、对己、对事上下功夫

对人，要大度，不要斤斤计较。管仲曾箭射齐桓公，但齐桓公却重用了他。魏征原来是李建成的人，反对过李世民，李世民也重用了他。萧何、张良、韩信、陈平等人的才能远在刘邦之上，他们之所以愿意屈居刘邦之下，为刘邦所用，是因为刘邦"豁达大度，从谏如流"。

对事，要超脱，不要耿耿于怀。猝不及防的打击，始料未及的挫折，从天而降的灾难，唾手可得的好处，随时可以发生。事情无论大小，不管好坏，都不要太在意，太当回事儿。发生了，就勇敢、坦然地面对。过去了，就让它永远地过去，关上身后的门。

对己，要寡欲，"人之心胸，多欲则窄，寡欲则宽"。一是要守得住清苦；二是要耐得住寂寞；三是要挡得住诱惑。

3.要在志向——理想、目标、信念、世界观上下功夫

豁达的关键在于心胸开阔，心胸是否开阔取决于有没有远大的理想，明确的目标，坚强的信念，正确的价值观、人生观和世界观。有了这些，你就会目光远大、志存高远，心胸会自然开阔，性格会自然开朗，也就会自然而然地豁达起来！

4.范仲淹、苏东坡与佛家的渊源颇深，陶渊明与佛家也有来往。佛家推崇的善良、宽容、宁静、平和，道家的"天人合一""顺其自然"，儒家的"仁爱之心""仁者爱人"等，对豁达品质的形成都有一定的帮助。

5.有一种新型的心理治疗方法叫豁达放松治疗。不仅心身疾病与心理障碍患者，而且正常而希望改善认知行为习惯和个性以达到豁达放松状态的人群，都可以通过简单易行、生动有趣的心理干预，逐渐调整到豁达和全身心放松的状态。

交友——黄金易得，知己难求

一定要结交你所在地方的最佳伙伴。

——华盛顿

应该努力跟那些比你强、比你聪明的人做朋友。

——高尔基

一

《周易·兑卦》写道："君子以朋友讲习。"意思是，君子（效法《兑》卦两泽相连互悦之象）乐于在良朋益友之间相互讲解道理、研习学业。（"讲习"指学问之道，即讲其所未明，习其所未熟）

正因为如此，"独学而无友，则孤陋而寡闻"（《礼记·学记》）。如果学习中缺乏学友之间的交流、切磋，就必然会导致知识狭隘，见识短浅。

故而，"有朋自远方来，不亦乐乎！"所以，君子以"学之不讲"为"忧"，以"学而时习之"为"说"，以"有朋自远方来"为"乐"。

朋友有亲疏、远近、新旧、好坏等多种多样，肝胆相照的称为知己、知音；感情深厚的称为挚友、密友；小时候的称为发小；某一方面的称战友、棋友；有益的称为益友、良友；有害的称为损友、狐朋狗友；时间长的称为故交、世交；此外，还有盟友、驴友、忘年交等。

“一个篱笆三个桩，一个好汉三个帮。”人没了朋友，就像篱笆没了桩，是站立不起来的，即无法在这个世界上立足。所以，一个人不能没有朋友。如果一个人的人生想获得成功，就更不能没有好朋友。

二

“无友不如己者”。

孔子曰：“益者三友，损者三友。友直，友谅，友多闻，益矣；友便辟，友善柔，友便佞，损矣。”（《论语·季氏》）有益的朋友有三种，有害的朋友有三种：跟正直的人交朋友，跟诚信的人交朋友，跟博学多闻的人交朋友，就有益处；跟阿谀逢迎的人交朋友，跟优柔寡断的人交朋友，跟心怀鬼胎、富有心计的人交朋友，就有害处。

孔子又曰：“无友不如己者。”（《论语·学而》）不要与不如自己的人交朋友。

何坦说：“交朋友必择胜己者，讲贯切磋，益也。”

古希腊诗人米南德说：“和聪明人在一起，自己也会变得聪明起来。”

美国第一任总统华盛顿说：“当你有暇和别人交往时，一定要结交你所在地方的最佳伙伴。这样做，在课余时间，能使你的言谈举止经常受到熏陶，性情也得到陶冶。而且，结交良朋益友，总不会像结交酒肉朋友那样花钱。”

前苏联作家高尔基说：“应该努力跟那些比你强、比你聪明的人做朋友。”

法国思想家、散文家蒙田说：“我所渴望与之交往和亲近的人，是那些被认为真挚而有才干的人们，这些人的形象使其余人都相形见绌。”

犹太经典《塔木德》中有这样的一句话：和狼生活在一起，你只能学会嗥叫；和那些优秀的人接触，你就会受到良好的影响。

未成年人最容易“近朱者赤，近墨者黑”，交朋友要特别地谨慎。“人之初，性本善”，有些孩子原本不坏，却让不好的孩子给带坏了，然后再去带坏其他的孩子，这样，坏孩子就会越来越多。如果大家都不交坏朋友，让那些坏孩子孤立起来，觉得不学好不行，那么，坏孩子就会越来越少。

成年人有一定的交友经验，也有了一定的“抵抗力”和“免疫力”。“近墨”时，未必就会“黑”。因事业、工作、生活和信息上的需要，可以广交朋友。“在家靠父母，出门靠朋友”“多个朋友多条路”“朋友多了路好走”，如果态度过于谨慎，条件过于苛刻，那么很可能就没有朋友，或朋友很少，因为，朋友也有缺点。不过，“林子大了，什么样的鸟都有”。交友，也要保持清醒的认识和冷静的头脑。

交友过程，说到底是一个价值观的匹配和磨合过程。如果双方价值观相近或基本一致，则有可能成为朋友；如果双方价值观相差太远，则道不同不相为谋，成不了朋友。

三

交友之道。

爱默生说：“找到朋友的唯一办法是自己成为别人的朋友。”当你虚心、平等、主动地去接近别人，热情、真诚地去关心、帮助别人时，你们就有可能成为朋友。

隋代王通《中说·礼乐》说：“以势交者，势倾则绝；以利交者，利穷则散。故君子不与也。”利用权势、地位交的朋友，一旦权势和地位没有了，友情也就没有了。利用金钱交的朋友，一旦金钱没有了，友情也就散了。所以君子不交这种朋友。

唐代贾岛说：“君子忌苟合，择交如求师。”（《送沈秀才下第东归》）君子忌讳跟人随便附和，滥交朋友，选择朋友如同求拜名师一样重要。

朋友之间需要诚信。只有诚实，人们才能够彼此信任；只有彼此信任，相互间的交往才能够长期进行下去。诚实守信是为人之根本，是人际交往的基本准则，朋友之间更应该如此。故《论语·学而》有云："与朋友交，言而有信。"

诚信有利于合作，朋友是最可靠的合作伙伴。例如，恩格斯不得不长期从事自己原本很不喜欢的商务活动，把赚来的英镑源源不断地从曼彻斯特寄往伦敦，以维持马克思的生活和写作。1883马克思逝世后，整整十年，恩格斯放下自己的工作，尽力从事《资本论》后两卷手稿的整理和出版工作，补充了许多材料，并重新撰写了一些篇章，使《资本论》后两卷得以在1885年和1894年问世。《资本论》就是恩格斯和马克思之间友谊和合作的结晶。

李嘉诚在生意上有很多朋友，深谙交友之道。他说："如何结交朋友？那就要善待他人，充分考虑到对方的利益。""占小便宜的人不会有朋友，这是小的时候我母亲就告诉我的道理。"

朋友之间需要宽容。李惺说："与朋友交，只取其长，不计其短。"

朋友之间需要原则。"亲兄弟，明算账"。经济上的往来，一定要清楚。即使"管鲍分金"，也要分在明处，而不是不清不楚地随便拿。

有时也要说"不"。当朋友出现不该出现的缺点、错误或想法不对、行为不端时，要给予及时的劝说和帮助。承诺要谨慎，当朋友的要求超出了自己的能力范围、心有余而力不足时，要婉言拒绝，不能打肿脸充胖子，以免耽误了朋友的大事。

朋友之情需要细心呵护。马克思说："人生离不开友谊，但要得到真正的友谊才是不容易；友谊总需要忠诚去播种，用热情去灌溉，用原则去培养，用谅解去护理。"

四

"淡若水"，"勿太密"。

"君子之交淡若水，小人之交甘若醴。君子淡以亲，小人甘以绝。彼无故以合者，则无故以离。”（《庄子·山木》）意思是：君子的友谊淡得像清水一样，而小人的交情却甜得像甜酒一样；可是君子淡泊却心地亲近，小人甘甜却容易绝交。无缘无故而接近相合的往往是小人之交，当然也会无缘无故地离散而去。自古以来，“君子之交淡若水，小人之交甘若醴”一直是人们交友和鉴别真假朋友的标准。

这里的“淡若水”，不是说君子之间的感情淡得像水一样，寡淡无味，而是指君子之间的交往，无所求，无所图，没有任何私心杂念，不含任何功利之心。他们之间的感情纯粹而清澈，持久而绵长。小人之间的交往，包含着浓重的功利之心，或相互利用，或狼狈为奸，或结党营私。易涨易退山溪水，易反易覆小人心。好起来，吃喝不分，恨不能割头换颈，穿一条裤子；一旦利益冲突，立刻翻脸不认人，或拔刀相向，或耿耿于怀，从此恩断义绝。

“勿太密，亲则疏”是一句古语，意思是：人与人之间的关系不可太亲密，假如过分亲密，反而会因物极必反而疏远。

《论语·里仁》里有这样一句话：“事君数，斯辱矣；朋友数，斯疏矣。”此处“数”，指屡次，引申为烦琐的意思。这句话的意思是，侍奉君主过于烦琐会招致羞辱，结交朋友过于烦琐会遭到疏远。即无论对朋友还是对领导，都要掌握好分寸，保持一定的距离，否则就会事与愿违，适得其反。

农民种庄稼讲究株距和行距，否则就不会丰收。野生植物也不会过密，否则水分、养分、光照不足，就生长不起来。野生动物也不会过密，否则会食物缺乏，甚至撕咬、争斗。宇宙间的日月星辰，也不能过密，否则就会月亮撞太阳、火星撞地球。专家说，如果地球和太阳的距离再近1%，地球就是一个永恒的“火焰山”；如果再远3%，地球就是一个永远的“广寒宫”，而现在的距离不远不近，恰到好处，所以，四季更迭，冷暖相宜。

并不是距离产生美，而是合适的距离产生美。朋友之间也是如此。

交朋友是一种双向选择，是一种物以类聚、人以群分的社会现象。只有自身具备某种条件，才可以交到某种朋友。

俗话说：打铁还需本身硬。做好人，才能交好友。只有自身品德高尚，才可以交到品德高尚的正人君子。要想交到好朋友，必须修身，即提高自己的文化修养、品德修养，做一个有理想、有抱负、目光远大、品学兼优、智勇双全、德才兼备的人。

五

“人生得一知己足矣”。

1. 春秋时，齐国的管仲和鲍叔牙（或鲍叔）自幼以贫贱结交，后来，鲍叔牙先在齐桓公门下信用显达，就举荐管仲为相，位在己上。两人同心辅政，始终如一。

管仲说：当初我贫困时，曾经和鲍叔牙一起做生意，分配钱财时自己多得，鲍叔牙并不认为我贪财，因为他知道我贫困……生育我的是父母，了解我的是鲍叔牙。

鲍叔牙对管仲的深刻了解和入微的体贴培育了他们的友谊。鲍叔牙始终把国家的利益和对朋友的信任放在第一位，而从不计较个人的进退与得失，所以，《史记·管晏列传》写道：“天下不多管仲之贤，而多鲍叔能知人也。”天下人并不称赞管仲的贤能，却称颂鲍叔能够识别人才。

2. 天宝三载（744 年），李白和杜甫初识于洛阳。他们经常举杯畅饮，携手同游，谈诗论文、议论时事，谈得非常投机。后来，杜甫在诗中描写了当时的情形：“余亦东蒙客，怜君如兄弟。醉眠秋共被，携手日同行。”

李白是诗仙，杜甫是诗圣。闻一多先生认为李杜的相遇是中国文学史上最为激动人心的一刻，或许只有老子与孔子的相遇能与之相比，并把这次相遇比作“太阳和月亮的相碰”。

郭沫若则称：“李白和杜甫是像亲兄弟一样的好朋友。他们在中国文学史上的地位就跟天上的双子星座一样，永远并列着发出不灭的光辉。”

3.1931 年 5 月，在白色恐怖下的上海，鲁迅与瞿秋白开始了文字之交，在翻译苏联文学作品上合作和通信讨论。1932 年夏秋之际，两人第一次见面。鲁迅长瞿秋白18岁,但瞿秋白博学、广游、老成。两人一见如故,无话不谈。之后,鲁迅一直看重瞿秋白,扶助他,掩护他,并在写作和左联工作上亲密合作。

1933年3月,鲁迅来到瞿秋白的新居看望,并将清人何瓦琴的联句“人生得一知己足矣,斯世当以同怀视之”书写成条幅相赠。

从古至今,管鲍、李杜、鲁迅瞿秋白之交,既为美谈,亦称典范。

情商——春风得意，左右逢源

情商是决定人生成功与否的关键。

——丹尼尔·戈尔曼

情商就是管理情绪的能力。

——丹尼尔·戈尔曼

一

有一次，刘邦问群臣，他为什么能得到天下，而项羽为什么会失去天下？群臣不知。刘邦说：在后方的帷帐当中运筹谋划，而能够在千里之外打胜仗，我不如张良。镇守国家，安抚百姓，供给粮食，保证军粮运输不断，我不如萧何。率领百万大军，作战必胜，攻城必取，我不如韩信。这三位，都是人中豪杰，我能够任用他们，这就是我之所以能够取得天下的原因。而项羽仅有一位谋士范增，还得不到重用，这就是项羽被我所擒获的道理。

然而，项羽却并不知道自己为什么会失败。乌江自刎时，他仰天长叹："天之亡我，非战之罪也！"

未央宫建成后，刘邦大宴群臣。他举起酒杯向他的父亲敬酒："始大人常以臣无赖，不能治产业，不如仲力。今某之业所就，孰与仲多？”（《史记·高祖本纪》）刘邦说：当初，父亲大人常说我无赖，不务正业，不如二哥刘仲用力，如今我所成就的产业和刘仲相比，谁多？群臣听后，“大笑为乐”。

英雄项羽失败了，一个连自己父亲也看不起的无赖居然成功了！为什么？

“遥想公瑾当年，小乔初嫁了，雄姿英发。羽扇纶巾，谈笑间、樯橹灰飞烟灭。”（《念奴娇·赤壁怀古》）这位周郎的形象给历代读者都留下了不可磨灭的印象。他风流倜傥，胆略过人，在著名的赤壁之战中，以少胜多，大败曹操。但是，他视自己的盟友孔明为最大障碍，曾几度设计杀之，不成，反被“孔明三气周公瑾”气绝身亡。临终前，他“仰天长叹曰：‘既生瑜，何生亮！’连叫数声而亡。寿三十六岁”（《三国演义》）。

周瑜“建独断之明，出众人之表，实奇才也”（《三国志·吴书》），却为何英年早逝？

二

美国现代心理学家丹尼尔·戈尔曼回答了上述问题。他说：“智商高、情商也高的人，春风得意；智商不高、情商高的人，贵人相助；智商高、情商不高的人，怀才不遇；智商不高、情商也不高的人，一事无成。”

“智商不高、情商高的人，贵人相助。”刘邦虽然资质平平，但他求贤若渴，礼贤下士，知人善任，得到了张良、萧何、韩信、陈平、彭越、英布等众多贵人的相助，所以做了皇帝。不过，他的情商是向别人（信陵君）学来或借来的，只不过是一件夺取和巩固政权的工具或手段而已。他本性难移，痞气难改，竟然秋后算账，当众羞辱自己的老父亲；政权巩固后，又翦灭异姓王，以谋反罪诛杀了汉初三大名将韩信、彭越、英布等，并灭其三族。

“智商高、情商不高的人，怀才不遇。”项羽力大无穷，骁勇善战。周瑜少年得志，足智多谋。但是，他们的情商有限，因而都输给了自己的对手。韩信“功高无二”“国士无双”“王侯将相”全任；然而，既无张良、萧何明哲保身之术，又不采纳谋士蒯通之言，以至被杀、灭三族。

“智商高、情商也高的人，春风得意。”孔明智商、情商皆高，一切尽在掌控之中，功高而不震主，权大而不滥用，总是气定神闲，游刃有余。张良虽帮助刘邦当上了皇帝，但没有像萧何那样参与翦灭异姓王的斗争，而是明哲保身，全身而退。对此，黄庭坚赞道：“多少长安名利客，机关用尽不如君。”

“智商不高、情商也不高的人，一事无成。”袁绍、袁术兄弟四世三公（自曾祖父起四代中有五人位居三公），门生故吏满天下，在汉末群雄中，声望最高，势力最强；“然皆外宽内忌，好谋无决，有才而不能用，闻善而不能纳”（《三国志·魏书》），智商、情商都不高，只能以失败告终。在汉末，这样的人还有董卓、刘表、刘璋、吕布等。

三

情商（EQ），即情绪智力、情绪智商、情绪智慧，是近年来心理学家们提出的与智力、智商（IQ）相对应的概念，主要是指人在情绪、情感、意志、耐受挫折或自励、自控、与他人交往等方面的能力和品质。

情商主要反映一个人感受、理解、运用、表达、控制和调节自己情感的能力以及处理自己与他人之间的情感关系的能力。情商这一概念，不仅作为一种新的能力指标，预测和指引人生成功的方向，同时也将如何培养高情商的现代人作为了它的研究范畴。

1960年，美国心理学家瓦特·米歇尔在斯坦福大学幼儿园做了一个著名的“软糖实验”。他选择了一个空荡荡的大厅，召集了一群四五岁的孩子，在每一个孩子的面前放一颗软糖，并对他们说：“小朋友们，老师要出去一会儿，希望你们不要吃面前的软糖。如果谁控制住自己不去吃，老师回来后会再奖励他一颗软糖；而如果谁吃了它，那么就没有这个奖励了。”说完这段话，他就离开了大厅。有些孩子总是难以遏制想偷偷打开尝一尝的冲动，不久就把软糖吃了。而另一些孩子却在努力控制：有的在数自己的手指头，有的把脑袋枕在手臂上睡觉，有的索性离开座位转移了自己的注意力。于是，他们得到了另一颗软糖。后续的跟踪调查发现，那些有自制力的孩子在毅力、信心、成绩、表现、合作精神等方面都比自制力差一些的孩子好。走上社会以后，他们的情况也大致如此。

情商较高者，在为人处世方面的能力和表现尤为突出。他们通常有较健康的情绪，有较完满的婚姻和家庭，有良好的人际关系，具有较高的胆识和组织、管理能力，容易成为某部门、某地区的领导人。

四

情商是可以测试的，例如，《国际标准情商测试题及答案》就是一组比较流行的测试题。它共33题，测试时间25分钟，最大EQ为174分。其测试题大都是选择题，被测试者分别选择一个与自己最切合的答案填入其中，然后根据其答案计分。90分以下，EQ较低；90 ~ 129分，EQ一般；130 ~ 149分EQ较高；150分以上，为EQ天才。

不过，任何一种测试方法所测试出的情商，都不精准。得分，只能用作参考。如果用一次几十分钟的测试，就对一个人，特别是对孩子的情商下结论，则会失之偏颇和公允。

情商分为狭义的和广义的两种。狭义的情商，指的是那些不直接参与认识过程，即不直接承担对机体内外信息的接收、加工、处理等任务，但对认识过程起直接制约作用的心理因素，主要由动机、兴趣、情感、意志、性格等五种基本心理因素组成，并与人们是否能取得成功的关系十分密切。广义的情商等同于非智力因素，是一个和智力因素相对应的概念，包括智力以外的一切心理因素、生理因素以及道德品质等。

美国心理学家韦克斯勒说："所有智力水平上都有非智力因素的作用，非智力因素不能代替其它基本能力，但是，非智力因素是智力活动中不可缺少的成分。"

如果把智力活动比作一条船，那么非智力因素就好比是船上的舵和帆。如果把智力活动比作一辆马车，那么非智力因素就是那个驾驭马车的车夫。

智力活动是一个大系统，智力因素是这个大系统中的操作系统，而非智力因素则是这个大系统中的动力系统。

在人的智力活动中，智力因素起着注意、观察、记忆、推理、想象和思维等作用；而非智力因素则起着动力、定向、引导、维持、调节、激励和强化等作用。

非智力因素和智力因素都是人脑对客观现实的反映，但二者的反映过程和结果却不一样。智力因素反映的是客观事物本身，而非智力因素反映的则是客观事物与人的需要之间的关系。例如，同样做一件事，被迫做还是主动做；为他人做、为朋友做还是为自己做，其过程和结果可能就不一样。

五

我国高考研究专家曾对全国74名高考“状元”进行过调查，结果发现，这些“状元”们都不是什么神童，其中只有少数人的智力中等偏上，而大多数人的智力都是一般水平。他们赢在了非智力因素上。有人曾跟踪调查了一批高智商的学生，二十年后，其中一些人取得了卓越成就，而另一些人却很平庸。这种差异也是情商造成的，因为前者有着强烈的事业心和成就感，而后者则安于平庸，没有进取心。也有人调查过诺贝尔奖的获奖者，发现他们都具有很好的情商：热爱自己的事业，有坚强的意志、不达目的誓不罢休的精神、善良的心态和丰富的幽默感。

一个人，只要具有中等智力水平，凭借着情商，就可以在一切领域内取得成功。

在科技领域内，并非都是天才。我国数学家张广厚在小学、中学读书时智力水平并不出众，他说过：“搞数学无需太聪明，中等天分就可以，主要是毅力和钻劲。”

在政治领域内，人们对高智商似乎并不迷信，人们更多看重的是政治家的人格魅力。美国宾州罗文斯坦学院的一项研究表明，小布什的智商是91，老布什的智商是98。但他们都连选连任，当满了八年总统，获得了很高的支持率。

在经济界，智力平平、文化程度不高的大富豪更是多得不可胜数。

六

非智力因素很多，难计其数，但如果抓住了以下主要的，就会纲举目张。

1. 远大的理想。理想是最高层次的非智力因素，有了它，就有了动力，就不会迷失方向。苏轼说：“所取者远，则必有所待；所就者大，则必有所忍。”有了远大、先进、科学的理想，就会有所待，有所忍；就会目光远大，高瞻远瞩。

2. 高尚的情操。情操是由高尚的情感、操守和高尚的思想结合起来的、不会轻易改变的非智力因素。它对调整人的行为、指导人的行动有着重要的意义。有了它，就有了好的道德品行、好的追求和好的行为。

3. 健全的人格。健全人格的力量和影响是巨大的，无形的，不可估量的。而一个有人格缺陷的人，社会不会欢迎他、人们也不会接纳他。

4. 坚强的意志。“有志者，事竟成”，有了坚强的意志，就可以在同类人群中脱颖而出，获得成功。

5. 宽阔的胸怀。人的胸怀有多大，其人生舞台就有多大。作为社会的人，要与各种各样的人打交道，还要与很多人合作，如果小肚鸡肠、患得患失，那么是做不成大事的。

6. 饱满的热情。热情是能源，是动力。热情还是人的基本品质之一。有了热情，才会有理想、有追求；有动机、有兴趣；有温暖、有帮助，才能废寝忘食、孜孜以求等。

7.良好的习惯。习惯成自然。一个人,如果从小就养成了很多好的习惯,例如认真、仔细、勤快、冷静、麻利、虚心、有胆量、不自卑、不守旧等,那么,这个人就容易获得成功。

8.平静的心态。在平静的心态下,人们头脑清醒,耳聪目明,思维活跃,神情专注。在平静的心态下,人们能超常运作,超常发挥,能把自己的聪明才智和潜能发挥到极致。

第四章　依靠坚持的力量

坚持是成功的代名词。成功,往往就存在于再坚持一下的努力之中。

坚持是最容易做到的事,只要愿意,人人都能做到。坚持又是最难的事,因为真正能做到的,终究是少数人。有时,由于不够坚持,成功往往失之交臂。

坚持是一种强大的精神力量,这种力量并非空穴来风,更不是无中生有,而是来自于人的理想、目标、信念等。一个人如果没有理想、目标、信念等,就不会有坚持。

坚持(坚强、坚韧)——只要坚持,总会成功

成功的秘诀就是:坚持、坚持、再坚持!

——丘吉尔

我已深知成功的秘诀:坚持不懈,终会成功。

——卡耐基

一

坚持——坚持不懈。

对于一个目标,不犹豫、不动摇、不妥协、不放弃,日复一日地孜孜以求,毫不松懈地努力奋斗,就是坚持。或者说,坚持,就是一直向前走,不倒退,不停止,不达目的决不罢休。

坚持是人的基本品质和基本行为之一。人们的学习、工作、生活都需要坚持。书山有路勤为径,学海无涯苦作舟。学习是一个漫长的过程,很艰苦,没有坚持就不会有好的成绩。大多数人的工作都是日复一日地重复着同样的事情,单调、机械而枯燥,没有坚持就难以为继,更谈不上创新和成就。有坚持,就能前进。有坚持,就有希望。人的理想、目标、信念、

信仰、意志、决心、计划、策略、心态、热情、拼搏和努力等,也都离不开坚持。

坚持是成功的代名词。成功,往往就存在于再坚持一下的努力之中。

安东尼·罗宾说:“每个人都向往成功,但是只有少数人能够真正成功。原因就是只有少数人不怕吃苦,坚持不懈。”安逸、舒适、富裕和一帆风顺都不需要坚持。坚持只出现于精疲力竭之时和千辛万苦之中。成功的道路上布满了荆棘和沟坎,等闲之辈难以通过。只有锁定目标、坚持不懈的人,才能达到成功的顶峰。柏拉图说:“成功的唯一秘诀,在坚持最后一分钟。”成功往往需要或坚持一辈子,或坚持数年,或再坚持一点点——几个月、几天、几个小时、几分钟,甚至几秒钟。

古诗、古词、古语中,描写坚持或不能坚持的妙语佳句很多很多,如“衣带渐宽终不悔,为伊消得人憔悴”(《蝶恋花》);“千淘万漉虽辛苦,吹尽寒沙始到金”(《浪淘沙》);“不积跬步,无以至千里”(《荀子·劝学》);“靡不有初,鲜克有终”(《诗经·荡》);“善始者实繁,克终者盖寡”(《谏太宗十思疏》)等。

成功在于坚持。坚持是最容易做到的事,只要愿意,人人都能做到。坚持又是最难的事,因为真正能做到的,终究是少数人。有时,由于不够坚持,成功往往失之交臂。

坚持与放弃是对立统一的、相反相成的。没有坚持,就没有放弃;没有放弃,也就没有坚持。如果我们想要从一百件事情中做好一件事,那么,我们就必须放弃九十九件。如果我们要想坚持自己的人生目标,那么,就必须放弃与目标不相干的任何事情。

当然,错误的、迷信的、反动的以及不适合自己的东西,不能坚持。

二

坚持到底,就是胜利、就是成功。

1968年墨西哥城奥运会上,坦桑尼亚马拉松选手约翰·斯蒂芬·阿赫瓦里在完赛的57名参赛者中垫底，但他的名字却被镌刻到了奥林匹克名人录，被誉为“最美的垫底者”。其原因只有两个字——坚持！

阿赫瓦里跑出不到19公里后因碰撞而摔倒，膝盖受伤，肩部脱臼，但他并未就此退赛，而是一瘸一拐地继续向终点跑去。他的膝盖不住流淌着鲜血，嘴角也痛苦地抽搐着。

当时，记者问他：“为什么明知毫无胜算，还要拼命跑下去？”他坚定地答道：“我的祖国把我从7000英里外送到这里来，不是让我开始比赛，而是要我完成比赛。”被深深感动的记者不但向自己的杂志社发了稿，还立刻把稿件发回奥林匹克新闻中心。

认为马拉松比赛已经结束早已散去的人们，复又聚集到了终点。他被当作英雄般的簇拥着，受到了远比冠军更为隆重的礼遇。由于过于激动，人们忘了统计他的确切成绩，于是，称他为“最美的垫底者”。

1948年，牛津大学举办了一个“成功秘诀”讲座，邀请首相丘吉尔来演讲。3个月前媒体就开始炒作，各界人士引颈以待、翘首以盼。

这一天终于到来了，会场上人山人海，水泄不通。全世界各大新闻机构都几乎到齐了。人们准备洗耳恭听这位大政治家、外交家、文学家的成功秘诀。

丘吉尔用手势止住大家雷鸣般的掌声后，开始演讲：

“我成功的秘诀有三个：第一是，决不放弃；第二是，决不、决不放弃；第三是，决不、决不、决不能放弃！我的讲演结束了。”

说完就走下讲台。会场上沉寂了一会儿，随即爆发出热烈的掌声，经久不息。

这次演讲，是丘吉尔一生的经验、政治生涯及其成功学的提炼和浓缩，言简意赅，振聋发聩，后来，成了广为流传的“一分钟演讲”，也成为了世界演讲史上的“经典之作”。

一分钟之内，丘吉尔采用递进法，连续说了三句话，其实只强调了两个字——坚持！

一个人是否能够坚持，主要表现在时间上。作家杨沫告诫人们：“写作是一种十分艰苦的劳动，常会遇到各种意想不到的困难和挫折，需要有‘韧’的毅力和持久的恒心。”“只有不畏艰苦，不懈努力，才有可能获得成果。这是一切事业获得成功的前提。”杨沫上初中时就开始写日记，从未间断过。小说家萧伯纳曾是个银行出纳员，曾度过了9年心碎的日子。9年才挣了30英镑稿费，平均1天才1便士！但他一直把写作当成最重要的事去做，坚持每天写5页稿子，终于成了不朽的作家。

同样道理，干任何事，都需要坚持。愚公移山、精卫填海、唐僧取经等也都告诉了我们同样的道理：坚持就是成功。

三

坚持与理想、目标、信念……

坚持是一种强大的精神力量，这种力量并非空穴来风，更不是无中生有，而是来自于人的理想、目标、信念等。一个人如果没有理想、目标、信念等，就不会有坚持。

理想是同奋斗目标相联系的想象，是人们的世界观、人生观和价值观在奋斗方向上的凝聚和集中体现。而目标所体现的，正是人的梦想和理想。有理想，才会有目标。目标是人生路上通向成功的里程碑，具有现实性、实践性、递进性和极大的激励性、可操作性。有理想、有目标，就有坚持。没有坚持，理想就成了空想、幻想，目标就成了泡影、海市蜃楼。

信念是自己认为可以确信的想法和看法。信念是意识，坚持是行动。有信念，就有坚持。如果有信念无坚持，那么信念就会动摇、丧失。曾经有人说：“一个信念并不值钱，但如果坚持下去，你的信念就会迅速升值。”

意志总是与克服困难相联系。就意志过程中的困难来说，一般可分为内部困难和外部困难。坚持也相应地分为对抗内部困难（如能力有限、身体疲劳）所进行的坚持和对抗外部困难（如条件、环境、人际关系）所进行的坚持。

理想、目标、信念、意志(包括决心、信心、恒心)和坚持等,往往是交织在一起的,有时很难也无须分清谁是谁,而成功就是它们共同作用的结果。但一般说来,理想产生目标、目标产生信念、信念产生意志、意志产生坚持。

坚持更来源于人的世界观、人生观、价值观和信仰。

世界观、人生观、价值观是人的思想的核心和总开关,指导和支配着人的一切思维活动和行为活动,左右着人的思想境界和道德情操,决定着人的人生追求、人生道路和人生成就。有什么样的世界观、人生观、价值观,就会有什么样的坚持。

当然,坚持也有强大的反作用。如果有一天不再坚持,那么,理想、目标、信念、意志和世界观、人生观、价值观等,就会统统化为乌有。

四

坚强——坚强不屈。

一个人还需要坚强。只有坚强,才能坚持。只有坚强,才能战胜坎坷、艰难险阻甚至天灾人祸,达到成功的彼岸。

坚强系指坚不可摧、强固有力之意。它的近义词是坚定、刚强、刚毅、顽强;反义词是软弱、脆弱、懦弱、柔弱。

坚强的男人,一副硬汉形象,顶天立地,富贵不能淫,贫贱不能移,威武不能屈,往往被称之为大丈夫。坚强的女人,英姿飒爽,巾帼不让须眉,往往被称之为女中豪杰、女强人、大女人。坚强的人,未必都是英雄,但英雄都很坚强。坚强的人未必个个都能成功,因为成功的因素很多,但成功者个个都很坚强。

坚强,主要指意志坚强,精神坚强,心理坚强,人格坚强。面对工作,夜以继日,不知疲倦;面对朋友,开诚布公,肝胆相照;面对困难,毫不畏惧,泰山压顶不弯腰;面对痛苦,面不改色,咬牙挺住;面对失败,从头再来,永不放弃;面对敌人,头可断,血可流,民族气节不可丢。

古今中外坚强的人很多,霍金便是其中之一。

史蒂芬·威廉·霍金21岁时不幸患上了肌肉萎缩性侧索硬化症,主要症状是运动神经坏死和肌肉萎缩。当时医生预测他最多活两年但他不仅顽强地活了下来,而且一直坚持科学研究。他是一个充满传奇色彩的物理天才,也是一个令人折服的生活强者。他的《时间简史》,销售逾2500万册,成为全球最著名、最畅销的科普著作之一。

前苏联作家奥斯特洛夫斯基也是一位坚强的铁人。由于车祸和长期参加艰苦斗争,他的身体受到严重损害,以致全身瘫痪,双目失明。他以惊人的毅力与病魔作斗争的同时,用自己的战斗经历作素材,以顽强的意志创作出了长篇小说《钢铁是怎样炼成的》,获得了巨大成功,受到同时代人的真诚而热烈的称赞。此书译成中文,大受欢迎,主人公保尔·柯察金的形象成了当时中国青年的学习榜样。

五

坚韧——坚韧不拔。

英国诗人拜伦说:“无论头顶是怎样的蓝天,我都将坚韧地对待。”坚韧系指坚固而有韧性,即不屈不挠,百折不回。郑燮的《竹石》诗写的就是这种坚韧的精神:“咬定青山不放松,立根原在破岩中。千磨万击还坚劲,任尔东西南北风。”

疾风知劲草,小草也有竹子般的坚韧品质。狂风暴雨、雷电交加之后,山崩地裂了,房屋倒塌了,参天大树折断了,小草却依然故我!原野里,小路边,泥潭中,羊啃、牛吃、人践踏,小草仍然能活下去!而且,“野火烧不尽,春风吹又生!”

坚强的人,一般都很坚韧。坚韧又常常与乐观联系在一起。坚韧者往往乐观,乐观者常常坚韧。霍金、奥斯特洛夫斯基就是这样的人。

但是,并不是所有坚强的人都很坚韧。例如项羽,坚强有余,而坚韧不足。垓下之战后,他有东渡和卷土重来的机会,但放弃了,选择了自刎。

屈原被楚王放逐，越王勾践被俘饱受屈辱，韩信遭胯下之辱，司马迁蒙冤受了宫刑，如果当时他们不够坚韧，都选择了自杀，那么这个世界上就没有了《离骚》、《史记》、“卧薪尝胆”以及“刘家”几百年的江山社稷。

苏轼《晁错论》说：“古之立大事者，不惟有超世之才，亦必有坚忍不拔之志。”坚韧者，坚忍也。只有忍辱负重，才能坚韧不拔、坚持不懈，犹如石竹和小草！

六

古人云：“艰难困苦，玉汝于成。”《孟子·告子下》曰：“故天将降大任于斯人也，必先苦其心志，劳其筋骨，饿其体肤，空乏其身，行拂乱其所为，所以动心忍性，曾益其所不能。”

要想成为一个坚持、坚强、坚韧的人，必须做到：

1.磨练自己的承受力，特别是任劳任怨、忍辱负重的能力；

2.磨练自己的控制力，始终保持平静、乐观的心态，心理上决不崩溃；

3.磨练自己的挑战力，像种子破土萌芽一般，最大限度地调动潜能，主动出击，争取成功。

身残志坚的霍金、奥斯特洛夫斯基都磨练出了这三种能力，值得我们好好学习。其实，我们身边也不乏其人。例如，胡适有一篇文章《我的母亲》，就写出了母亲的勤劳、善良、坚强、坚韧和坚持。胡适就是在母亲的教育和影响下成长起来的。我们每个人的爸爸妈妈、爷爷奶奶都是过来人，大都具有这些好品质。我们不妨从他们的身上开始学起，做一个意志品质过硬的人。

专注(专一、专精、专深)

——专心致志,心无旁骛

成功=专注+方法。

——颜滨

只要专注于某一项事业,那就一定会做出使自己吃惊的成绩来。

——马克·吐温

阳光怎样才能点燃一根火柴?用凸透镜把阳光聚集到火柴头上。

为什么钉子可以钉进木头里?因为锤子上所有的力都集中到了一点。

为什么铁杵可以磨成针?因为磨杵人不停地一直磨下去。

为什么会水滴石穿?因为雨水经年累月地朝着一个方向滴下去。

那么,一个人怎样才能成功?把所有的时间、精力和注意力都集中到一个目标上。

一

专注——专心致志。

专注,即专心注意或注意力高度集中,指一个人专心于某一事物或活动时的心理状态。

指向和集中是专注的基本特征。指向是指心理活动对活动对象的选择，其范围是一个或几个相互关联的对象。集中是指心理活动不仅离开了一切无关事物，而且抑制了一切无关活动，使选择对象维持在相对的时间内，并保证对象的清晰反映，而对于除此之外的其它事物则视而不见、充耳不闻。

把自己的感知和思维等心理活动指向和集中于某一事物的能力叫做专注力。其指向和集中包括两个方面：一是宏观的指向和集中，即选择、锁定一个大目标，全身心地投入其中，而不为其它各种干扰和挫折所动摇；二是微观的指向和集中，即在一段时间内，将注意力指向和集中到当前具体的对象上，不分心，不走神。

专注力，又称注意力，在各种认识活动中起着主导作用。它是智力的基本因素之一，是记忆力、观察力、想象力和思维力的前提和条件。保持良好的专注力，是大脑进行感知、记忆、思维等认识活动的基本保证。在我们的学习过程中，专注力是打开我们心灵门户的力量，门户开得越大，进入的信息和知识量就越大，我们学到的东西就越多。而一旦专注力涣散了或无法集中，心灵的门户就关闭了，一切有用的信息和知识都无法进入。所以，法国生物学家乔治·居维叶说："天才，首先是注意力。"

在正常情况下，专注力使我们的心理活动朝向某一事物，有选择地接受某些信息，而抑制其它活动和其它信息，并集中全部的心理能量用于所指向的事物。因而，良好的专注力会提高我们学习与工作的效率。一个人学习的好坏和事业的成败都和专注力有关。一个孩子，上学前玩得专注，上学后学得专注，就有可能成为天才。一个成人，只要专注于他所从事的事业，全力以赴，坚持不懈，天长日久，就会功到自然成。

对于学习和做事来说，专注是第一位的。即使是很小的技艺，如果不专注，也是学不会、做不好的。孟子说过："今夫弈之为数，小数也；不专心致志，则不得也。"（《孟子·告子上》）下棋在各种技艺当中属于很小的技艺；可是，如果不专心致志，就学不好。

二

专一——十年磨一剑。

“一”是个神奇的数字，专于一，就能成功。

“一”是道家的重要思想。道家认为，“一”即道，万事万物从一开始，发生、发展，然后，九九归一，归一而终。道家主张专一、抱一、守一。

今人认为，“一”是最小的正整数，“一”的哲学本义，指专、精、纯，以及一分为二，一分为多，一元复始万象更新等。人取其一，至专、至精、至纯，则大事成矣。专一之意，就是一心一意，专心致志，心无旁骛，锲而不舍；就是目标专一而不见异思迁，持之以恒而不半途而废，不达目的而决不罢休，和水滴石穿、蚂蚁啃骨头之意也相近。只要目标专一，持之以恒，即使集聚细微之力，也能成就难能之功。

俗语说得好：“十年专一事，大可成天才。”“一招鲜，吃遍天。”人生苦短，时间、精力都很有限，只有选定一个目标，盯紧它，集中时间，集中精力，心无二用，全力以赴，才有可能达成心愿。当今世界太精彩，各种诱惑力太大，值得追求的东西也很多。如果目标分散，什么都想要，那就什么也得不到。这就如同狮子捕食，狮子会紧盯前面的目标，穷追不舍，即使中途出现其它猎物，甚至比前面的猎物更近，它也不会改变方向，被紧追的猎物跑累了，就十有八九会成为狮子的美餐。如果狮子中途（不断地）更换目标，就会因体力不支而一无所获。

巴尔扎克年轻时经营过出版业，印刷业，相继破产。后来又一直游移不定，今天想干这，明天又想干那，一事无成。再后来，终于从拿破仑的小雕像上受到了启发：“彼以剑锋创其始者，我将与笔锋竞其业！”之后，他把全部精力集中到了自己喜欢的文学创作上，果然取得了巨大成就。世界上很多人都是“从一而终”的，例如：

李时珍一心学医，矢志不渝，以毕生精力著就《本草纲目》；

齐白石每日作画，坚持不懈，技艺炉火纯青，终成一代大师。

专一，就是只做一件事。其道理并不深奥，做到了，就会成功。

其实，也并不是说一个人一辈子只能做一件事。当你做好了一件事，也可以去做第二件事、第三件事，即一件一件地去做。

“发明大王”爱迪生的2000项发明，就是一件一件地发明出来的。曾经有人问爱迪生：“成功的首要要素是什么？”爱迪生答道：“大部分人一定一直都在做一些事，不同的是，在于他们做很多很多的事，而我却只做一件。如果你们将这些时间运用在一件事情、一个方向上，一样会取得成功。”

三

专精、专深——精益求精。

专精、专深和精益求精是中华民族的传统精神，由来已久。

《尚书·大禹谟》曰：“人心惟危，道心惟微；惟精惟一，允执厥中。”（人心是危险的，道心是精微的，应当精心、专一，信守中正之道）这四句话是《礼记·中庸》的核心与纲领，系儒家思想之精髓，后被称作“十六字心传”。历代理学家们几乎都把它奉为圭臬，没有谁能够绕过它。

这四句话，原本是我国上古时期有道明君舜传于禹的修心、治国之法，也是中华文化经典中记载的最早的心法，早于孔子心法与释迦心法一千多年。十六字是一个整体，其中“惟精惟一”是治理者在主观层面上把握修心、治国之道的一把钥匙，起着承上启下的作用。因为“人心惟危，道心惟微”，所以必须“惟精惟一”：只有“惟精惟一”，才能“允执厥中”。历代君主及志士仁人都极为看重十六字中的四字真言——“惟精惟一”，因为“修身、齐家、治国、平天下”都离不开它。

惟精和惟一是相辅相成的、辩证统一的，惟一才能惟精，惟精必须惟一。中国几千年来的历史证实，以“惟精惟一”的务实态度探究事物的本质，确实是修心、做事、治学、治国过程中破解一切问题的钥匙。

“惟精惟一”就是专精、专深。专精、专深就是精益求精。《论语·学而》

曰：“《诗》云：‘如切如磋，如琢如磨’。”“如切如磋，如琢如磨”原是《诗经·卫风·淇奥》中的句子，切、磋、琢、磨都是制作器物时反复操作的动作，这里用来比喻修身、治学要精益求精。后用精益求精说明力求更加精工美好。即事物已经非常出色了，却还要追求更加完美，好了还求更好。

四

专而博——博大精深。

专和博，看起来很对立，其实是统一的，更是相互依存、相互促进的。博是由无数的专组成的，没有专，就没有博；专是在博的基础上，没有博，就没有专。例如金字塔，博是塔基，而专是塔尖。塔基不大，塔尖就不会高。塔基越大，塔尖也就越高。

欲求一艺之精，六艺皆涉乃成功之不二法门。例如，欲要学好书法，首先要专攻一体，然后欧柳颜赵，苏黄米蔡，明清诸家，真草隶篆，北碑南帖等，取众家之长，才能自成一体。这里面还要有哲学和文学修养的支持。还要有人格品行的修养、历练，因为字如其人，做好人，才能写好字。此外，还要向姐妹艺术借鉴，诸如篆刻、绘画、音乐、舞蹈、戏剧甚至太极拳等。

古人李光地提出：“欲为一代经纶手，须读几篇要紧书。”这“几篇要紧书”便构成了不同类型人才的知识结构的核心，这就是专。其外围知识，就是博。这很像革命战争时期“根据地”和“游击区”的关系。专与博的关系也要处理好，要避免：1. 核心突出，外围知识不够；2. 核心不突出；外围知识太杂；3. 核心知识和外围知识分不出层次等。

二次大战后，世界开始进入大科学时代，渐渐地研究目标宏大，多学科交叉，又随着信息科学、控制科学、系统科学等新兴综合性学科的出现，时代对于人才提出了新的要求和标准。作为身怀一技之长的专才，在一个偌大的项目或系统工程中起一颗螺丝钉的作用，或许还可以，但要作为一名创新人才或设计者、组织者、领导者，那就勉为其难了。

在现代社会，知识和学科，一方面在不断地分化，越分越细；另一方面又在不断地综合，越滚越大。因而，就出现了很多综合学科、交叉学科和边缘学科。况且，每一门学科和知识，都不是孤立存在的。它有邻近的学科和知识，还有相关的学科和知识，甚至有些从表面上看起来风马牛不相及的学科和知识，其内部仍然存在着深层次的关联和交叉。如果我们所学的学科太单一、知识面太窄，就不可能继续向纵深发展，因而也就达不到专深的目的。

例如科学和艺术，看起来互不沾边，但它们却如一枚硬币的两面。没有科学就没有艺术，没有艺术也就没有科学。它们相互依赖，相互促进。人们常说的“建筑是凝固的音乐，音乐是流动的建筑”，就是这个道理。艺术细胞不丰富的人，不可能有丰富的想象力，也就不可能有科学上的创新和发明、创造。同样，艺术细胞虽然丰富，但缺少科学知识、科学态度和科学精神，也不可能创作出优秀的、有品位的、高质量的作品来。

钱学森说：“一个有科学创新能力的人不但要有科学知识，还要有文化艺术修养。没有这些是不行的。小时候，我父亲让我学理科，同时又送我去学绘画和音乐。我觉得艺术上的修养对我后来的科学工作很重要，它开拓科学创新思维。现在，我要宣传这个观点。”

五

专注力的培养和保健。

1.培养孩子的注意力

心理学研究表明，学生在学习中的成绩差异，并不是他们所具有的天资不同，而更主要的是由于他们在学习时所发生的注意力不一。所以，必须从幼儿开始去培养孩子的注意力。

2.成人专注力的自我保健。例如：

（1）保持淡定冷静。目标要清晰，意志要坚强，要拒绝诱惑，排除干扰。

(2)吃出注意力。注意摄取富含蛋白质、维生素、矿物质等益脑健脑的食品。

(3)多做有氧运动。特别是复杂、具有协调动作的运动,如太极拳、跳舞、网球等,能够促进脑部血液循环,提高大脑灵敏度。

3. 成人专注力的自我训练

例如,进行抗干扰练习。李政道年轻时,正值抗日战争,周围没有安静的环境,他干脆就选择在人声鼎沸的茶馆一角读书。才开始,很不适应,嘈杂的声音常常使他头昏目眩。后来经过磨练,他能长时间地专心读书,而对身边的嘈杂声充耳不闻。

专注力或注意力更需要来自于自身的自制力和其它优秀品质的支持,正如前苏联心理学家普拉托诺夫所说:“要想使自己成为一个注意力很强的人,最好的方法,无论干什么事,都不能漫不经心!”

执着——海枯石烂，痴心不改

衣带渐宽终不悔，为伊消得人憔悴。

——柳永

只有执着追求并从中得到最大快乐的人，才是成功者。

—— 梭洛

一

“不管时空怎么转变，世界怎么改变，你的爱总在我心间。”（歌曲《执着》）这是执着。

“几度风雨几度春秋，风霜雪雨搏激流，历尽苦难痴心不改，少年壮志不言愁。”（歌曲《少年壮志不言愁》）这也是执着。

执着中，“执”字取本义，是“拿住、把握”的意思；“着”字取引申义，是“着重”的意思；合在一起表示“稳稳地拿住（某物）”。执着，原为佛教用语，指对某一事物或某一信念，信奉至极，无法释怀，不能超脱之意。后来指固执或拘泥，也指坚持不懈。执着也作执著。《现代汉语词典》以执着为推荐词型，而以执著为非推荐词型。

二

执着与恒心、坚持、固执。

执着和恒心、坚持、固执等接近，都是情商，都是一种精神力量，都是为了实现一定的目的而支配自己的行动，并在行动中自觉地克服各种困难，不达目的决不罢休的心理过程。其行为表现都是不改变，不放弃。

执着和恒心、坚持、固执都是意志派生出来的，都是意志品质这个大家族中的成员。意志是由知（认识）、情（情感）、意（意志）构成的，而执着和恒心、坚持、固执也都是由知、情、意构成的。但由于其中知、情、意三者各自的量或程度的不同而造成知、情、意三者比例的不同，其所产生的结果（词义）也就各不相同。具体说来，意志里的长久不变叫恒心，永不放弃叫坚持，古板拘泥叫固执，痴心不改叫执着。此外，还有意志里的坚定不移叫决心，不急不躁叫耐心，自我认可叫自信，坚信不疑叫信念，顽强持久、坚韧不拔叫毅力等。

有恒心者，认识全面，理智，理性；情感平和，心态正常；意志行为不急不躁，不温不火，不徐不疾，循序渐进。恒心主要表现在时间上，例如一个学习上有恒心的人，往往坚持一辈子，活到老学到老。

坚持和恒心相接近。有坚持精神的人特别能克服困难和挫折，愈挫愈勇，永不放弃。而人们对自己在做的事不喜欢、不认可、不理解、不接受，但为了另一个目的，一个间接的目的，而不得不去做时，就需要坚持。

执着的人在认知上和有恒心、有坚持力的人接近或不如他们，但情感特别强烈。在情感的驱使下，不管不顾，如痴如醉，废寝忘食，甚至，明知不可为而为之，明知没有结果也要坚持到底。但为了达到目的、实现理想，也愿意迂回、变通，甚至妥协。

固执的人，主观，认识上失之偏颇；情绪不良，偏激，古板，拘泥；顽固地坚持己见，不肯变通，不肯改变，“撞了南墙，也不回头”。

恒心、坚持、执着往往你中有我，我中有你。例如，恒心中有坚持，坚持中有执着。在一个人身上也往往同时表现出来，例如居里夫人，她发现了两种新元素钋和镭，先后在两个不同的学科领域里两次获得诺贝尔奖。她一辈子有恒心，能坚持，很执着，但不固执。

从词性上看，恒心是名词，表示名称；坚持是动词，表示动作；执着、固执是形容词，表示性质和状态。

三

海枯石烂，至死不渝。

1.“山无陵，天地合，乃敢与君绝！”

这句话出自汉代诗人佚名的《上邪》(《乐府诗集》)：“我欲与君相知，长命无绝衰。山无陵，江水为竭，冬雷震震，夏雨雪，天地合，乃敢与君绝！”

一位痴情女子在呼天为誓，直率地表示了“与君相知，长命无绝衰”的愿望之后，转而从“与君绝”的角度落墨，设想了三组奇特的自然变异，作为“与君绝”的条件：“山无陵，江水为竭”——山河消失了；“冬雷震震，夏雨雪”——四季颠倒了；“天地合”——再度回到混沌世界。这些设想一件比一件荒诞，一件比一件离奇，根本不可能发生。这就把主人公至死不渝的爱情强调得无以复加，以至于把“与君绝”的可能性从根本上彻底地排除了。深情奇想，执着之至！

2.“春蚕到死丝方尽，蜡炬成灰泪始干”

这是唐朝李商隐《无题·相见时难别亦难》里的三、四句。“丝”与“思”谐音，表示自己对于对方的思念，如同春蚕吐丝，到死方休。“蜡炬成灰泪始干”是比喻自己为不能相聚而痛苦，无尽无休，仿佛像蜡泪直到蜡烛烧成了灰方才流尽一样。思念不止，眷恋之深，终其一生都将处于思念中，而且相会是无期的，前途是无望的，因此，自己的痛苦也将终生以随。可是，虽然前途无望，她却至死靡它，一辈子都要眷恋着；尽管痛苦，却也只有忍受着。在这两句里，既有失望的悲伤与痛苦，也有缠绵、灼热的执着与追求。追求是无望的,却又不计希望之有无,无望中仍要追求。

《梁山伯与祝英台》《孔雀东南飞》《天仙配》《孟姜女》和外国的《罗密欧与朱丽叶》等所表现的都是一种忠贞不渝的执着情感。

四

初衷不改,永不放弃。

人们把男女之间情感上的执着转移到了学业、事业和科学研究上,执着便成了人们成功与否的决定性因素和精神境界。

“衣带渐宽终不悔,为伊消得人憔悴”是柳永《蝶恋花》词中的两句。它把天下有情人彼此思念的执着情感表达得淋漓尽致、荡气回肠,成为千百年来脍炙人口的名句。

王国维借用了这两句词,说:“古今之成大事业、大学问者,必经过三种之境界:‘昨夜西风凋碧树,独上高楼,望尽天涯路’,此第一境界也;‘衣带渐宽终不悔,为伊消得人憔悴’,此第二境界也;‘众里寻他千百度,蓦然回首,那人却在,灯火阑珊处’,此第三境界也。”其中第一境界是谋划、准备阶段。第三境界是顿悟、成功阶段。第二境界则是关键的追求、奋斗、拼搏阶段。“衣带渐宽终不悔,为伊消得人憔悴”体现的是执着精神——为了追求、成功,即使渐渐形容枯槁、瘦骨嶙峋、憔悴老去,也值得,也在所不惜,也决不后悔。

例如李时珍、徐霞客等一大批科学家就是这样的执着者。

明代“远穷僻壤之产,险探山麓之华”的李时珍曾参考历代有关医药及其学术书籍800余种,结合自身经验和调查研究,历时27年编成《本草纲目》一书。

编写过程中,他脚穿草鞋,身背药篓,翻山越岭,访医采药,足迹遍及河南、河北、江苏、安徽、江西、湖北等广大地区,以及牛首山、摄山(今栖霞山)、茅山、太和山等大山名川,走了上万里路,倾听了千万人的意见。《本草纲目》全书约有200万字,52卷。其先后被译成日、法、德、英、拉丁、俄、朝鲜等10余种文字在国外出版，传遍五大洲。

明代“千古奇人”徐霞客，一生志在四方，不避风雨虎狼，与长风云雾为伴，以野果充饥，以清泉解渴，从二十二岁起，直到五十四岁逝世，他绝大部分时间都是在旅行考察中度过的。先后游历了相当于今天的江苏、安徽、浙江、山东等16个省，足迹遍及大半个中国。在30多年的旅行考察中，主要靠徒步跋涉。他寻访的地方，多是荒凉的穷乡僻壤，或是人迹罕至的边疆地区。

他写下的游记有240多万字，大多失散，后人整理成《徐霞客游记》，40多万字，这是一部是把科学和文学溶合在一起的“奇书”。

五

恬淡寡欲，心无旁骛。

执着的另一面就是淡定。执着者同时也是淡定人——对于自己所追求的目标，执着；而对于目标之外的其它事物，淡定。

孔子参与政治，无论是“为之”还是“不为”，始终秉持“谋道不谋食”的原则。在他眼中，“不义而富且贵，于我如浮云”（《论语·述而》）。他，“谋道”时执着，而“谋食”或面对不义之财时淡定。

诸葛亮说：“臣本布衣，躬耕于南阳，苟全性命于乱世，不求闻达于诸侯。先帝不以臣卑鄙，猥自枉屈，三顾臣于草庐之中，咨臣以当世之事，由是感激，遂许先帝以驱驰。”（《出师表》）如果不是刘备执着，三顾茅庐，诸葛亮有可能老死山林，三国那段历史或许会改写。

“初，亮自表后主曰：‘成都有桑八百株，薄田十五顷，子弟衣食，自有余饶。至于臣在外任，无别调度，随身衣食，悉仰于官，不别治身，以长尺寸。若臣死之日，不使内有余帛，外有赢财，以负陛下。’及卒，如其所言。”（《三国志·诸葛亮传》）诸葛亮临终前，甚至吩咐手下说，他下葬时只需要挖一个洞，棺木能够放进去便足够了，身上穿着平常的服装即可，不须要其他任何陪葬品。

六

知其不可为而为之。

《论语·宪问》:“子路宿于石门,晨门曰:‘奚自?’子路曰:‘自孔氏。’曰:‘是知其不可而为之者与?’”子路在石门宿夜,早晨进城时,守门人问:“从哪里来?”子路回答:“从孔子那里来。”守门人说:“就是那个明知不可为却偏要为之的人吗?”“知其不可而为之”成了孔子的代名词。

儒家认为,作为君子,如果觉得做一件事情是正确的,就要一心一意排除万难去做,至于结果、成败,则不应在考虑之内;即便知道无论怎样努力都不会成功,还是应该坚持不懈。这就是“知其不可而为之”的精神。

为了实现“治国、平天下”的政治理想,孔子一路奔走呼号、劳命于列国王室之间数十年。当时周天子名存实亡,孔子寄希望于王室,是退而求其次,是一种变通,也是对自己理想的一种执着追求。

政治理想破灭后,他便再退而求其次——教书育人、著书立说,创立儒学。他在学生中推行“学而优则仕”的理念,千余年来,无数的寒窗学子苦读成才,所走的就是这条道路。

“天不生仲尼,万古如长夜”。孔子“知其不可而为之”体现出的以天下为己任的入世情怀和百折不挠的执着精神,具有施之万世而永不退色的价值。

七

鞠躬尽瘁,死而后已。

当年势单力孤的刘备,三顾茅庐,恭请诸葛亮出山辅佐。有感于刘备的执着,诸葛亮接受了他诚意,做了他的军师和丞相。后来,刘备东征失败身亡,刘禅懦弱无能,不堪为君,蜀国形势江河日下。眼看大势已去,独木难支,但诸葛亮不肯坐以待毙,他披肝沥胆,殚精竭虑,七擒孟获,六出祁山，鞠躬尽瘁，死而后已。他病故五丈原，年仅54岁。

杜甫《蜀相》写道："三顾频烦天下计，两朝开济老臣心。出师未捷身先死，长使英雄泪满襟。"《蜀相》高度概括了诸葛亮的一生，也表达了后人对诸葛亮的怀念和赞叹。

"鞠躬尽瘁，死而后已"和"出师未捷身先死，长使英雄泪满襟"的执着精神具有巨大的感染力和强烈的移情作用。千余年来，它感染和鼓舞了无数的忠臣烈士、志士仁人和末路英雄——尽人事，听天命；谋事在人、成事在天；干不了也要干，比不了也要比；打不赢也要打，守不住也要守；明知死路一条，也要抗争到底。正是这种忍辱负重、无怨无悔、至死不渝的执着精神，人们才能够前赴后继，推动着历史车轮滚滚向前。

决心——不达目的，誓不罢休

永远记住，你自己决心成功比其他什么都重要。

——林肯

决心就是力量，信心就是成功。

——列夫·托尔斯泰

一

成功始于决心。

闲来无事，一般人都会想这想那。你去问问超市的服务员，他们想不想月收入10万？也想。再去问问在等公共汽车的老太太，想不想坐奔驰车？当然也想。再去问问进城打工者，想不想当老板？非常想！再去问问路上的乞丐和拾荒者，他们想不想成功？很想成功！几乎每一个人都在想，但很多人仅仅想想而已，并没有决心，所以都不会如愿以偿。

决心之决，指决定、坚定、坚决；而心，指的是精神、思想、意志。决心，就是坚定不移的意志，即拿定了主意，准备付诸行动、坚决执行，不达目的誓不罢休。将决心用文字表达出来，就是决心书。

有一副楹联，荡气回肠，将决心一展无遗：

有志者，事竟成，破釜沉舟，百二秦关终属楚；

苦心人，天不负，卧薪尝胆，三千越甲可吞吴。

公元前207年，项羽的起义军与秦将章邯率领的秦军主力部队在巨鹿（今河北邢台市）展开大战。项羽引兵渡漳水（由巨鹿东北流向东南的一条河）后，命令全军“皆沉船，破釜甑（zènɡ），烧庐舍，持三日粮，以示士卒必死，无一还心”。巨鹿一战，大破秦军，威震诸侯。后来，“皆沉船，破釜甑”演化为成语“破釜沉舟”。

春秋时，越王勾践战败，为吴所执。勾践施计回到越国后，立志报仇雪耻。他在吃饭的地方挂上一个苦胆，每逢吃饭的时候，就先尝一尝苦味，并问问自己：“你忘了会稽的耻辱吗？”他还把席子撤去，用柴草当作褥子。这就是“卧薪尝胆”。后来勾践打败吴国，又北上中原与诸侯会盟，成为春秋时期最后一个霸主。

然而，对于太多的普通人来说，下决心太过随便，却起不了多大的作用。

有些人下了决心，就有收获；有些人虽然也下了决心，但却毫无结果。为何？差别就在于决心大小的程度上。

如果用百分比来衡量决心，那么就有0%到100%、200%之差，往往是：

0%~10%的决心——想想而已，无所作为；20%~30%的决心——浅尝辄止；40%~60%的决心——半途而废；70%~97%的决心——有始无终；98%的决心——功败垂成；99%的决心——功亏一篑；100%的决心——可能功成。200%的决心——必定成功。

二

下定决心——愚公移山。

故事《愚公移山》说：北山愚公，年近九十，屋前有太行、王屋二山阻碍出入，决心把它们铲平。智叟认为是做不到的事，笑他愚蠢。愚公说：我死了有儿子，儿子死后有孙子，子子孙孙不绝，而山不会加高，为什么会做不到呢？因此每天挖山不止。后来玉帝受到感动，派大力神搬走了两座大山。

毛泽东在中共“七大”作闭幕词时，用了这个典故，他说：“现在也有两座压在中国人民头上的大山，一座叫做帝国主义，一座叫做封建主义。中国共产党早就下了决心，要挖掉这两座山。我们一定要坚持下去，一定要不断工作。我们也会感动玉帝的。这个玉帝不是别人，就是全中国的人民大众。”

愚公移山是一种精神，比喻决心之大。愚公移山的精神实质是下定决心，不怕牺牲，排除万难，争取胜利。面对巨大的困难、障碍、使命、任务、目标，必须下定愚公移山的决心才能成功，即一年两年不行，就十年八年；十年八年不行，就一辈子——不达目的，决不罢休！

愚公移山不仅比喻决心之大，而且说明这种决心要有利于他人，有利于社会，这样才能感动他人，从而获得他人的帮助。如果仅仅为了一己私利，那么，不论决心有多大，也不可能达到目的。

另有“精卫填海”“蚂蚁啃骨头”的故事，也是比喻只要下定决心，就可以创造奇迹。

三

下定决心——破釜沉舟。

1978年11月24日晚上，在安徽省凤阳县凤梨公社小岗村西头严立华家低矮残破的茅屋里挤满了18位农民户主，召开了一次秘密会议，产生了一份“生死状”——一份不到百字的包干“保证书”：

“我们分田到户，每户户主签字盖章，如以后能干，每户保证完成每户的全年上交和公粮。不在（再）向国家伸手要钱要粮。如不成，我们干部作（坐）牢刹（杀）头也干（甘）心，大家社员也保证把我们的小孩养活到十八岁。”

大家签字、盖章、按手印。两位户主外出讨饭，没有到场，由亲属代按手印。

1979年10月,小岗村打谷场上一片金黄,经计量,当年粮食总产量66吨,相当于全队1966年到1970年5年粮食产量的总和。

小岗村的“包产制”与安徽60年代初的“责任田”一脉相承,其后果不言自明,所以小岗人做好了坐牢、杀头的准备,决心破釜沉舟,拼死一搏。

小岗人签下的“生死状”,现藏于中国国家博物馆。

人的一生难免会遇上几次大抉择,特别是动荡的年代、历史的转折点和多事之秋。面对重大事件、生死关头,如果放弃,就是死路一条;如果破釜沉舟——“置于死地而后生,置于亡地而后存”或者死马当作活马医,说不定还有希望。大决心、大风险往往会换来大成功!

古人所说的“不成功,便成仁”,指的也是这种决心和精神。

四

下定决心——当机立断。

海尔集团创立于1984年,当时是一个亏空147万元的集体小厂。

1985年12月的一天,面对76台不合格的冰箱,厂长张瑞敏说:“我要是允许把这76台冰箱卖了,就等于允许明天再生产760台、7600台这样的不合格的冰箱。放行这些有缺陷的产品,就谈不上质量意识。”

他顺手拿起一把大锤,照着一只冰箱砸了过去,然后,把大锤交给了其他责任者,转眼之间,76台冰箱全被砸得粉碎。当时,在场的人都流泪了。虽然一台冰箱当时才800多元钱,但是,员工每个月的工资才40多元,一台冰箱就是他们两年的工资!

砸冰箱砸醒了海尔人的质量意识,砸出了海尔“要么不干,要干就要争第一”的精神。在1988年的全国冰箱评比中,海尔冰箱以最高分获得中国电冰箱史上的第一枚金牌。从此,海尔集团高歌猛进,一路领先。

砸毁冰箱的大锤,被中国国家博物馆收藏为国家文物。

对于缺点、错误和不良的意识、行为、习惯,特别是带有群体性的缺点、错误和不良的意识、行为、习惯，必须当机立断，下大决心，立即刹车，采取零容忍；否则，拖拖拉拉，剪不断，理还乱，会永远搞不好。

五

下定决心——不达目标誓不休。

高中时的一天下午，学校篮球队的教练宣布了让乔丹退出学校篮球队的决定。那个下午，对于热爱篮球的乔丹来说，简直是暗无天日，终生不忘。乔丹没有因此放弃，反而下定决心：一定要重新回到校队，一定要成为校队中最棒的！乔丹的人生就从下定决心的那一刻开始改变！他为自己找到了教练，在那个暑假开始了魔鬼般的训练。一个暑假下来，他实现了自己的初步目标，并开始向成功人生的顶峰继续攀登，最后他成功了。

他被人们称为“飞人乔丹”。他在NBA篮球职业生涯中创造了刷屏般、不胜枚举的纪录。他将NBA推广至全球每个角落，成为好莱坞以外又一种无可阻挡的美国文化。

1809年，林肯出生在寂静荒野上一个清贫的农民家庭，用他自己的话来说，他的童年是“一部贫穷的简明编年史”。林肯的一生充满着不幸，破产、落选、失败和不成功，心想事不成，时来运不转，但他初衷不改，从没有放弃自己所追求的从政决心。51岁，终于当选美国总统；55岁，连任美国总统。56岁，又遇刺身亡。

在其总统任内，美国爆发了内战，史称南北战争。林肯击败了南方分裂势力，废除了奴隶制度，维护了国家的统一。2006年，林肯被美国的权威期刊《大西洋月刊》评为影响美国的100位人物的第一名。

六

决心来自何处？

1.决心来自于欲望。往往欲望有多大，决心就有多大。心理学有一个叫“期望强度”的概念，即一个人在实现自己期望达成的预定目标过程中，面对各种付出与挑战所能承受的心理限度，或曰期望的牢固程度。要成功，必须有强烈的“期望强度”，就像一个不会游泳的人落水后有强烈的求生欲望一样。

2.决心来自于认识。人对于某事物的认识有多深，人做某事的决心就有多大。勇士的手腕被蝮蛇咬伤，如果不采取措施，毒性就会很快地扩散到全身，危及生命，鉴于这种认识，就会立即下决心截肢，这叫壮士断腕。关羽进攻樊城时，被一枝带毒的冷箭射中右臂，如果不迅速治疗，就会截肢，他再也不能上阵杀敌、为国效力了，想到这些，关羽决定，（在没有麻药的作用下）开刀，刮去骨头上毒素，这叫刮骨疗伤。后来人们就用壮士断腕、刮骨疗伤来表示决心之大。

3.决心来自于责任。“天下兴亡，匹夫有责。”有些人下决心做事，做大事，并不是为自己，更不是为了欲望，而是为了他人、社会、国家甚至全人类。马克思说：“世界上有许多事情必须做，但你不一定喜欢做，这就是责任的涵义。”林肯说：“人所能负的责任，我必能负；人所不能负的责任，我亦能负。如此，你才能磨炼自己，求得更高的知识而进入更高的境界。”

4.决心来自于抱负。抱负产生决心。项羽的抱负是“楚虽三户，亡秦必楚”。勾践的抱负是报仇雪耻，称霸诸侯。乔丹的抱负是要做美职篮最棒的球员。林肯的抱负是“创造成功”。所以，他们有决心，有大决心。

七

决心需要目标、行动以及个人其它优秀品质的参与和支持。

1.决心要有明确的目标。先有目标，后有决心。没有目标就是无的放矢，不可能产生决心。还要有计划。大目标可以划分成若干小目标，然后制定出具体的时间表，一步一步地去实现。

2.决心要有坚决的行动。仅有决心、计划，还是不够的，也是没有用的。如果没有行动,决心就会落空,计划就会流产。

3.决心需要勇气、果断、意志、热情、坚持等优秀品质以及理想、信念、世界观的参与和支持。勇气和果断是产生决心的先决条件,没有勇气和果断就很难产生决心。成功始于决心,终于坚持。决心贵在坚持,没有坚持,决心就没有意义。意志和热情是决心得以坚持的保证,没有意志和热情,就会有始无终。重大的决心必须要有理想、信念和世界观的参与和支持。

一服中药,由君臣佐使配伍组成,这是方剂的基本原则。

君药是起主要治疗作用的药物,居方中之首。臣药是辅助君药加强治疗作用的药物。佐药是用于治疗次要兼证,或用以消除、减缓君药、臣药的毒性或烈性的药物。使药起引导和调和作用。

在决心这服方剂里,决心为君药,勇气、果断、意志、热情和坚持等则为臣、佐、使药。一方之中,君药必不可缺,而臣、佐、使三药也需要酌情配置,相辅相成,相得益彰,方有奇效。

耐心——不急不躁，静待花开

只要你有耐心，总有成功的机会。

——叔本华

耐心是赢得成功的一种手段。

——高尔基

一

有耐心，才有机会；有机会，才有成功。

耐心，指的是能忍受，不性急、不厌烦，即不急不躁、从容不迫、心平气和地去等待、去做、去完成某种事情或任务。没有耐心，就意味着急躁、放弃。例如，日复一日地学习、工作，在米粒大小的象牙片、竹片或数毫米的头发丝上进行复杂的微雕，中医对疑难杂症的医治，狱警对罪犯的改造，教师对后进学生的教育等，其中，最重要的就是耐心。

耐心是一种耐力。耐力是人对某种活动的耐久能力，即一个人长期做某一件事或某一个动作能坚持多久的能力。人对紧张体力活动的耐久能力，是人体长时间进行持续肌肉工作的能力，即对抗疲劳的能力，这种耐力包括两个方面：肌肉耐力和心血管耐力。而人在心理上、精神上的耐力,就是耐心。

做任何事情,都是主观作用于客观,促使客观按照主观的要求进行变化,从而达到主观上的目的。做事,得有程序、步骤、方法、策略,循序渐进。事物之变化得假以时日,先是慢慢地量变,然后才开始质的飞跃。例如栽一株果苗,得慢慢生长,长成大树后才能结果,果子成熟了才能吃。如果缺乏耐心,拔苗助长或吃了不成熟的果子,就会事与愿违。

耐心和恒心、信心、决心一样,是人的一种自制力和心理承受能力,是人的一种意志品质。耐心也和人的其它意志品质一样,是人的一种心理活动。人的心理活动可分成认知、情感、意志,即知、情、意三种基本形式,耐心也不例外。如果要做某件事,那么对其重要性、复杂性、艰巨性等要有所认识:由认识从而感觉到它的价值并产生一定的情感;继而产生行为倾向,即心理准备。有认识,有情感,有准备,就会有耐心;否则,就会因缺少耐心而急躁、不耐烦。

动物也有耐心,肉食动物猎食时,往往隐蔽、蛰伏很长时间,当时机成熟时,一跃而起,一击而中。当然,动物的耐心远远地赶不上人类,但其生理上的耐力却往往超过人类,如鸽子和骆驼就是空中和地上耐力最好的动物。

所以,耐心除了指心里不急躁,不厌烦之外,还含有忍耐、耐久、耐受、承受、克制和吃苦耐劳等含义。

仿生学就是人类不耻下问、屈尊模仿生物特殊本领的一门科学。如果在人生的道路上,能够学习鸽子和骆驼的耐力和吃苦耐劳的精神,那么,成功也就不会太遥远。

二

有耐心,才有等待;有等待,才有希望。

有人统计过,一个人的生命起码有三分之一的时间是在等待中度过的。也有人说,在某种意义上,人生便是一种等待。因为人生充满了等待：十月怀胎需要等待，一朝分娩也需要等待；“十年寒窗苦”需要等待，“金榜题名时”也需要等待；机会需要等待，“天上掉馅饼”也需要等待；晋级、加薪、评职称需要等待，发表文章、出版著作也需要等待；“有约不来过夜半，闲敲棋子落灯花”是等待，“莫疑春归无觅处，静待花开会有时”也是等待，“衣带渐宽终不悔，为伊消得人憔悴”还是等待，“千年等一回”更是等待。无论何种等待，都需要耐心。失去了耐心，就失去了等待，也就失去了希望。

清廷欲派驻台湾总督。李鸿章将刘铭传等三人推荐给了曾国藩。曾国藩为了测验他们三人中谁的品格最好，便故意约他们在某个时间到曾府面谈。可是到了约定的时刻，曾国藩又故意不出面，让他们在客厅中等候，却在暗中仔细观察他们的态度。时间长了，只见其他两位显得很不耐烦，继而不停地抱怨；只有刘铭传一个人安安静静、心平气和地欣赏墙上的字画。后来曾国藩考问他们客厅中的字画，只有刘铭传一人答得出来。结果，曾国藩相中了刘铭传。

事情就是这样，成功往往就是给有耐心的人准备的。成功的原因，也许仅仅就是比别人多了一份耐心。

等待是煎熬，等待是无奈，等待的时光不好过，但是，正如卢梭所说：“忍耐是痛苦的，但是它的结果是甜蜜的。”

三

有耐心，才有定力；有定力，才能致远。

“宁静致远”。宁静主要指内心平静，不急不躁，不起波澜，不受外界干扰，这样才能走得更远。人的一生不可能一帆风顺，不如意事常八九，可与人言无一二，所以需要宁静。

内心宁静，就可以处顺境而不张狂，陷困境而不沮丧，遇险境而不惶恐，遭逆境而不扫兴。只看自己的书，只做自己的事，朝着自己的目标前进，就能成功。而宁静有一个前提，就是耐心。有了耐心，才可以不急不躁、不温不火、不厌其烦，耐得住寂寞、耐得住诱惑、耐得住清贫。有了耐心，才有宁静。失去了耐心，就无宁静可言。

一位哲人说："对微小事物的仔细观察，就是事业、艺术、科学及生命各方面的成功秘诀。"这就是细心。细心，指心思细密，不粗心、不随便、不马虎，不为表面现象所蒙蔽，不为复杂现象所迷惑，往往能注意或记住常人容易忽视的问题和事物。想成功，就要细心。细心的前提是耐心，耐心和细致总是连在一起的。耐心一点，就会细心一点。没有耐心，何来细心？只有耐心，即不急不躁、内心平静、情绪稳定、注意力集中的人，才谈得上细心。耐心细致的人，干一行，成一行。而心浮气躁的人，干什么都不行。

定力，就是人的自制力、自控力，即意志力，主要指耐心、恒心、决心、信心、毅力、信念等。所以，耐心本身就是一种定力。耐心又总是和恒心、决心、信心、毅力、信念连在一起的，不可分割的。有了耐心，就有定力。有了定力，就有恒心、决心、信心等，就能宁静，就能细心，就能致远，就能成功。

四

有耐心，才有坚持；有坚持，才有结果。

坚持的前提，就是耐心。只有耐心地，即不慌不忙、不急不躁、心平气和、有条不紊地去追逐某一个目标，才有可能坚持下去。"心急吃不了热豆腐""一口吃不成大胖子"。如果心急火燎、心浮气躁、急于求成地去干某件事，则不是半途而废，就是止于小成。

东汉末年，天下大乱。势单力孤的刘备和关羽、张飞去南阳请诸葛亮出山辅佐于他。不巧，诸葛亮出远门了，刘备只得扫兴而归。不久，刘、关、张冒着大风雪第二次去请。不料诸葛亮又出外云游了。张飞没有耐心，本不愿意再来，就催着回去。又过了一段时间，刘备吃了三天素，郑重其事地准备三请诸葛亮。关羽也没有耐心了，说诸葛亮也许徒有虚名，故弄玄虚，不请也罢。由于刘备的耐心和坚持，他们又第三次来到卧龙岗。是时正当中午，诸葛亮在午睡，刘备不敢惊动，一直耐心地站着，直到诸葛亮醒来。诸葛亮为刘备的耐心和真诚所打动，不但同意出山辅佐，而且后来用“鞠躬尽瘁，死而后已”回报了刘备的三顾之恩。

在以后的“七擒孟获”中，诸葛亮则拿出了足够的耐心，坚持“攻心为上，攻城为下，心战为上，兵战为下”的策略，决定收服叛军首领孟获。不仅诸葛亮本人要有足够的耐心和坚持，而且还要影响和说服那些急躁火爆的部将们同样需要拿出足够的耐心和坚持来。

有耐心，才有坚持和成功。诸葛亮历尽艰辛，七擒七纵，结果，孟获臣服，南中地区再也没有发生过大规模叛乱了。

五

有耐心，才有爱心；有爱心，才有教育。

耐心是慢的艺术，有耐心才有爱心，才能春风化雨，“润物细无声”。

我们看到，孩子求知欲旺盛，喜欢向家长问各种问题，而很多家长却不耐烦，不能耐心地解答孩子的问题，而是敷衍搪塞；有些父母嫌孩子笨手笨脚，做不好事，干脆自己干；一些家长看到孩子总是达不到自己的要求，就一味地指责、批评。

我们又看到，有的老师在课堂上，黑板敲得当当响，很不耐烦地说：“讲过几遍了，还不会？榆木脑袋啊！”“真笨！”

爱心主要表现在耐心上。爱心要以耐心为依托，没有耐心，孩子很难感觉到你的爱心。对于后进生，特别是教育那些智商不高的孩子，习惯不好的孩子，问题多多的孩子，残疾孩子等，一般的耐心是不够的，更需要特别的耐心。

海伦·凯勒出生于美国亚拉巴马州北部一个小城镇，19个月时，因患猩红热而被夺去视力和听力——双目失明，双耳失聪。7岁时，家里来了一位女教师——安妮·莎莉文。

盲人特殊，聋人特殊，盲聋哑人更加特殊，这是特殊教育里的特殊教育。莎莉文用极大的耐心、爱心和毅力，从尊重孩子的天性、引导孩子的兴趣出发，在摸索中成功地将海伦从一个心智未开、任性无知的小女孩逐渐培养成一个知书达理、才华横溢的少女，直至进入大学。后来成长为女作家、教育家、慈善家、社会活动家。马克·吐温说："19世纪出现了两个了不起的人物，一个是拿破仑，一个就是海伦·凯勒。"

1956年的一天，竖立在美国波金斯盲童学校入口处的一块匾额上的幕布，由76岁的海伦用颤抖的手揭开，上面写着：纪念海伦·凯勒和安妮·莎莉文·梅西。

海伦先后完成了14部著作，最后一部作品是《我的老师安妮·沙莉文·梅西》。

六

有磨练，才有耐心；有耐心，才有灵魂。

耐心与人的年龄、阅历有关，与人的性格也有关。但是，耐心也是可以培养、训练和磨练的。

作为父母，要为孩子做出榜样，并且在日常生活中有意识地培养孩子的耐心。如故意让孩子等一等，一分钟、两分钟、三分钟，慢慢地延长时间。又如让孩子玩复杂一点的玩具和游戏，并教育孩子不着急，慢慢来等。

学习阶段既是长知识、长智慧的阶段，也是培养意志品质的阶段。单词要一个一个地记，习题要一道一道地解，课文要一课一课地学，这就是培养耐心的过程。要想取得好成绩，就必须更耐心、更仔细。

耐心、信心、恒心、决心、毅力、信念、信仰等都是人的意志力，它们之间的关系是相互影响、相辅相成的。只有全面提升人的意志力，其中的某一项才会巩固、持久而有力。

耐心也和人的其它意志力一样，是由知、情、意组成的。要想提高对于某一特定对象的耐心，就必须从这三方面着手：1. 提高认识；2. 培养兴趣和情感；3. 调动所有的意志力，如恒心、决心、信心、毅力等对耐心进行支持。

耐心和人的身体状态有密切的关系。神不足、精不济，则耐心缺失。耐心和人的情绪和心态的关系更大。情绪要稳定、乐观，心态要平和、宁静，这样才会有耐心。

当体力、情绪和智力的变化处于高潮期的时候，耐心、耐力较好。而体力、情绪和智力活动处于低潮期和临界期的时候，则耐心、耐力下降，这时要适当休息，注意营养、锻炼。

培根说：“无论何人，若是失去耐心，便失去了灵魂。”但愿人们耐心些，再耐心些。

恒心——靡不有初，鲜克有终

如果你希望成功，应当以恒心为朋友。

——爱迪生

只有恒心才能使你达到目的。

——席勒

一

恒，指长久、持久、永久、不变或相对稳定。恒心，即持之以恒的心态或心理素质，指长久不变的意志，孜孜不倦的毅力，永不懈怠的坚持，永不放弃的执着，锲而不舍的勤奋和自强不息地奋斗等。

恒心，是学业、事业、成功的基石、必要条件和决定性因素。没有恒心，就会有始无终，半途而废。

《周易》三十二卦为《恒卦》，象征恒久。开篇曰："恒：亨，无咎，利贞，利有攸往。"《恒卦》象征恒久：亨通，必无咎害，利于守持正固，利于有所前往。其要义之核心为"人贵有恒"。

《荀子·劝学》曰："锲而舍之，朽木不折；锲而不舍，金石可镂。"《荀子·劝学》与《周易·恒卦》一脉相承、旨趣无异。

《尚书·旅獒》曰："为山九仞(rèn)，功亏一篑。"堆造九仞高的大山，哪怕只差一筐土，也不能算成功。

《诗经·荡》曰："靡不有初，鲜克有终。"人们做事无不有个开头，但却很少能够坚持到底。也说明恒之不易。

《论语·子路》云："南人有言曰：'人而无恒，不可以作巫医。'善夫！"南方人说，人没有恒心，连巫师和医生也不能做，更何况其它职业？此话说得好啊！

《孟子·尽心上》云："有为者辟若掘井，掘井九轫(rèn)而不及泉，犹为弃井也。"做事情好比挖井，挖得深还见不到泉水，仍是一口废井。与"为山九仞，功亏一篑"异曲同工。

西汉刘向《战国策·谓秦王》："《诗》云：'行百里者半于九十。'此言末路之难也。"走一百里路，有一半的人走到九十里就停下了，比喻做事愈接近成功愈困难。

此外，愚公移山、精卫填海、水滴石穿、矢志不渝、"冰冻三尺，非一日之寒"、"十年专一事，大可成天才"等成语、故事、俗语、名言，说的都是同一个道理——成功在于恒心。

二

恒心与意志、坚持、习惯。

意志是一个大概念，它在不同情况下的不同反映和表现，会形成很多好的品质，而这些品质都是意志品质大家族的成员，其中，意志的长久不变叫恒心，意志的永不放弃叫坚持。

有人没有找到合适的工作，为了生计去捡破烂、扛大包；有人为了多挣钱供子女上大学而去打二三份工等。人们对自己在做的事不喜欢、不认可，但为了另一个目的，一个间接的目的，而不得不去做时，就需要坚持。

当一个贪玩的孩儿变成一个好学的孩子时，的确需要坚持，需要采取一些手段。但是，当学习成为了一种习惯、一种需要时，便无须坚持了。

人们每天都要刷牙、洗脸、穿衣、吃饭、搞卫生等，但并没有人觉得这是在坚持，因为这是习惯。习惯是逐渐养成的，开始时需要学习、培养、坚持，一旦习惯养成，坚持就让位于恒心了。

孔子说："知之者不如好之者，好之者不如乐之者。"(《论语·雍也》)懂得学习的人比不上喜爱学习的人；喜爱学习的人比不上以学习为乐趣的人。这就是为学三境界：知 、好、乐。做其它事，同样也是这样。当人们知道了某件事的重要性，喜欢上了某件事，进而乐此不疲时，人们并不觉得辛苦、难熬，并不觉得自己在坚持；相反，有时甚至觉得自己在享受、在快乐。

一般情况下，不论学习还是做事，主要靠恒心。如果一个人觉得自己是在坚持，那么就意味着快撑不下去了。

人的95%的日常行为都是习惯性的，而习惯的背后就是恒心。习惯需要恒心的支持和支撑，恒心没了习惯也就没了。

恒心是人的一种心理状态，由知、情、意构成，即对自己需要做的事或对自己的习惯有认知、有情感、有意志，因而能够主动地、自觉地、长时间地进行和维持下去。在常规情况下，恒心可以解决学习、工作、生活中的很多问题，但有时，如面临巨大的任务、困难、压力、诱惑时；当遭遇疾病、灾难时；当马拉松等竞赛进入最后阶段时；在巨大的项目、系统工程进入倒计时或黎明前的黑暗时期等，就需要调动包括意志在内的一切力量来进行坚持，坚持，再坚持！

三

学习贵有恒。

《荀子·劝学》曰："学不可以已。"学习是不能停止的。又说："不积跬(kuǐ)步，无以至千里；不积小流，无以成江海。骐骥一跃，不能十步；驽马十驾，功在不舍。"该文章使用了大量比喻，说明学习贵在锲而不舍、长期积累，用心专一，无所旁骛。

明朝胡居仁自勉联写道：“苟有恒，何必三更眠五更起。最无益，莫过一日曝十日寒。”学习，一要有恒心；二要有方法。胡居仁自己是这样说的，也是这样做的。他兴趣广泛，博览群书，《左传》《公羊》、诸子百家、楚辞汉赋、唐诗宋词等，无不涉猎。他饱读儒家经典，尤致力于程朱理学，成就超过了自己的老师。他淡泊自处，自甘寂寞。他远离官场，布衣终身。他讲学之余，笔耕不辍，勤于著述，著有《胡文敬公集》等。

一个读书少年向陶渊明求教，陶渊明带他来到田边，指着尺把高的稻禾问：“你仔细瞧瞧，它现在是否在长高呢？”少年蹲下目不转睛地盯着禾苗，说：“没见长啊！”陶渊明反问：“真的没见长吗？那么，春天的秧苗又是怎样变成现在尺把高的呢？”少年不解地摇头。陶渊明开导说：“其实这禾苗每时每刻都在生长，只是我们没觉察到。读书学习也是这样。知识的增长是一点一滴积累的，有时自己都觉察不到。但只要勤学不辍，持之以恒，就会由知之不多变为知之甚多。所以，有人说‘勤学如春起之苗，不见其增，日有所长’。”

接着，陶渊明又指着一块大磨石问：“你看那磨石，为什么会出现像马鞍一样凹面呢？”少年答：“那是磨损的。”“那你可曾见到，它是哪一天被磨损成这样的呢？”少年说：“不曾见过。”陶渊明又进一步诱导说：“这是农夫们天天在它上面磨刀、磨镰、磨锄，久而久之，磨损而成。由此可见，‘辍学如磨刀之石，不见其损，日有所亏’。学习一旦间断，所学知识就会不知不觉地慢慢忘掉。”循循善诱的开导，使少年悟到了为学必须“循序渐进，持之以恒”“勤学则进，辍学则退”的道理。

四

科研贵有恒。

华罗庚说：“做学问，做研究工作，必须持之以恒，不怕失败。摔倒了，爬起来想一想，再前进。”

爱迪生说："如果你希望成功，应当以恒心为朋友。"爱迪生一生的发明共有2000多项，拥有专利1000多项，被称为"发明大王"。他身上有很多优秀品质，其中之一就是恒心。

他研制电灯，先把一小截炭丝装进玻璃泡里，刚一通电就断裂了。他用自己手制的抽气机，尽可能地把玻璃泡里的空气抽掉。通上电，8分钟后还是灭了。他先后试用了白金、钡、钛、镅等1600多种耐热材料，效果都不理想。

他开始从植物纤维中去寻找新的材料。他先从围巾上扯下一根棉纱，一试验，效果很好。紧接着又制造了很多棉纱炭丝，进行了多次试验。1879年10月21日，电灯研制成功——灯泡的寿命长达45小时，用碳化棉丝制成，名为"碳化棉丝灯"。这消息一传开，轰动了整个世界。可爱迪生不满意，摇头说："不行，还得找其它材料！"

连马鬃、人的头发和胡须都拿来当灯丝试验，后又先后试用了6000多种纤维材料，其中竹丝最好，又经过比较，日本竹丝最为合适，可持续点亮1000多个小时，名为"碳化竹丝灯"。直到1906年，爱迪生又改用钨丝，质量进一步提高，一直沿用至今。

有人一生淡泊恒定，笔耕不辍，写下了千古名著。如：曹雪芹写《红楼梦》用了10年；司马迁写《史记》用了15年；司马光编《资治通鉴》用了19年；李时珍写《本草纲目》用了27年；徐霞客写《徐霞客游记》用了34年；托尔斯泰写《战争与和平》用了37年；马克思写《资本论》用了40年；歌德写《浮士德》用了60年。

五

做事贵有恒。

牛顿说："一个人如果做事没有恒心，他是任何事也做不成功的。"从古到今，人们事业的成败，从表面上看，原因不一，经验教训甚多，但深究起来却往往是恒心问题。因为，有恒心的人一定会成功，没有恒心的人肯定会失败——这是亘古不变的铁律。所做的事情越大,所遇到的挫折就越多,想不退缩也就越难。只有具有恒心的人,才有可能到达终点,获得成功。

人与人之间,往往时代是相同的,机会是均等的,能力也是相差无几的,只是用心不一样:有人做事专心致志,持之以恒;而有人三心二意,三天打鱼两天晒网。

雷蒙·克罗克由一个推销员出身,从事过很多种工作,在经历过多次破产、多次失败之后,他选择了汉堡包,成功地创立了麦当劳,推动了快餐连锁业的迅速发展。麦当劳王国的建立,不仅是一场商业革命,更是一种饮食文化上的革命。今天的麦当劳已成为美国文化的一种象征。克罗克成功的神话,也成了今天创业者纷纷效法的榜样。

1984年,雷蒙·克罗克去世,但在麦当劳公司总部的办公室里,至今还悬挂着他生前喜爱的座右铭:

世界上任何东西都不能代替恒心。“才华”不能:才华横溢却一事无成的人并不少见;“天才”不能:是天才却得不到赏识者屡见不鲜;“教育”不能:受过教育而没有饭碗的人并不难找。只有恒心加决心才是万能的。

六

恒心的获得。

第一,恒心需要勇气、决心和信心的结合。作为恒心,它既不能孤立地存在,更需要其它意志品质的协同和支持。即只有在勇气、决心和信心的推动和结合下,恒心才能恒而久之。

第二,恒心需要意志、毅力和耐心的支撑。成功的道路漫长而枯燥,常常会遭遇困难、坎坷、挫折和失败。这时,就需要勇往直前、无坚不摧的意志,坚忍不拔、百折不回的毅力和无怨无悔、不急不躁的耐心的支撑,否则,很难持之以恒。

第三,恒心需要理想、信念和目标的引领。没有理想,就没有动力;没有信念,就没有执着;没有目标,就会迷失方向。在高远的理想、坚定的信念和明确的目标引领下持之以恒,才有可能成功。

第四,恒心需要培养、锤炼和激励。要从小培养和呵护孩子的恒心。要教育孩子,不论干什么事,要么不干、要干就要干好。当孩子专心致志地学习、做事,甚至玩耍时,大人不可随意地喝三吆四让他中止,而要保护孩子的好习惯,让他持之以恒,把事情做好、做完。

第五,物色榜样,仿而效之。名人、伟人、科学家和一切成功人士、有成就的人都有恒心。我们可以从中选出一些有代表性的人物,去读他们的故事和传记,用他们的恒心来激励自己。榜样的力量是无穷的,崇拜谁,往往就有可能赶上谁和超过谁。

自信——成功秘诀，自信第一

自信是走向成功的第一步。

——莎士比亚

自信是成功的第一秘诀。

——爱迪生

一

人生之路，贵在自信。

自信，就是相信自己，相信自己的力量、才能和价值；相信自己的进取、努力和奋斗；相信“天生我材必有用”，对于自己的将来和前途充满希望。自己最了解自己，因而应该相信自己。一个自己相信自己的人，别人才会相信你。如果连自己都不相信自己，那么这个世界上就没有人会相信你了。

自信是一种信念，是指一个人对自己的个性心理与社会角色进行积极评价、认为自己有能力或采用某种有效手段能完成某项任务、解决某个问题的信念。自信和信心、自信心是同义词。自信一般包括如下内容：

1. 认定优势：对自己的实力、优势有清醒的认识、正确的估计和积极的肯定；

2. 有所追求：有理想、有信念，有自己的既定目标，并为之积极努力；

3. 敢于挑战：勇于挑战自己和权威，主动接受新任务，敢于走前人没有走过的路；

4. 坚持不懈：遇到困难和挫折不畏惧、不退缩，能够战而胜之，勇往直前。

自信有度，有强弱程度上的不同（少许自信，比较自信，很自信，特自信），也有真假。

自信过了头或过于自信，就是自负。不够自信或不自信，就是自卑。

有些人谦虚、恭敬，海纳百川，不耻下问，正如成熟的麦穗总是低着头，丰硕的果树总是弯着腰一样，这是真正自信的本来面目。

有些人无论表面看上去多么的自信满满或自负、强大，其实骨子里却极其自卑，比如，外强中干、色厉内荏、狂妄浅薄、飞扬跋扈、吹嘘炫耀、爱慕虚荣、特别要强等，这不过是自卑戴上了自信、自负的假面具而已。

二

很多时候，人们的成功和失败并不缘于体力、财力、精力、能力甚至智力，而恰恰是取决于自信心。

1. 自信是内在的动力。自信就像引擎、发动机、核反应堆，是人的一种内在的精神驱动力。有了自信，人就会动起来——向前、进取、努力、奋斗、拼搏！有了自信，就有了积极性；有了积极性，就有了兴趣；有了兴趣，就有了乐观；有了乐观，就愈加自信……

2. 自信是人格的核心。自信给人以力量、信念、目标、意志，使人勇敢、果断、勤奋，坚强等。如果没有自信，这一切就都没了，也就不会有人格。人格具有自信的魅力，在人的各种人格魅力中，例如平易近人、和蔼可亲、胸襟开阔、潇洒豁达、气定神闲、沉稳干练、目光炯炯、神采奕奕里，总会有自信的魅力在闪烁。

3. 自信是成功的基石。苏格拉底说："一个人是否有成就只有看他是否具有自尊心和自信心两个条件。”高尔基说：“只有满怀信心的人，才能在任何地方都把自己沉浸在生活中，并实现自己的理想。”如果缺少了自信，在人生的大舞台上就施展不出自己的才华，表现不出真实的、强大的自我。

4. 自信是潜能的挖掘机。现代心理学研究表明，自信心强，大脑思维就活跃，容易产生灵感和创造力；反之，缺乏自信，大脑活动就会受抑制，很难进行创造性思维。

三

自信与自卑。

自信的另一面是自卑。自卑，就是自己看不起自己，妄自菲薄，对自己的能力、品质、价值，评价过低。

自卑并不是一无是处，有点自卑感也并非是坏事。比起狂妄自大来，自卑要讨人喜欢得多。因为，自卑有一种内敛的力量，克己、节制、自觉，不张扬，不膨胀。自卑的人往往都很谦虚，善解人意，善于体谅人，不会争强斗狠、争名夺利。自卑的人重感情，重友谊，安分随和，善于思考，做事小心谨慎。

敬畏来自谦卑。没有谦卑就没有敬畏。孔子说：“君子有三畏：畏天命、畏大人、畏圣人之言。”（《论语·季氏》）谦卑常常提醒人们低调做人，对于不知、崇高和神圣的东西保持高度的敬畏之心，敬畏自然、敬畏百姓、敬畏历史、敬畏法律、敬畏制度、敬畏良心、敬畏长辈、敬畏舆论。

面对挫折，是人都会产生或多或少的自卑感；当有人比你出色时，也会不自觉的产生自卑感，这些完全是正常的心态。心理学认为自卑是一种内心的警觉，是一种创造的源泉与动力。自卑感让人去追求成熟、优越及完美。心理学家阿德勒说：“自卑是进步的原动力。”他认为自卑的人更容易趋于成功，人的成就恰好是自卑的作用，人寻求卓越恰好是对自卑的一种补偿行为。

发现了自己的不足和缺陷,就产生自卑。为了弥补自己的不足和缺陷,就要想办法从其它方面下苦功。想出了办法,看到了希望,就会产生自信。经过一番努力,一般都很成功。所以说,自卑或不自信是土壤,自信和成功只是这片土地上长出的庄稼。

自信和自卑犹如硬币的两面,同时存在于一个人的身上,相反相成、此消彼长。没有自卑,就没有自信;同样,没有自信,也就没有自卑。自卑多了,自信就会少;同样,自信多了,自卑也会减少。

自信过了头就是自负。面对困难、低谷、坎坷、挫折、失败、疾病和灾难,面对考试、比赛、对抗、挑战和竞争,战争时期面对凶残的敌人等,需要一点自负,那是为了给自己打气,以增加自己的底气、力量、拼劲和狠劲。此外,自负就只有坏处而没有任何好处了。

在人际环境里,过于自信的人总是比较独立,具有一定的进取性和攻击性。在一个团队里,一个自以为自信的人往往需要更多看起来不那么自信的人去调和,不然,团队就会失去平衡,大家都不舒服。

四

战胜自卑。

有点自卑,并无大碍;过于自卑,却是灾难。

要想摆脱自卑,首先要做到两点:一是必须停止自己与他人的不必要的比较——平衡心理;二是必须放弃对超越自己能力的目标的追求——量力而行。然后:

1.用正确认识破除自卑

人为什么自卑?是因为有一个错误的认识在支配你。给每一个引起自卑的事实以一个拨乱反正的正确认识,就可以有效地破除自卑。

普天之下没有什么值得自卑。例如男孩子常常因为个子矮而自卑,在女孩子面前抬不起头。其实很多伟人的个头都不高,你又何须自卑?

2.用补偿心理超越自卑

补偿心理是一种心理适应机制，即为克服自己生理上的缺陷或心理上的自卑，而发展自己其他方面的长处或优势，赶上或超越他人的一种心理适应机制。正是这一心理机制的作用，自卑感就成为许多成功人士成功的动力，成了他们超越自我的“涡轮增压”，而生理缺陷愈大的人，他们的自卑感也愈强，寻求补偿的愿望就愈大，成就大业的本钱就愈多。

3.用乐观态度面对一切

自信的人也不是什么都比别人强，他们中不乏个子矮的，不乏相貌丑的，不乏父母无权无势的，可他们却不为这些苦恼，相反他们总是乐观地面对自己、面对他人。

4.用实际行动打造自己

建立了自信，就战胜了自卑。建立自信最快、最有效的方法，就是从小事做起，从眼前做起。例如，衣着整洁、得体；精神饱满、旺盛；敢于正视他人，开会时坐在第一排；多参加体育运动和集体活动；多读点书（腹有诗书气自华）；多与自信心强的人交往（近朱者赤）等。

五

如何自信？

自信心也是一颗平常心，不卑不亢、不温不火、不徐不疾、不骄不馁，知之为知之，不知为不知。

自信不能伪装，伪装的自信比自卑更可怕。人的行为，是受其内在机制制约的，若没有内在心理机制的支撑，你强装出一副自信的样子，模仿自信的行为模式，其后果不堪设想。

很多人比别人强的时候，或者面对弱者的时候，他就感觉自信满满。面对强者，当他比不过别人时，就不那么自信了，甚至自卑起来。

自信的真正含义，是个体面对自我和现实，客观地认知并高度地接纳之后，对自身作出的准确定位，以及对未来给出的理性预期。我们之所以自信，并不是因为我们绝对的优秀、绝对的强大，而是因为我们实事求是，勇于面对现实，乐于接纳自我。在这个基础上建立的自信，即使遭遇再大的挫折、面对再大的困境，哪怕是世界末日来临，也不会有丝毫动摇。真实的自信才会给人带来“内在安全感”。

自信就是一种做人做事的健康心态，一种成熟理性的行为模式。拥有真正自信的人，在弱者面前不会自大，不会摆出一副强者的姿态；在强者面前也不会自贬，更不会奴颜婢膝。能够坦然接受失败，能够勇敢地正视自身的任何弱点和缺陷。获得成功也不会变得狂妄，面对别人的成功也不会嫉妒。

真正的自信来自于何处？

1.来自于实力。有真才实学才会自信。不断地努力、勤奋、刻苦，自信才会从你的心里，眉宇间，语气中，逐渐地、自然而然地产生出来。

2.来自于准备。胸有成竹，必然自信。有时候，即使缺少具体的准备，但只要在平时有所积累，又能保持一种积极良好的心态，那么，一旦情况有变或机会到来时，也可以随机应变或急中生智。

3.来自于理性思维和科学精神。理性思维是对事物或问题进行观察、比较、分析、综合、抽象与概括后，建立在充分的证据和严密的逻辑推理基础上的一种思维。科学精神则要求不断地怀疑、求证，正确地反映客观现实，实事求是，避免主观臆断。把自信建立在理性思维和科学精神之上，才客观，才可靠，才真实。

六

如何培养自信？

自信心的培养，是人生的根本建设。

都是一样的孩子，如果父母或老师老是用鄙夷的眼光看着他，觉得他特傻，老是为他操心，见了他就愁眉不展，唉声叹气，他还有自信心吗？没有了，他就会觉得自己真的不行。可是，如果父母、老师见了他就欣赏，就夸奖，就微笑，就高兴，他的感觉一定很好，真的觉得自己很棒。

用对待聪明孩子的态度和方法去训练孩子，孩子就会自信、聪明起来；相反，用对待笨孩子的态度和方法去训练孩子，孩子就会自卑、笨拙下去。

自卑起源于人的幼年时期。培养幼儿的自信，要特别地细心和耐心。

中学阶段是培养自信心的重要阶段。学生的自信主要表现在学习方面，因此要鼓励他们努力认真学习，使他们能至少在一两门功课上取得优异成绩，以增添成功和获胜带来的自信的心理愉悦。若是学习困难大，缺乏信心，那就要从他们喜爱的活动和擅长的技能方面来培养自信，而后再导入到课堂学习中去。

要提醒他们看到自己的长处，也要知道自己的不足，尽量避免因盲目或过于自信而遭受伤害。

对于可能出现的挫折和困难，要做好应有的心理准备，避免因主观欲望过高、过强，而导致在希望破灭后陷入无所适从的情感危机之中。

不要只有成功的幻想，而没有失败的估计。要让他们懂得人生成功之路不只是一条。客观地从自身的实际情况分析自己的优劣之所在，进而扬长避短，发挥潜能，为今后的自立作好自信的准备。

勇敢——顶天立地，无所畏惧

世界属于勇敢者。

——哥伦布

幸运喜欢照顾勇敢的人。

——达尔文

一

勇敢是勇气和胆量的叠加，即不怕困难、不怕危险、敢于负责、敢于担当、一往无前、无所畏惧。

“男子汉”“伟男子”“大丈夫”，顶天立地，凝聚着男人的勇气。“巾帼英雄”“女强人”“大女人”，气冲霄汉，体现着女人的气魄。有勇气、有胆量而又有力量的人被称为勇士。人人不一定能成为勇士，但人人都可以成为一个勇敢的人。

勇敢是人的诸多品质中最为主要、最为基本的品质之一。对于勇敢，我国传统文化和儒家经典都极为重视，多有论述。

孔子曰：“知者不惑，仁者不忧，勇者不惧。”（《论语·子罕》）明智者不疑惑，仁者不忧愁，勇敢者不畏惧。

孔子又曰：“君子道者三，我无能焉：仁者不忧，知者不惑，勇者不惧。”

（《论语·宪问》）子贡曰："夫子自道也。"孔子说：君子的准则有三项，我都没能做到：仁者不忧愁，知者不疑惑，勇者不惧怕。孔子谦虚，而子贡却认为：这正是孔子的自我写照。

孔子认为，君子必须具备仁、知、勇三项品质。在孔子看来，仁、知、勇是不可分割的统一体——仁德之人是乐观通达而没有忧虑的，聪明而有智慧的人是不会迷惑的，勇敢的人是无所畏惧的。三者之中，仁是核心，知是知仁，勇是行仁。要将仁化为行动、变成现实，就必须依靠勇敢，因此，"仁者必有勇"（《论语·宪问》）。

《礼记·中庸》道："子曰：'好学近乎知，力行近乎仁，知耻近乎勇。知斯三者，则知所以修身；知所以修身，则知所以治人；知所以治人，则知所以治天下国家矣。'"

孔子说，爱好学习就接近智了，努力行善就接近仁了，知道羞耻就接近勇了。知道这三点，就知道怎样修养自己；知道怎样修养自己，就知道怎样治理他人；知道怎样治理他人，就知道怎样治理国家和天下了。

现代人丘吉尔则认为："勇气很有理由被当作人类德性之首，因为这种德性保证了所有其余德性。"又说："勇气是人类最重要的一种特质，倘若有了勇气，人类其它的特质自然也就具备了。"

二

勇者胜。

人们常说："狭路相逢，勇者胜。""两强相遇，勇者胜。"其实，在正常情况下，都是勇敢者胜。勇敢者大多能成功，而怯懦者却无成功可言。

哥伦布梦想闯出一条从欧洲西行到达东方的新航线。1492年8月3日，哥伦布率领三艘大小不同的船只和八十八名队员出海了。然而，漂流了很久，却不见陆地！大海茫茫，希望渺茫！有时狂风暴雨，有时惊涛骇浪，有时险象环生，有时人心浮动！有几个海员甚至要把哥伦布扔进大海再返航回去。面对这些，哥伦布毫不动摇，坚持西行。1492年10月12日

（后定为美洲发现日——哥伦布日）凌晨终于发现了陆地——抵达瓜纳哈尼岛。新大陆的发现和新航线的开辟立即轰动了西班牙和整个欧洲。

1961年4月12日莫斯科时间上午9时07分，前苏联首位宇航员加加林乘坐东方1号宇宙飞船起航，在最大高度为301公里的轨道上绕地球一周，历时1小时48分钟，于上午10时55分安全返回，完成了世界上首次载人宇宙飞行，实现了人类进入太空的梦想。

1969年7月21日，美国宇航员尼尔·阿姆斯特朗和巴兹·奥尔德林乘"阿波罗"11号飞船首次登月。凌晨2点56分，阿姆斯特朗的左脚踏上了月球，并说："这是一个人的一小步，却是人类的一大步。"

有勇气者，不一定有力量，未必能"力拔山兮气盖世"。战国时期，赵国舍人蔺相如，乃一介书生，手无缚鸡之力。他持国宝和氏璧入秦，以"臣头今与璧俱碎于柱"（《史记·廉颇蔺相如列传》）的勇气挫败和折服了秦王，从而留下了"完璧归赵"这一成语和故事。在之后的渑池会上，又以"五步之内，相如请得以颈血溅大王"的气势逼迫秦王就范。回国后被赵王拜为上大夫、上卿（相当于后来的宰相）。

三

知耻而后勇。

孔子曰："知耻近乎勇。"其意是，知道羞耻就接近勇敢了。知耻而后勇，就源自于孔子的这句话。

孟子曰："羞恶之心，人皆有之。"又说："人不可以无耻，无耻之耻，无耻矣。"后句意思是，人不可以不知羞耻，从不知羞耻到知道羞耻，就可以免于羞耻了。

春秋时，越王勾践战败，为吴所执，受尽凌辱，被放回越国后，立志报仇雪耻。他在吃饭的地方挂上一只苦胆，每逢吃饭的时候，就先尝一尝苦味，并问问自己："你忘了会稽的耻辱吗？"晚上枕着兵器，睡在稻草堆上。这就是"卧薪尝胆"。他亲自到田里与农夫一起干活，妻子也纺线织布。

经过十年生聚，十年教训，兵精粮足，国富民强。勾践两次举兵，灭了吴国，雪了前耻。又北上中原与诸侯会盟，成为春秋时期最后一个霸主。

苏秦从鬼谷子学成之后，出游数载，一无所成。回到家中，“妻不下纴(rèn)，嫂不为炊，父母不与言”(《战国策·苏秦以连横说秦》)。苏秦羞愧不已，闭室不出，苦读太公《阴符经》，每逢困乏欲睡，便用锥自刺其股。这就是成语“悬梁刺股”之“刺股”的由来。后，他改变策略，游说六国合纵抗秦，身任六国宰相。衣锦还乡时，“父母闻之，清宫除道，张乐设饮，郊迎三十里。妻侧目而视，倾耳而听。嫂蛇行匍伏，四拜自跪而谢”(《战国策·苏秦以连横说秦》)。

韩信初为平民，家中贫穷，又没有好的德行，不能被推选去做官，又无经商谋生之道，经常靠吃白食度日，人们大多厌恶他。

淮阴屠户中有个年轻人侮辱韩信说：“你虽然长得高大，喜欢带刀佩剑，其实是个胆小鬼罢了。”又当众侮辱他说：“你要不怕死，就拿剑刺我；如果怕死，就从我胯下爬过去。”韩信仔细地打量了他一番，低下身去，趴在地上，从他的胯下爬了过去。满街的人都笑话韩信，认为他是个胆小鬼。

就是这位受惯了他人白眼、又受过胯下之辱的韩信，后被刘邦重用，先被拜为大将军、相国、齐王，后被贬为淮阴侯，集“王侯将相”于一身。韩信与萧何、张良并列为汉初三杰，也是中国历史上杰出的军事家。

人类历史上，像勾践、苏秦、韩信这样人物并不少见，他们“知耻而后勇”。所以，贫穷、失意、坎坷、挫折、失败，未必都是坏事，它们可以激励人的意志、燃起人的热情，使人“知耻而后勇”，从而获得成功。

四

不逞匹夫之勇。

苏轼在《留侯论》一文中写道：“匹夫见辱，拔剑而起，挺身而斗，此不足为勇也。天下有大勇者，卒然临之而不惊，无故加之而不怒。此其所挟持者甚大，而其志甚远也。”意思是说，有勇无谋的人受到侮辱时，一定会拔剑而起，挺身上前搏斗，这不足以被称之为勇。天下真正具有大勇的人，遇到突发事件毫不惊慌，无缘无故地被横加罪名也不愤怒。这是因为他们胸怀的抱负极大，志向非常高远，而不计较眼前的进退和得失。

勇敢是人的最基本的品质之一，但是，仅仅只有勇敢是远远不够的。没有真正的本领做后盾，勇敢是发挥不了太大作用的。而四肢发达、头脑简单的人，往往只会逞匹夫之勇。勇敢是个中性词，好人、君子可以勇敢，品质不好的人、小人、坏人、恶人也可以勇敢。即使是好人，勇敢也要适度。勇敢不足为怯懦；过于勇敢则是鲁莽。

勇敢必须和智慧、才能、理性、冷静、谨慎、目标、理想等结合起来，才能发挥出更好、更大的作用：

1. 有勇有谋，智勇结合。有谋无勇，是空想、纸上谈兵；有勇无谋是莽撞、匹夫之勇。蔺相如运筹帷幄，足智多谋，在特定的关键时刻又表现出了大无畏的勇敢精神，这样，仅凭他一介书生就足以制服秦王。

2. 有仁有义，见义勇为。勇敢要以仁、义为引导。孔子曰："君子义以为上。君子有勇而无义为乱，小人有勇而无义为盗。"（《论语·阳货》）君子把义作为最高准则。君子有勇无义会闹出乱子，小人有勇无义就会做盗贼。

3. 有胆有识，胆大心细。有胆无识，会下错决心，会迷失方向；有识无胆，是海市蜃楼，空头支票。心细胆不大，难以下决心，放不开手脚；胆大心不细，常常出错，容易失败。

4. 厚德载物，宽以待人。勇敢的人要像大地一样宽厚，能让步，能吃亏，能容人，能容忍，不计较，不挑剔，能包容别人的缺点和错误；但却不能纵情傲物，恃强凌弱，目空一切。

5. 志存高远，忍辱负重。孔子曰："小不忍则乱大谋。"（《论语·卫灵公》）勾践、苏秦、韩信之所以忍辱负重，就是为了实现各自的目标、抱负和理想。

6. 大勇若怯，三思而行。大智出大勇，大勇生大智，勇和智是相辅相成的。大勇者如同大智者：一、为人低调——藏锋敛锷、从容淡定、虚怀若谷、不显山、不露水，给人一种怯弱的感觉；二、做事谨慎——深谋远虑、三思而后行、谋定而后动、不冲动、不功利，给人一种稳重的感觉。这是修为、境界所致，并非矫揉造作，故作姿态。

五

做个勇敢的人。

世界上的事往往是这样：并不是因为事情难，我们才不敢；而是因为我们不敢，事情才会难。一个人要想取得成功，至少需要具备或培养起以下几种勇气：

1. 敢于尝试。不管什么好事，都不妨去试一试。敢试就有机会。敢于参加比赛，才会获得奖杯；敢于参加战斗，才能赢得胜利。不敢尝试就什么机会都没有。孩子小的时候，作为父母，就要重视培养孩子的勇气，重视培养孩子大胆开朗的性格，克服胆小怕人的心理。

2. 敢为天下先。鲁迅曾称赞道："第一次吃螃蟹的人是很令人佩服的，不是勇士谁敢去吃它呢？"要想取得成功，就要敢想别人所未想，敢做别人所未做，敢走别人没有走过的路。要敢于从别人不敢下手的地方下手，敢于把未曾结合过的东西结合起来，敢于把别人未曾实现过的离奇想法延伸下去等。

3. 敢于战胜自己。发现自己的缺点和错误，难；改正自己的缺点和错误，更难。发现自己的缺点和错误靠的是自知之明，而改正自己的缺点和错误靠的是勇气。发现别人的长处和优点，难；学习别人的长处和优点，更难。发现别人的长处和优点靠的是虚怀若谷，而学习别人的长处和优点靠的正是勇气。

4. 跌倒后立即爬起来。成功之路不是一马平川、一帆风顺，不是坐在豪华轿车里在高速公路上风驰电掣。成功之路是一条弯弯曲曲、崎岖不平、布满荆棘和沟坎的羊肠小道。其中的艰难险阻、挫折和失败不可胜数。只有勇敢顽强，不怕困难，不怕牺牲，不把挫折、失败当回事，跌倒了立刻爬起来的勇士，才有可能到达光辉的顶点。

冷静(镇静、平静、宁静、心静)

——从容自若,处变不惊

不管发生什么事,都要冷静、沉着。

——狄更斯

淡泊明志,宁静致远。

——中国古语

一

“仁者静”。

静,与动相对,指的是神清气闲、从容自若、安定不动,包括安静、平静、清静、沉静、宁静、恬静、冷静、镇静、心静等意。在我国,不论是道家的炼心炼气,儒家的修心养性,还是佛家的“六根清净”,都无不以练静为根本。因为,心不能静,便无所安,无所守,就会一事无成。

老子认为,万物皆生于静,而复归于静。他关于静的论述很多:

例如《老子》十六章:“致虚极,守静笃。”“夫物芸芸,各归其根。归根曰‘静’,静曰‘复命’。”意思是,达到极端的空虚无欲,坚守彻底的清静无为。万物纷繁众多,各自回归根本。回归根本叫做“静”,静叫做“复命”(复归生命之本)。

又如《老子》二十六章："重为轻根，静为躁君。""轻则失根，躁则失君。"意思是，稳重是克制轻率的根本，沉静是限制浮躁的主宰。轻率就会丧失根本（稳重），浮躁就会丧失主宰（沉静）。

再如《老子》四十五章："静胜躁，寒胜热。清静，为天下正。"清静战胜浮躁，寒冷战胜炎热。清静为天下之君长。

《礼记·大学》第一章开宗明义："知止而后有定，定而后有静，静而后能安，安而后能虑，虑而后能得。"知道应达到的境界才能志向坚定、具有定力，有了定力才能够沉静，沉静才能够心神安定，心神安定才能够思虑祥审，思虑祥审才能有所收获。

宋人晁迥所著《昭德新编》曰："水静极则形象明，心静极则智慧生。"水静则倒影清晰，心静则智慧萌生。比喻贴切、生动，可以看作是对以上《礼记·大学》那段话的浓缩。

《论语·雍也》曰："仁者静。"（仁者性好静，或仁者娴静。）孔子把"静"作为正人君子和志士仁人的一种重要的修养和品德。

欲静，必仁。仁者对父母孝，对兄长悌，对朋友信，对国家忠，对他人爱。仁者无愧于天，无愧于地，无愧于他人，无愧于自己。所以，"仁者静"。一切思想上有邪念、本质上有问题的人，不可能达到"静"的境界。

《庄子·庚桑楚》曰："正则静，静则明，明则虚，虚则无为而无不为也。"意思是，心神端正就能够常保宁静，能够常保宁静就可以一心不乱，可以一心不乱就能够心灵虚空。心灵得以虚空，就不会有违背自然的刻意作为，也就没有办不成的事。

佛家有语："静能生慧，慧能生智。"其实，儒家、道家也都认为：静能生智，宁静致远。

二

遇事——冷静。

人需要冷静。冷静使人聪慧，冷静使人稳健，冷静使人豁达，冷静使人有条不紊,冷静使人少犯错误,冷静使人高瞻远瞩。

冷静是指清醒、沉着、理智而不感情用事。它是以忍为本,忍而静之,静而思之,思而省之。

冷静主要指头脑冷静,不发热、不膨胀、不冲动,从而行为理智,不莽撞、不胡来、不过头。它的反面是头脑发热。

人只有头脑冷静才能进行有效的思考,才有可能辩证地、客观地、本质地、有联系地、发展地看问题。只有在头脑冷静的状态下,才能把事情处理得最好,达到最满意的效果。只有头脑冷静,才能处变不惊,急中生智,并且能在最短时间内分析事物,作出有效的判断和处理。

相反,人在心浮气躁、心烦意乱、紧张、恐惧、仇恨和愤怒时,则心跳加快,血液循环加速,体温上升,手心甚至全身出汗,内分泌失调,免疫功能下降,脑波过分兴奋或不稳定,意识模糊甚至大脑一片空白。这时,干什么都不行。

俗话说:“天有不测风云,人有旦夕祸福。”又说:“人在家中坐,祸从天上来。”有很多事来得很突然,出乎人的意料,使人来不及准备。应付“猝不及防”和面对突发事件(包括那些特别令人发指、气愤的事情)的最好办法就是保持冷静,或让头脑迅速地冷静下来——控制、调节好自己的情绪,不能生气,不能愤怒,不能大发脾气。

高尔基说:“哪怕是对自己的一点小的克制,也会使人变得强而有力。”在冷静中,积极地思考和寻找应对、解决的好办法。如果一着急,一慌乱,一发怒,呼吸就会加速,血压就会升高,情绪就会失控,思想就会混乱,就会影响人的观察力、分析力、判断力,就会忽略细节,产生逻辑错误,做出不客观的决定,就会导致事情受损、受挫,甚至失败。

冷静的天敌是冲动,冲动的克星是冷静。林则徐在广州禁烟时,把“制怒”二字高高地悬挂在大堂之上,以时时提醒自己不要发脾气。面对敌人的嚣张气焰和清廷内部的腐败不堪,林则徐很难控制自己的情绪,但他也知道,盛怒之下,只要一步不慎,很可能满盘皆输。所以,他竭力控制自己,不发脾气,冷静地、谨慎地应付和处理各种问题。

《三国演义》中的周瑜气量狭小,容易动怒,诸葛亮三气周瑜,气得他吐血身亡。而老谋深算的司马懿就不同了,任凭诸葛亮怎么“气”,怎么“激”,他只是一笑了之,丝毫不气,诸葛亮也拿他没有办法。

俗话说:冲动是魔鬼,过后才后悔。然而,有些人却很容易被激怒,常常做出一些令自己事后悔恨不已的事情。冲动是一种最具破坏性的情绪,它给人带来的负面影响可能远远大于我们的想象。在生活中,将人们击垮的,有时并不是那些重大的灾难和不幸,而是我们不善于自我控制的情绪和性情。

西方有一句古老的谚语:“上帝欲毁灭一个人,必先使其疯狂。”一个无论多么优秀的人,在冲动的时候,都难以做出正确的抉择。冲动是人类情绪中的顽疾,历史中的很多悲剧里都可以找到它的影子。我们要想成就一番事业,就要想办法战胜它。

人在遇到不满、恼怒、伤心等事情时,会将不愉快的信息传入大脑,逐渐形成神经系统的暂时性联系,形成一个优势中心,而且越想越巩固,日益加重;如果马上转移,想高兴的事,向大脑传送愉快的信息,争取建立一个愉快的兴奋中心,就会有效地抵御、避免不良情绪。

当人的情绪即将爆发时,往往只需要几分钟、几秒钟就可以平息下来。关键时刻,要忍,要克制,要像林则徐那样不断地对自己说:“冷静!冷静!”可用拖延法、转移法等进行控制,如去一下洗手间,或洗个澡、运动一下,或者数数,盛怒之下,一般数到60,就可以平静下来。

冷静不等同于冷漠,冷静不是冷冰冰。如果冷静过了头或只有冷静,那就是麻木不仁、漠不关心、无动于衷。冷静并不是孤立存在的,它必须和热情、激情、豪放、朝气、勇敢、果断等优秀品质结合起来,才能发挥更大的作用。

爱思考、爱探索而又缺乏冷静,这是青年人的特点,是与青年人的生理、心理特征分不开的。青年人生理上的不成熟决定了心理和思维上的不成熟。所以,青年人更需要学会冷静。

冷静与否,不仅是方式、方法和态度问题,而且也是涉及理想、信念、价值观、人生观、世界观和方法论的问题。为什么有的科学家当他的理论和观点受到围攻时，却异常地冷静？为什么有些人面临死亡时也异常地冷静？为什么有些人“卒然临之而不惊，无故加之而不怒”？这是因为冷静需要修养，需要历练，需要坚强的理想、信念和正确的价值观、人生观、世界观和方法论的支撑。同时，还需要养成遇事冷静思考的习惯，不感情用事，不主观臆断。

三

遇大事——镇静。

“每临大事有静气，不信今时无古贤。”这是晚清翁同和所写的一副对联。它告诉人们，镇静是人的上上品质，谁有之，谁就可以与古代圣贤相媲美。

南北朝的时候，宋少帝品性恶劣，于是，顾命大臣徐羡之、傅亮、檀道济、谢晦决定废宋少帝，另立新君。举事前一天，檀道济住在谢晦家。当晚，谢晦忐忑不安，辗转反侧，难以入眠。再看看身边的檀道济，熟睡得像块木头，鼾声如雷。次日，四人率兵入宫，废了少帝，另立明君。谢晦因此对檀道济“每临大事有静气”的镇定功夫佩服得五体投地。

后来，谢晦因事反叛，宋文帝派檀道济去讨伐。文帝问，此去预计结果怎样？檀道济说，论出谋划策，自己无论如何也比不上谢晦。但是论两军交锋，谢晦不是自己的敌手，估计可以一战而擒之！

事情的结局不出檀道济所料。谢晦一听檀道济率兵前来讨伐，方寸大乱，指挥无度，进退失据，兵败被擒。论谋略，谢晦的才能是一流的。他的失败，关键就在于他遇事不能保持镇静，少了“每临大事有静气”的修养和大将风度。

镇静是一种修为，是一种从容和淡定，不是任何人都可以做到的。如果大事能从容应对、以静制动，那么小事就更能拿得起放得下了。

四

日常——平静。

平静，即平心静气，指的是心态平和，气息安详，言行举止不慌不忙、不急不躁、从容不迫、沉着稳健。

凡人，皆有“七情六欲”。外界的刺激越大，情绪也就越强，如喜时手舞足蹈，怒时咬牙切齿，忧时茶饭不思，思时牵肠挂肚，悲时痛心疾首，恐时失魂落魄，惊时张皇失措等。

为人，首先要控制好自己。要控制自己就要控制自己的情绪，把情绪控制在一个合理的范围内。要控制自己的情绪就要控制自己的欲望。当自己的欲望受阻、当自己获取欲望的行为受挫、当自己的切身利益受到挑战时，便容易失去理智。如果从源头上控制住自己的欲望，就不会有过激的情绪产生。例如粗茶淡饭，清心寡欲，无私无畏，天下为公等，就足以保持内心的平静。

若要保持平静，就要有一颗平常心和平常人的信念。平常心，就是普通之心，普通人的勤劳善良之心、谦让之心、容人之心、感恩之心、奉献之心。平常人的信念，就是相信：只要清清白白地做人，踏踏实实地做事，就必然会有美好的明天和未来，而无须羡慕、嫉妒，无须斤斤计较、阿谀奉迎，无须投机取巧和争权夺利。

若要保持平静，就要低调做人。即“夹起尾巴做人”“不要把尾巴翘到天上去”，充分地尊重他人和客观事实，不以我为中心，不自以为是，不强加于人，不目中无人。低调做人可以避开人们的嫉妒和注意力，可以获得多数人的同情、帮助和支持，从而有利于学业和事业的成功。

五

学习——宁静。

宁静指的是环境和心情都很安静。“居不幽者思不远，身不约者智不广”。学习、研究、治学、谋划、做事等都必须宁静，必须排除物质上的诱惑和精神上的干扰，专心致志，全力以赴，方可达到目的。

大凡有点成就之人，都把“淡泊明志，宁静致远”作为自己的座右铭，这八个字，出自诸葛亮的《诫子书》。

“板凳要坐十年冷，文章不写半句空”“十年寒窗无人问，一举成名天下知”“十年面壁图破壁，难酬蹈海亦英雄”等，写的都是以静求动，宁静致远。许多名家学者都努力为自己营造一个“结庐在人境，而无车马喧”的宁静天地。事实表明，只有宁静，才会有非凡的创造。

宁静源于人的内心，但在人的内心深处却有很多躁动因素与之相对抗，使人难以宁静。它们为“五心”：功利之心、贪婪之心、嫉妒之心、骄傲之心和勃勃之野心。

孙庞斗智的故事家喻户晓。孙膑代表宁静，庞涓代表躁动。宁静的敌人就是躁动。如果说，宁静是天使，躁动是魔鬼，那么孙庞之争就是天使与魔鬼的斗争。庞涓学业未成，就下山入仕，功利、贪婪、嫉妒、骄傲、野心勃勃，“五心”俱全。

庞涓下山后，孙膑毫不动心，仍在山中跟随先生鬼谷子学习。他原来就比庞涓学得扎实，先生又见他为人宁静、诚挚、正派，就把秘而不宣的《孙子兵法》十三篇传给了他。所以孙膑的才能远远地超过了庞涓。

孙膑宁静，所以走得远；庞涓躁动，故而走不远。这就是他们之间的差别和胜负的原因。

六

修炼——心静。

心静决定一切！只有心静，气定神闲，才能冷静、镇静、平静、宁静！

有首古诗描写禅师暑天参禅的情景：“人人避暑走如狂，独有禅师不出房；不是禅师无热恼，只因心静自然凉。”这就是心静的作用。相反，如果心不静，即使寒冬腊月，也会冒汗。

心静要有方：

首先，清心寡欲，从容淡定。在生活上，不要有过高的要求，特别是年轻的时候，温饱即可。不要攀比，别人有的自己不一定要有。同时，紧紧地盯住自己的理想和目标不放松，水到渠成、实至名归时，该有的就都会有。

其次，开朗幽默，豁达大度。要开朗，不要阴暗；要大度，不要小气；要随和，不要固执。看见别人收入多了，不眼红；看见别人升职了，不心跳；看见别人进步了，不嫉妒。

再次，调整不良心态，化解不良情绪。当一个人身处逆境时，不可能没有感觉，会情绪低落、苦闷，甚至绝望。这时，就需要采取一些适合自己的方法去进行调整和化解，如运动、旅游、听音乐，发泄、倾诉等。

《礼记·大学》曰："定而后有静。""定"决定"静"，有了"定"才可能有"静"。这个"定"，就是定力！就是抗干扰、抗诱惑的能力，就是心如止水、甘为人下的能力。我国的佛、道、儒，都特别重视定力。佛之禅定，道之身定，儒之心定，强调的都是定力。社会人通过学习、历练和磨难，也可以获得很深的定力。

变通——峰回路转，柳暗花明

变者，天道也。

——康有为

权宜变通是成功的秘诀，一成不变是失败的伙伴。

——池田大作

一

世界上万事万物，从宏观到微观——大到宇宙、天体，小到细胞、原子，无不处于空间和时间的不断运动和变化之中。变化，无处不有，无时不在。

变化，多指客观上的，是客观世界按照一定的客观规律所呈现出的演变和进化。它不以人的意志为转移，如宇宙间的时空变迁，自然界的优胜劣汰，人类社会的生老病死等。而人类社会的变革，多指主观上的，是主观对客观、意识对存在、上层建筑对经济基础的一种能动作用。

宇宙在变化，社会在变革，为人处世则需要变通。困则变，变则通，通则成。根据事物的发展、变化而通权达变、随机应变，则有助于人生和事业的成功。如果你是竞技运动员，而不能够变在前、变在先，你就会被对手打败。如果你是个企业家，而几年、几十年一贯制，那么你的产品就会被市场淘汰，公司就会破产。

由于惰性和习惯，人们一般都喜欢按照既定的思维模式去思考问题和按照一贯的方式、方法去生活和工作。一个有所作为或想取得成功的人，就要突破惯性思维模式，要具备变的意识，不断地求变、求新。

变就是创新。变是发展过程中的自我否定和扬弃，在除旧布新的原则上去创造性地实现更新的目标，所以，变就是改变、创造、立新。

齐白石五十七岁时决定衰年变法，他说："余作画数十年，未称己意，从此决心大变。"八十岁左右，才画出满意的虾画。八十五岁画虾，又进入更高层次——炉火纯青，出神入化。此后他画虾、画蟹，神形兼备，大巧若拙，任何行家都佩服，任何不画画的人也喜欢。他年高九十，竟然又上了一个台阶，超越了很多人，而成为一代国画大师。他说："书画之事不要满足一时成就，要一变百变，才能独具一格。"

韩国三星集团原是一家家族企业，成立于1938年。它通过变革、创新，用了70多年的时间，跨越三代人的努力，从贩卖鱼干、蔬菜和水果开始，成长为世界级的、规模巨大的、充满创新精神的、高科技的企业集团。特别是1993年6月实行的全面改革，使三星集团焕然一新，彻底地挤进了世界一流企业的行列。其会长李健熙曾将价值5000万美元的问题手机和其他通信产品公开付之一炬，提出："除了老婆孩子，其它一切都要改变！"这句口号后来成为了三星变革的标志和世界性名言。

二

变通，指的是因地、因时制宜，机动、灵活、权宜，随机应变，不拘常规，或者说，依据不同情况，作出非原则性的调整和改变。它的对应词是执着、专注、坚持。它的反义词是死板、固执、一根筋、死脑筋、缺心眼。

辩证法告诉我们，前途是光明的，道路是曲折的，成功之路是不平坦的。在成功的道路上，人们往往执着有余而变通不足。因为，因循守旧、墨守成规、一成不变，容易；而通权达变、知权善变、随机应变、迂回策略等，却很难。

变通并非变魔术、玩戏法或瞒天过海，它需要优秀品质的支持，具备了某些优秀品质，才能谈得上变通或善于变通。所以，变通需要：

1.需要勇气

需要鼓足勇气，迎难而上。俗语说："天无绝人之路。"遇到困难或处于困境时，出路是有的，办法也是有的，但需要勇气去寻找、变通。有一位美国人曾对自己国家的百万富翁作过一番调查，发现富翁们真正毕业于名牌大学的并不多，大都是毕业于一般大学，智商中等，然而却机敏，勇气过人，善于变通。

2.需要智慧

有一则寓言是这样说的：两只蚂蚁想到一堵墙的那边去寻找食物。一只蚂蚁顺着墙往上爬，刚爬到一半就掉了下来，但它并不气馁，还是顽强地一次又一次地向上爬。另一只蚂蚁见此情景，就绕过墙根很快地到了另一边，等到第一只蚂蚁越过墙时，那只蚂蚁已将食物吃完了。

3.需要灵活

在一部《论语》中，孔子通权达变的言论比比皆是，例如，子曰："我则异于是，无可无不可。"（《论语·微子》）孔子说，我和他们都不一样，无可无不可。"他们"指的是当时隐居避世的贤者们。孔子此处的"无可无不可"，是"可以仕则仕，可以止则止，可以久则久，可以速则速"的意思。用现在的话来说，没有什么是可以的，也没有什么是不可以的，一切都要根据客观世界和外部环境的变化而变化。孔子有弟子三千，贤人七十二。孔子成了圣人，而他的弟子们却不行，究其原因，就是孔子善于通权达变，而他的弟子们虽然继承他的思想，但却都不善于变通和灵活运用。

4.需要打破常规

孟子为亚圣，也很善于变通。例如，《孟子·离娄上》中就载有这样的一段对话：

淳于髡曰："男女授受不亲，礼与？"（男女之间不亲手递接东西，这是礼制吗?)

孟子曰:“礼也。”(是礼制。)

淳于髡曰:“嫂溺,则援之以手乎?”(嫂嫂掉到水里,能用手拉她吗?)

孟子曰:“嫂溺不援,是豺狼也。男女授受不亲,礼也。嫂溺,援之以手者,权也。”(嫂子掉到水里而不拉她,是豺狼。男女之间不亲手递接,是礼制。嫂嫂掉到水里,用手拉她,是权宜之计,变通的办法。)

三

“事必有法,然后可成。”(朱熹语)变通还离不开方法:

(1)发散思维,另辟蹊径。发散思维是一种从不同方向、不同途径、不同角度去思考、去设想,以探求多种答案和方案的思维方法。

美国朗讯公司贝尔实验室先后11人荣获诺贝尔奖,产生了改变世界的10大发明。在该实验室创办人塑像下镌刻着这样一段话:“有时需要离开常走的大道,潜入森林,你就肯定会发现前所未有的东西。”当你遇到困难时,无所作为时,需要新的东西时,你便可以离开常走的大道,利用发散思维,去另辟蹊径。

(2)审时度势,不拘一格。蒲松龄参加科举考试几十年,屡试不第后,决定放弃科考。传说,他在家乡摆起免费茶摊,请过路人讲奇异的故事。他耐心听,认真记,晚上回家整理成文。不过,蒲松龄很穷,有时连锅盖都揭不开,不可能有空闲优哉游哉地摆茶摊,听故事,但他广泛地收集素材,包括到古人的书里边去找,寒来暑往,日复一日,终于写成了《聊斋志异》,他也因此流芳百世,这是可信的。

(3)与时俱进,敢为人先。小到企业和个人,大到地区和国家,都要与历史合流,与时代合拍,与时俱进。在某些关键时刻和非常时期,要敢想敢做,敢于采取某些变通手法,绕过难题,去实现目标。在我国经济转型期和改革开放中,就采取了一系列的变通方法。特别是创造性地提出一国两制,解决了香港回归问题,这称得上是与时俱进、敢为人先之大手笔。

(4)因势利导,以变制变。某农夫有一头年老体弱的驴子不小心掉进了一口枯井里。在绞尽脑汁、几经营救都无效的情况下,农夫决定填平这口枯井,结束驴子的生命,以免其他人、畜再掉下去。农夫找来几人帮忙,将泥土一铲一铲地抛进枯井。开始时,驴子叫得很凄惨,后来渐渐安静下来了。又过了一会儿,农夫伸头向井下一看,惊呆了;驴子还是站在那儿!原来,驴子每次都将铲落到背上的泥土抖落下来,再迅速地站到泥土堆上。很快,驴子就上升到了井口,在众人的惊讶声中跑开了。

(5)峰回路转,曲径通幽。世界上很多事,直来直去是不行的,必须采取迂回、策略的方法去解决。例如,在某些场合说话时,可先将对方话茬接过来,顺着他讲几句,等对方平静下来后再讲自己想讲的问题。某些时候,还要先作一些让步,取得对方的理解和信任后再奔主题。在古文名篇《邹忌讽齐王纳谏》《触龙说赵太后》和《孟子·梁惠王》中,邹忌、触龙、孟子都是采取了一定的语言策略和艺术,从而使对方欣然接受了自己的主张。

四

"亦余心之所善兮,虽九死其犹未悔"(《离骚》,这是我衷心喜爱的东西,纵然为它死上无数次也绝不后悔),这是执着。但执着与变通必须相结合,否则,就会一事无成。

明人陆灼《艾子后语》里有一则文言故事,意思是:艾子郊游,学生通子、执子随从。艾子口渴得厉害,让执子去讨点水。有一老翁正当门看书,执子上前作揖乞水,老翁指着书中的"真"字说:"你认识这个字,就给你水。"执子说:"'真'字。"老翁大怒,不给他水。执子回来后将情况告之,艾子说:"执子没有讨到水,通子接着去讨。"通子见到老翁,老翁像先前一样把字指给他认,通子说:"这是'直八'两个字。"老翁很高兴,拿出家酿美酒给了他。艾子喝了感到很甜美,说:"通子真聪明啊!假如像执子一样认真,我连一勺水都喝不上了。"

执子,即执着,表示认真。通子,即圆通,表示灵活。老翁则比较邪乎和另类。老翁用一个很平常的“真”字让一个很有学问的人去认，就有贬低和戏弄之意。让你认“真”，就是想试试你的认真劲儿。如果你读“真”，则正中圈套；如果你读成“直八”，则有反唇相讥、反戏弄之意，说明你不落窠臼，聪明。既然他不按常规出牌，那么你也不能按常规出牌；既然他有点邪，那么你就应该更邪，否则就会输。故事告诉人们：过于执着而不善于变通的人，有时甚至连一杯水也弄不到。

变通和执着是一种对立统一、相辅相成的关系，既有矛盾的一面，又有和谐的一面。

相对而言，搞自然科学、学术研究、创造发明、技术攻关等，做事或与事打交道，更多地需要执着；而搞社会科学、政治、军事、外交、公关、谈判和市场经济等，做人或与人打交道，更多地却需要变通和灵活，“一根筋”“一条道走到黑”“不撞南墙不回头”，是没有好结果的。

变通与执着之间，更多的是相辅相成的和谐关系，即执着需要变通，而变通是为了执着。

水的执着与变通，最能说明这种关系。“大江东去”“涓涓细流归大海”，这是水的执着，是任何力量都阻止不住的。但是，水却“随器而变”，是世界上最善于变通的东西。它在流淌过程中，或飞流直下，或蜿蜒盘旋，或排山倒海，或泉水叮咚，遇圆则圆，遇方则方。有人说，一个人的为人处世如果能像水一样随着客观情况的变化而变通，那他必定能完成他的任何执着而达到任何目标。

五

变通，是在道德、法律、原则、大环境允许下的变通。变通，是为了求真、求善、求美。变通，是为了实现理想、达到目标，或是为了完成任务。无论什么样的变通，都要“存诚守正”（《周易》），都必须正当和合理；否则，就是投机取巧、歪门邪道，或是钻法律、政策和制度的空子。

在一定程度上可以说：成功 = 执着 + 变通。

执着是原则,变通是方法。执着是永恒的,变通是权宜的。

执着如山,变通似水,山水相映,才能妙趣横生、风景独好。

执着是船舵,变通是船帆。随机应变,一帆风顺,才能驰向成功的彼岸。

第五章　飞向成功的彼岸

成功者，都是优秀者。优秀者，大多能成功。只要优秀了，就不怕不成功。

人的成功与优秀相比，优秀是第一位的。可以说，成功是优秀的必然结果。也可以说，成功是优秀的副产品。所谓成功，就是人的优秀品质从量变到质变的发展过程，就是人的优秀品质的培养、聚集、强化和发挥的结果。一位优秀的人就像金子，是金子总会发光，够优秀就会成功。

套用辛弃疾《青玉案》：众里寻它千百度，蓦然回首，成功就在，灯火阑珊处。它，并不遥远。

健康——张弛有度，养生有术

健康就是金子。

——某年世界卫生日主题口号

健康是人生的第一财富。

—— 爱默生

一

遵循规律。

世界卫生组织针对严重影响人们健康的不良行为与生活方式，提出了十六个字的健康四大基石概念——合理膳食、适量运动、戒烟限酒、心理平衡。并且指出，做到这四点，便可解决70%的健康行为问题，使平均寿命延长10年以上。

1.合理膳食

成年人每日的食谱应包括奶类（牛奶250~500毫升）、肉类（125~200克，以鱼肉、瘦肉为主）、蔬菜水果（蔬菜400~500克，水果100~200克）和谷物（300~500克）等四大类。每人每天饮水1500~2000毫升，食盐不超过6克，油脂不超过25克（植物油与动物油1∶0.5为宜）。儿童、孕妇、老年人则酌情增减。

早餐吃好，午餐吃（七八分）饱，晚餐吃少。

2. 适量运动

根据个人的身体状况、场地、器材和气候条件，选择适合的运动项目，使运动负荷不超过人体的承受能力，以运动后感觉舒服，不疲劳，不影响一天的工作、生活为宜。适量运动是保持脑力和体力协调，预防、消除疲劳，防止亚健康，延年益寿的一个重要因素。运动“贵在坚持，贵在适度”。运动量每天不应少于一小时。

运动以有氧运动为宜。有氧运动是指人体在氧气充分供应的情况下进行的体育锻炼。它的特点是强度低，有节奏，持续时间较长。常见的有氧运动项目有：步行、慢跑、滑冰、骑自行车、跳健身舞、做韵律操等。无氧运动如赛跑、举重等，不适合一般人锻炼身体。

3. 戒烟限酒

吸烟，等于自杀；吸烟者制造的二手烟、三手烟，等于杀人。烟，有百害而无一益。

酒是生活中的常用饮料，尤其是在喜庆的日子里，人们可根据自身的情况，少量饮一点酒，但是不可以多饮，更不可以酗酒。酒精在肝脏分解，长期过量饮酒可造成肝功能减退、脂肪肝或酒精中毒性肝硬化。经常饮酒还会损伤胃、胰腺、心脏、血管、中枢神经，可使全身代谢紊乱，造成营养障碍，降低身体的抵抗力。

4. 心理平衡

《黄帝内经》说：“百病生于气也。怒则气上，喜则气缓，悲则气结，恐则气下，惊则气乱，劳则气耗，思则气消。”联合国世界卫生组织指出，心理健康是人类21世纪最严重的问题。现代医学也发现，人类65%~90%的疾病与心理压抑有关。紧张、愤怒、敌意等不良情绪容易破坏人体免疫系统，易患高血压、冠心病、动脉硬化等症。

所有健康长寿处方中，心理平衡是第一重要的。有了心理平衡，才能有生理平衡；有了生理平衡，人体的神经系统、内分泌系统、免疫功能、各器官代偿功能才能处于最佳的协调状态，一切疾病都能减少。

二

张弛有度。

孔子说:“张而不弛,文武弗能也;弛而不张,文武弗为也;一张一弛,文武之道也。”(《礼记·杂记》)文武指历史上善于治国的周文王、周武王。这段话的意思是:一直把弓弦拉得很紧而不松弛一下,这是周文王、周武王也无法办到的;相反,一直松弛而不紧张,那是周文王、周武王也不愿这样做的;只有有时紧张,有时放松,有劳有逸,宽严相济,这才是周文王、周武王治国的办法。

弹簧拉伸过久,就会失去弹性。铁磁性材料拉伸过度,就会失去磁性。所有的材料、零件和构件在循环加载下,在某点或某些点会产生局部的永久性损伤,并在一定循环次数后形成裂纹或使裂纹进一步扩展直到完全断裂,这就是疲劳。

人也是这样,因体力或脑力消耗过多,因运动过度或刺激过强,会产生疲劳。疲劳分为生理疲劳与心理疲劳。生理疲劳是疲劳在生理上的反应,表现为肌肉酸痛、体力不支、力不从心等;心理疲劳是疲劳在心理上的反应,表现为心烦意躁、精神涣散、失眠多梦等。疲劳过度、过久,体力、精力严重透支,就会积劳成疾,影响健康和生命。

琴弦如果太松,则无法弹奏乐曲;过紧,则会失去弹性,甚至绷断;只有张弛有度才能演奏出美妙动听的乐曲。人也如此,过于松弛,则会懒散、疲沓;过度紧张,则容易疲劳、焦虑。只有张弛有度地生活、学习和工作,才能带来身心的健康和事业的更加辉煌。

当今社会,竞争激烈,生活节奏快、工作压力大、心理负担重、各种应酬多,一般人无暇顾及健康。所以,积劳成疾而导致的亚健康人群比比皆是,抱病工作、英年早逝者也屡见不鲜。

列宁说过:“谁不会休息,谁就不会工作。”张弛有度就是科学地、恰到好处地分配劳和逸的时间,安排劳和逸的内容,把握劳和逸的分寸。

张弛有度因人而异，一般说来：

1.保证充足的睡眠。大多数成人每晚需睡6～8小时，午睡30～40分钟。

2.适时小憩。久坐、久视、久立、久行、久卧，容易疲劳，特别是上网、看电视、玩手机。要像学生上课一样，一小时左右休息一下或换一种方式活动一下。

3.调节学习或工作内容。学生学习可在文、理、外语间交叉进行，上班族可根据工作性质和内容作适当调整，以减少疲劳。

4.丰富生活。要有点好的兴趣、爱好。双休日、节假日不能全都用在学习和工作上，生活要安排得丰富一点，精彩一点。特别要安排点时间和家人在一起，以享受天伦之乐。

三

自我节制。

公款吃喝带来的吃喝风，屡禁不止。海参、鲍鱼、茅台、大中华，应有尽有。不吃白不吃，不喝白不喝，不抽白不抽。谁能不吃？不喝？不抽？

改革开放以来，最先摆地摊做生意的，大多现已腰缠万贯，大腹便便。以他们为代表的先富起来的有钱人，成了美食街上的常客，迎来送往，风光无限。

很多人依仗着自己年纪轻、身体好，胡吃、海喝、豪饮、猛抽，酒桌、麻将桌、卡拉OK厅连轴转，常常是不醉不归。

当今社会，即使是普通百姓、寻常人家，也不缺少吃喝机会。亲朋好友聚会、各种喜庆活动、节假日，特别是春节，大家高兴，开怀畅饮，常常喝得酩酊大醉，杯盘狼藉。

免费的午餐，少吃或不吃；不要钱的酒，少喝或不喝；不要钱的烟，少抽或不抽——您，能不能做到？饮食平衡，身体才能平衡。暴饮暴食，一定会得病。在美食、美酒、好烟前，你能不能自持，好自为之？能，你就健康长寿，否则就会患脂肪肝、胰腺炎、胃溃疡或进入“三高”（高血压、高血脂、高血糖）人群。

世界卫生组织专家指出：“不存在不影响人健康的饮酒最低限度。酒精是仅次于烟草的第二号杀手，它引起的死亡比所有非法药物引起的死亡加起来还多。”在生活上，“戒烟限酒”是对自我节制的最大考验。如果你志存高远，想成功，想实现自己的人生目标，不妨从这四个字做起——戒烟限酒，或烟酒不沾。试想：如果你连“小白棍”“杯中物”也对付不了，那么，何以“齐家，治国，平天下”？

如果你能把烟、酒、盐、油等都控制得很好，说明你的自我节制能力很强，再把这种节制能力扩大到其它方面，你就一定会健康长寿、事业有成。

四

养生有术。

养生理论称之为养生之道，其内容不外乎以下四个方面：

1. 顺其自然（不刻意，不强求，“天人合一”，和谐，自然）；

2. 形神兼养（养生和养心并举）；

3. 动静结合（有动，有静，相互作用；动中取静，静中有动，劳逸结合）；

4. 辨证施养（不拘一格、不法一式，多途径多方式、有针对性地进行养生活动）。

具体的养生方法称之为养生之术。养生之术在养生之道的指导下进行，其内容不外乎以下七方面：

1. 神养（包括精神、心理、情趣、爱好和道德品质等方面）；

2. 行养（包括衣、食、住、行和性生活等生活起居行为）；

3. 气养（指医用健身气功的“内养功”）；

4. 形养（指各种形体锻炼及健身活动）；

5. 食养（主要内容为养生食品的选配、调制与应用，以及饮食方法与节制等）；

6.药养(主要内容为养生药剂的选配与调制);

7.术养(指利用按摩、推拿、针灸、沐浴、熨烫、磁吸、拔罐、器物刺激等物理疗法所进行的养生)。

乾隆是位高寿皇帝,活了88岁。他的“十常四勿”养生法简便易行,不受时间地点限制。“十常”:发常梳,面常搓,睛常转,鼻常揉,耳常弹,齿常叩,津常咽,腹常旋,肛常提,足常摩。“四勿”:食勿言,卧勿语,饮勿醉,色勿迷。

养生之术因人、因地、因时之不同而不同,正所谓“因人施养”“审因施养”和“辨证施养”是也。最好的医生是自己。不同的人,要根据自己的具体情况,找到一套适合自己的养生之术。

五

修心养性。

1.志存高远

曾经有一位医生对百岁以上老人的共同特点做过大量研究。他惊讶地发现,他们的共同点却不在饮食、运动、节制烟酒以及其它会导致健康长寿的东西方面,而是他们对未来的追求,即他们都有一个明确而积极的人生目标。有目标的人和没有目标的人,其心态和人生态度是不一样的。前者有追求、有信心,阳光、积极、乐观,所以会长寿,而后者则相反。

2.性格平和

(1)从容淡定。不为金钱所累,不为酒色所迷。不拿健康换名利,不用青春赌明天。不搞急功近利,不搞急火攻心。明白地位是浮动的,荣誉是暂时的,金钱是身外的,只有健康是自己的、宝贵的。

(2)心平气和。在心平气和的状态下,人体自身的免疫力、代偿力、康复力得到最佳组合,各项机能阴阳平衡,和谐运行,精、气、神、形达到最佳境界。所以,心灵平静了,心理就平衡,生理就稳定,病理就不发生,即使发生了,也能很快重新平衡。

(3)坦然超脱。不患得患失,不斤斤计较;得之不喜,失之不忧;拿得起,放得下,想得开,看得透,过得去。钱财生不带来,死不带去,没有不行,多了也无益。“儿孙自有儿孙福,莫为儿孙作马牛。”生老病死,等闲视之。

(4)幽默风趣。列宁说:“幽默是一种优美的、健康的品质。”幽默风趣能减轻人的压力,提升免疫力,给人带来欢乐;能帮人打开紧锁的眉头,松散额上的皱纹,舒张紧缩的心肌,忘却生活中的烦恼——既有益于身体健康,又有益于社会和谐。

3.与人为善

其一,与人为善,助人为乐,做好事,做好人,结果是,别人得到了帮助,自己得到了快乐,快乐多了岂不长寿?其二,与人为善者为自己创造一个受人敬佩、爱戴的良好的大环境,没有嫉妒,没有怨恨,没有暗算,没有对立面,工作、生活环境如此之好,岂不长寿?

4.多读诗书

书读多了,人的智力、气质、境界就会大幅度地提升。“上知天文,下知地理,中知人事,可以长久。”(《黄帝内经》)

有一部分书就是养生书,涉及古今中外,其中方法多多。

此外,音乐、戏剧、舞蹈、书法、绘画、赋诗、填词、雕塑、种花、垂钓等,都可起到培育情趣、陶冶情性的防病、治病作用,对健康长寿都十分有利。

思维——思路对了，才会成功

“人”之可贵在于能创造性地思维。

——华罗庚

学习知识要善于思考，思考，再思考。我就是靠这个学习方法成为科学家的。

——爱因斯坦

一

人们常说：“思路决定出路，观念决定前途。”思路、思想、思辨、思考、思量、思虑、思谋、思索、想法、点子、观念以及社会思潮等，都是思维或是思维的产物。往往：思维对了，成功将指日可待；思维错了，失败会不期而至。

“文革”期间，后来的中国科学院院士杨叔子在农场接受劳动改造。一天晚上，“领导”要他第二天去打猪草，而且不准许他去向贫下中农请教。这分明是在刁难！他没养过猪，不认得什么猪草。晚上，他辗转反侧，想了又想，终于有办法了。第二天上午，不到半天，他就把猪草打了回来。原来，他尾随在猪的后面，猪吃什么，他就打什么。

若干年后，他把自己打猪草的故事写成了一篇《“天赋猪权”与思维》的文章发表了出来。在故事之后他写道：“由此可见，一个知识问题可以转变成一个思维方式、思想方式问题。”

他还写道：“人与人的差异，很大程度上在于人的思维方式与思维水平的差异。可以说，凡事业取得成功、生活能过得幸福的人，莫不与思维方式和思维水平有很大的关系。”“一个在事业上有为的人，应有较为完备的思维。”

二

思维是人脑以事物的表象、概念为基础所进行的分析、综合、判断、推理等认识活动的过程，是人脑对客观事物能动的、间接的和概括的反映。

思维以感觉和知觉为原料，以存储于记忆中的知识为媒介，运用抽象、概括、判断、推理等智力操作进行加工，以反映事物的本质和内部联系。

思维过程是一个从具体到抽象，再从抽象到具体的过程。其目的是在思维中再现客观事物的本质，达到对客观事物的深刻认识。思维把人类的实践经验加以提炼、提升，以理论的形态固定下来，用以指导实践，使实践活动具有目的性和计划性，并能得到行为主体自觉的控制和调节。

思维与科学技术的进步、人类社会的发展紧密地联系在一起。它是科学技术创新的源泉，是人类社会发展的动力。人类所创造的每一件物质产品和精神产品都是思维的结晶，也正是人类在社会实践中充分地运用了科学思维，才开创了人类社会今天的高度文明。

思维过程的质量取决于思维方法。思维方法是人们通过思维活动为了实现特定思维目的所凭借的途径或办法，也就是思维过程中所运用的工具和手段。

三

抽象思维。

抽象思维分为逻辑思维和辩证思维。

逻辑思维是人们在认识过程中借助于概念、判断、推理等思维形式，并按照形式逻辑的规律，能动地反映客观现实的理性认识过程，又称形式逻辑思维、传统逻辑思维、理论思维。

思维主体把感性认识阶段获得的对于事物认识的信息材料抽象成概念，运用概念进行判断，并按一定逻辑关系进行推理，从而产生新的认识。概念、判断、推理是逻辑思维或形式逻辑的三大基本要素。

逻辑思维必须遵循逻辑规律。逻辑规律要求思维必须满足同一律、矛盾律、排中律和理由充足律。这四条规律又要求思维必须具备确定性、无矛盾性、一贯性和论证性。逻辑思维具有规范、严密、确定和可重复的特点。

辩证思维就是凭借概念和理论知识，按照辩证逻辑的规律所进行的思维。思维是客观现实的反映，而客观现实有其相对稳定、不太变化的一面，也有其不断运动和不断发展变化的一面。逻辑思维是对相对稳定、不太发展变化的客观事物的反映，而辩证思维是对不断发展变化的事物的反映。辩证思维更加摆脱了直观性和具体性，即使在概念、判断和推理的过程中，也都具有辩证性。

逻辑思维多用于人的知性认识阶段，而辩证思维则多用于人的理性认识阶段。

辩证思维有三条原则：对立统一，质、量互变，否定之否定。辩证思维还有五个维度：原因（内因、外因、根本原因、主要原因、次要原因）、主次（主次矛盾、主次方面）、一般与特殊、相对与绝对、整体与局部。三条原则与五个维度集中体现为“矛盾”的观点及其分析方法。在其本身的具体方法上，辩证思维要求用全面的、发展的、联系的、矛盾的观点看待问题，要求实事求是,具体问题具体分析。

作为辩证逻辑的辩证思维,已是哲学的一大组成部分。它从哲学高度为人们提供世界观和方法论,所以,在更高层次上对其它思维方法起着指导和统帅作用。

四

形象思维。

形象思维主要是用直观形象和表象解决问题的思维,其特点是具体性、形象性、完整性和跳跃性。形象思维的基本单位是表象。它是用表象来进行分析、综合、抽象、概括的认识过程。如外出之人,要考虑气候、交通工具、路线、衣物等,这就是形象思维。

形象思维又称艺术思维,是在艺术欣赏和艺术创造过程中所进行的思维活动和思维方式。在文学作品中典型形象的创造,画家绘画,建筑师设计、规划建筑蓝图等,运用的都是形象思维。形象思维不能脱离具体的形象,不能抛弃事物的现象形态。

形象思维不仅以具体表象为材料,而且也离不开鲜明生动的语言的参与。形象思维分为初级形式和高级形式两种。初级形式称为具体形象思维,就是主要凭借事物的具体形象或表象的联想来进行的思维。高级形式的形象思维就是言语形象思维。它是借助鲜明生动的语言表征,以形成具体的形象或表象来解决问题的思维过程,往往带有强烈的情绪色彩,情感的逻辑起着重大作用。

想象在认识活动、学习过程和社会实践中有很重要的作用。有人认为客观事实和知识好比空气,想象力就是翅膀。只有两方面结合,形象思维才能如矫健的雄鹰,翱翔万里。

五

系统思维。

1.整体法。分析和处理问题的过程中,始终从整体来考虑,把整体放在第一位,而不是让任何部分的东西凌驾于整体之上。

2.结构法。注意系统内部结构的合理性。部分与部分之间组合是否合理,对系统有很大影响。好的结构,是指组成系统的各部分间组织合理,是有机的联系。

3.要素法。具有重要意义的因素称之为构成要素。要使整个系统正常运转并发挥最好的作用或处于最佳状态,必须对各要素考察周全和充分,并充分发挥各要素的作用。

4.功能法。为了使一个系统呈现出最佳态势,从大局出发来调整或是改变系统内部各部分的功能与作用。可能是使所有部分都向更好的方面改变,从而使系统状态更佳;也可能为了求得系统的全局利益,以降低系统某部分的功能为代价。

六

发散思维。

发散思维,又称辐射思维、放射思维、扩散思维或求异思维,是指大脑在思维时呈现的一种扩散状态的思维模式。它表现为思维视野广阔,思维呈现出多维发散状,如一题多解、一事多写、一物多用等。

一位妈妈买回了一条大鱼,女儿走了过来,妈妈问道:“你想怎么吃?”“煎着吃!”妈妈又问:“还能怎么吃?”“油炸!”“还可以怎么吃?”“烧鱼汤。”妈妈又问:“你还能想出几种吃法吗?”女儿又想出了几种,妈妈夸奖女儿聪明,又提醒女儿:“一条鱼还可以有两种吃法,比如,鱼头烧汤、鱼身煎,或者一鱼三吃、四吃,是不是?”这一番看似不经意的对话,实际上就是妈妈在对孩子进行发散思维训练。

与发散思维相反的是聚合思维。聚合思维又称求同思维，其方向则是由四面八方向中心集中，即从不同来源、不同材料、不同方向探求一个正确答案的思维过程。

比较常用的还有联想思维、迂回思维、移植思维、换位思维、等量代换思维、简单思维、模糊思维等。上面“打猪草”的故事用的是转换思维。

七

科学思维。

科学思维系指符合客观规律、没有逻辑错误、能够得出正确结果的理性认识过程。科学思维具有客观性、精确性、可检验性、预见性和普适性的特点。

科学思维有三条基本原则：

一是思维要符合客观实际。思维的目的之一是求真。只有坚持实事求是，一切从实际出发，才能正确地反映客观事物及其规律。人们要想获得实践的成功即达到实践的目标，就必须按照客观规律的要求规范自己的认识与行动，否则就会失败。

二是思维要遵循逻辑规律。思维既要遵守形式逻辑规则，又要遵守辩证逻辑规则。

三是思维要具有创新性。科学思维要与时俱进，突破思维定势，遇到新问题，要拿出新办法。即使遇到老问题，也不能因循守旧，也要力求有所创新，有所前进。

八

创新思维。

创新思维是在抽象思维和形象思维的基础上和相互作用中发展起来

的。抽象思维和形象思维是创新思维的基本形式。

发散思维是一种重要的创新思维形式。这种思维在遇到问题时，能从多角度、多侧面、多层次、多结构去思考，去寻找答案，既不受现有知识的限制，也不受传统方法的束缚，思维路线是开放性、扩散性的。

其它的思维类型和思维方法也都具有创新性，只要应用得当，也都能够在创新思维中发挥作用。

创新思维的过程是跳跃的、波动的、突发的，具有自由性、灵活性、忽然性、偶然性以及不可靠性等特点。其中，想象、灵感、直觉、顿悟起着巨大的作用。

灵感、直觉、顿悟都是人们思维过程中从量的积累到质的飞跃所产生的现象。它形成于大脑皮层的优势兴奋中心，出现在大脑功能的最佳状态，给人一种“豁然开朗”“茅塞顿开”的感觉。

灵感、直觉、顿悟的产生并非空穴来风，它偏爱知识渊博、经验丰富、情绪稳定、乐观自信的头脑。

九

如何提升思维质量？

学点哲学和逻辑学。

哲学是自然知识、社会知识、思维知识的概括和总结，是世界观和方法论的统一。哲学是智慧之学，是思维的统帅。它可以从世界观和方法论的高度为人们的思维提供原则和指导。

逻辑就是思维的规律，逻辑学就是关于思维规律的学说。学好了逻辑学，可以更好地吸收知识、进行思维和开展科研。

至少学好一种外语。多学一门外语，就多一种思维方式。学好外语的好处之一就是能直接增加思维方式、提升思维能力。

学理科的要看点文学书，学文科的要看点科学书，这样，才能成为一个思维方式较为完备的人。

博古通今,学贯中西。古代人和现代人,东方人和西方人,其思维方式是不一样的。为什么学者、大师们的思维能力超出了常人?就是因为他们学识渊博,视野开阔。

一般认为,大脑左半球的主要功能是进行逻辑推理和语言表达;右半球的主要功能是进行空间和形象的思维。所以,均衡开发两半球的智力,很重要。

科学用脑。注意营养、休息和体育锻炼,注意调节情绪和选择环境,使大脑始终处在身心愉悦和空气新鲜之中,以便发挥大脑最佳的思维效果。

淡定——气定神宁，宠辱不惊

非淡泊无以明志，非宁静无以致远。

——诸葛亮

宠辱不惊，看庭前花开花落；去留无意，望天空云卷云舒。

——陈继儒

一

淡定之词义积极，常用来肯定或赞扬人的品质、气度和人格魅力。

淡定之淡，指淡泊、淡然、坦然、平静、冷静、镇静；淡定之定，指安定、稳定、镇定、坚定、恒定等。淡定之内容包括：头脑清醒、志存高远、生活节俭、不求名利、摒弃杂念、拒绝诱惑、专心致志、气定神闲、从容自如、不急不躁、光明磊落、坦荡无私、坐怀不乱、视死如归等。

淡定的另一面是浮躁、急躁、冲动、紧张、慌乱、自私、猜忌、嫉妒、浅薄、奢侈、浪费、目光短浅、疑神疑鬼、急功近利、心神不宁、贪生怕死、贪污腐败等。

淡定一词外延很广，内涵丰富。淡定是一种生活方式、工作方式，是一种为人处世的态度，是一种修养、心胸和心态，也是一种情结、情怀和境界。例如：作为一种生活方式——求简朴而不求奢华；作为一种工作方式——有条不紊，成竹在胸；作为交友之道——君子之交淡如水；作为一种心态——从容不迫，每临大事有静气；作为一种境界——安贫守志，不为五斗米折腰。

二

淡定一词出现得很晚，古人几乎没有用过淡定之词，然而很多时候所说、所写的却正是淡定之意。

1.孟子说："古之人，得志，泽加于民；不得志，修身见于世。穷则独善其身，达则兼善天下。"（《孟子·尽心上》）这就是淡定。

孟子又说："富贵不能淫，贫贱不能移，威武不能屈，此之谓大丈夫。"（《孟子·滕文公下》）这是孟子提出的男子汉大丈夫的三大标准，也可以说是淡定与否的三大标准。

2.诸葛亮《诫子书》写道："夫君子之行，静以修身，俭以养德。非淡泊无以明志，非宁静无以致远。"君子的行为操守，以宁静来修养自身，以节俭来培养自己的品德。不淡泊就不能明确志向，不宁静就无法达到远大目标。诸葛亮一生"鞠躬尽瘁，死而后已"，而支撑他的人格力量就是他的淡定和节俭。淡定是古今成大事者"修身、齐家、治国、平天下"的必经之道、必由之路、必修之课。

3.陶潜《饮酒》（其五）写道："采菊东篱下，悠然见南山。"淡泊闲适之态，跃然纸上。组诗之一《咏贫士》是陶潜晚年的咏怀之作，表现了诗人远鉴前修、高洁不阿、固贫守志、淡定自若、不慕名利的志向和情怀。组诗共七首，无一淡定之词，然所表达的却全是淡定之志。

4.范仲淹以克己奉公，清苦俭约著称于世。他的名句"先天下之忧而忧，后天下之乐而乐"和"不以物喜，不以己悲"尤为人们所津津乐道，广为传诵。"先天下之忧而忧，后天下之乐而乐"是范仲淹的政治抱负和操守，而支撑这种政治抱负和操守的人格力量，就是他“不以物喜，不以己悲”的淡定与豁达。

5.苏轼的《定风波》，其实就写出了两个字——淡定：

“莫听穿林打叶声，何妨吟啸且徐行。竹杖芒鞋轻胜马，谁怕？一蓑烟雨任平生。 料峭春风吹酒醒，微冷。山头斜照却相迎。回首向来萧瑟处，归去，也无风雨也无晴。”

某日，苏轼一行在沙湖道上赶上了下雨，大家都觉得很狼狈，只有他若无其事。一会儿雨过天晴，他便做了这首词。其意是：不用注意那穿林打叶的雨声，不妨一边吟咏长啸着，一边悠然地行走。竹杖和草鞋轻捷得胜过骑马，有什么可怕的？一身蓑衣任凭风吹雨打，照样过着我的一生。春风微凉，将我的酒意吹醒，寒意初上，山头初晴的斜阳却应时相迎。回头望一眼走过来遇到风雨的地方，回去吧，对我来说，既无所谓风雨，也无所谓天晴。

苏轼历尽坎坷，他的一生就是这样度过的——“竹杖芒鞋轻胜马，谁怕？一蓑烟雨任平生”。

三

“梅兰竹菊”之淡，淡几许？

大凡淡雅之物，人皆爱之；大凡淡泊之士，人皆敬之。

梅兰竹菊，被人称为“四君子”，其共同特点就是淡——淡雅其外，淡泊其中——超凡脱俗，泰然处世，洁身自好，自强不息，不为浮华所动，不作媚世之态。正是根源于这种对人品、人格、情操、气节审美境界的契合和神往，梅兰竹菊便成为了中国人感物喻志的象征，也成了咏物诗文和艺人字画中常见的题材。为此，“四君子”也成了高雅文化的代表。对于梅兰竹菊的种、养、赏、咏、绘、写也成了人们挥之不去的情结。人们正是通过对它们的种、养、赏、咏、绘、写，来修身养性，陶冶情操，提升自己的品格、人格、道德、气节和情操。人们喜爱某种花卉，某种花卉就成了人的精神寄托，久而久之，人与某种花卉之淡的品质就比较接近，例如：林逋——人淡如梅；屈原——人淡如兰；郑燮——人淡如竹；陶潜——人淡如菊。

花卉、草木，由于淡而生雅、安、静、娴、宁、素、洁、秀、美；由于淡，所取无多，对于养分、阳光、水分需求有限；由于淡，所求无几，对于土壤、环境、气候的要求都不高，东篱下、断桥边、破岩中，哪儿都能生长，或独自凌霜傲雪，或与众草为伍；由于淡，其香，被称为幽香、暗香，“着意寻香不肯香，香在无寻处”，让人难以捕捉却又时时沁人肺腑；由于淡，而品格高，生命力强——坚韧、自爱、清雅、高洁、超凡脱俗、卓尔不群。

对于人类来说，淡更是一种最为基本的优秀品质。由于淡泊人生——所需无多、所求无几，就如同梅兰竹菊“四君子”一样，能派生出很多优秀品质来，如节俭、清廉、从容、勤奋、豁达、正直、自律等，从而帮助人们达到目的，获取成功。

四

“儒释道”之定，定几何？

《礼记·大学》曰：“知止而后有定，定而后能静，静而后能安，安而后能虑，虑而后能得。”知道适可而止和有所止息才会有定力，有了定力才能够平静，平静才能够心神安宁，心神安宁才能够思虑详审，思虑详审才能够有所收获。

止，即止息、止步、停止、禁止，适可而止、有所节制、克制，善于控制自己，让一切不健康的意念和想法——私心、杂念、妄想、企图、贪欲、烦恼、躁动、胡思乱想、心神不宁等，停止下来或将其摈弃。

定就是内心处于平静、安宁、专一的状态。培育定的方法就是止，即止息烦恼、致力于内心的平静。自然界和人类社会的必然规律是：有失必有得，有得必有失。所以，有所止，才会有所定；有所定，才会有所收获。

佛家有三学——戒、定、慧。戒即戒止，禁止去做某事、说某话、动某些念头。定，即禅定、静虑。禅者，即禅宗的静坐法门，讲究内心安定。定者，心地无念即为定，指的是清除杂念，使心灵和思维纯净，精神状态集中，专注于一境而不散乱。

道教戒律简约，主旨为戒贪欲、守清静。其修炼要旨是清静寡欲，自然无为，去情去欲，修心炼性，养气炼丹，含耻忍辱，济世度人。道教讲生前，不讲死后；图超脱，不图皈依；尚实践，不尚空谈；道法自然，不重崇拜；追求长生不老、长寿成仙。

儒、释、道三家，成三足鼎立之势。随着时间的推移，三家相互影响，佛、道渐渐世俗化，儒学渐渐通俗化。所以，世人之淡定反过来借助于佛门之禅定等，则会大有裨益。事实上，一些人，包括一些大企业家，就是这样做的，如乔布斯、松下幸之助等。

五

淡定与禅定之差，差多少？

儒家之定，定而成君子、成圣人；佛、道之定，定而成佛、成仙；而今社会人之定，定而成才、成器、成功、成名。

就佛教而言，他们原本俗家子弟，其禅定来自于普通人的淡定，但出于修行的需要，得到了强化和提升，淡变成了戒，淡定变成了禅定。

看破红尘，遁入空门，了却尘缘，修行成佛。佛的神圣和伟大无与伦比，想要成佛，谈何容易？他们要和所有的亲人、财产、金钱、美女、功名、富贵一刀两断。他们生活清苦，一心向善。面对青灯古佛、木鱼黄卷，他们暮鼓晨钟、打坐诵经。他们修行、成佛的唯一途径就是戒定慧——戒而生定，定而生慧，慧而成佛。

出家人追求成佛，因为成佛能普度众生。社会人追求成功，因为成功能带来幸福。追求不一样，方法、手段、途径就不一样。出家人通过戒定慧成佛。社会人则通过淡定成功。

社会人需要家庭，需要亲情、友情、爱情，需要安身立命、建功立业，需要荣誉、地位、实惠、好处、快乐和幸福。与出家人不同的是，社会人不是不要名利，而只是淡泊名利，不把名利看得太重，要的是宁静致远，而不是急功近利、投机取巧、损人利己。

有佛学家言："广义的定不单指禅定，定学的修持意在培养人之定力。有定力的人正念坚固，如净水无波，不随物流、不为境转，光明磊落，坦荡无私；有定力的人心地清净，如如不动，不被假象所迷惑，不为名利而动心。定学修持到一定程度，自然开慧。"

说到底，定力就是意志力，是掌控自己、把握自己、自己管住自己的理性力量，是人们为实现一定目的而去克服困难的心理过程及其行为表现。它是由安定、镇定、坚定、稳定、恒定等多种因素构成的总合性力量。定力至少包括专注力、执着力、坚持力、镇静力、自持力、决断力、选择力、信仰力等。

淡与定是相互依存、相互促进、相辅相成、互为表里的；淡中有定，定中有淡，也可谓一而二，二而一。有淡泊，才会产生定力；有定力才会表现淡泊。淡泊中有定力，定力中有淡泊。出家人靠戒定，生慧、成佛；社会人靠淡泊，明志、成功。

六

如何淡定？

1.学会平实俭朴地生活。不管家境如何，收入如何，衣食住行一律从简，不攀比、不奢侈、不浪费，洁身自好，不要有不良嗜好。这样，就不会贪，不会敛财，不会误入歧途。只有俭朴地生活才会执着，才能以出世的态度做人，以入世的态度做事。

2.锁定远大崇高的理想、目标。有了锁定，才会淡定。心系远大崇高的理想、目标，就会自然而然地淡定下来。

3.多读书，读好书，好读书。淡定不仅是一种理念、心态，更是一种境界。如果思想、意识达不到一定的境界，强作淡定也枉然。提升境界最有效的方法就是读好书。可以这样说，历代，凡被孔孟思想教育出来的精英们,大多淡定,与金玉珠宝财货玩好绝缘。

4.问问“我是谁?从哪里来?到哪里去?”这是个人生观、世界观问题。经常问问,就会知道我们自身有几斤几两、有什么责任和使命,有利于保持清醒的头脑,有利于保持淡定的态度和人生境界。歌曲《我是一个兵》回答了这个问题:“我是一个兵,来自老百姓。”

此外,不妨再学学张伯苓、冰心、季羡林、杨绛、启功等。杨绛的《百岁感言》说道:“我们曾如此渴望命运的波澜,到最后才发现:人生最曼妙的风景,竟是内心的淡定与从容……”

态度——态度变了，命运就变

态度决定一切。

——诺曼·文森特·皮尔

是成功还是失败，在于你拥有怎样的态度。

——比尔·盖茨

一

有个小孩，不小心碰到了桌子，疼了，大哭起来。中国妈妈的第一动作就是伸手打桌子，然后哄小孩："乖！不哭！是桌子不好，该打！"。同样的事，一位外国妈妈却不是这样。她要求小孩重新绕桌子走一遍，然后启发他："人之所以会撞上桌子，一般有三种情况：一是你跑得太快，刹不住脚；二是不注意看路；三是你心里在想着别的事情。你刚才是属于哪种情况？"

人撞上桌子，是人的错，而不是桌子的错。中国妈妈伸手打桌子，颠倒了是非，混淆了黑白。在这样的教育下成长的孩子，遇到事情首先是推卸责任，千方百计为自己寻找开脱的理由，一门心思去挑别人的毛病。外国妈妈的做法，则是在教育孩子要勇敢地承担自己的责任，而不要去一味地指责别人。在这样的教育下成长起来的孩子,敢于担当,凡事总是先检讨自己的不足。

遇事要端正态度。同样的事,态度不同,结果也就不同。倘若每位当事者都能承担起自己的那一份责任,认真地检讨自己的不足,那么这个世界上就会减少很多矛盾和纷争。

二

何为态度?

态度是指一个人在自己的言行举止中所表现出的对周围人、事、物的神情、看法、倾向和立场。对于一个人的态度,通常无法直接得知,只能从他的言行反应中去察言观色、推理判定。在社会心理学中,态度系指包含认知成分、情感成分和行为倾向的持久系统。其中,认知成分是指个人对有关事物的信念(如肯定、否定、支持、反对);情感成分是指与这些信念有联系的情感体验(如爱、恨、情、仇);行为倾向是指行为反应的准备状态(如意向、打算、谋虑、企图)。

态度是在道德观和价值观的基础上产生的。它受到道德观和价值观的制约和支配,但又可以反过来影响甚至改变道德观和价值观。

一个人的态度也往往与自身的生活环境和人生经历有很大的关系,所以古人有“穷则独善其身,达则兼善天下”之说。同样是一个人,穷则有穷时的态度,达则有达时的态度。

有的人从小失去家庭温暖,经历了太多的坎坷和挫折,看不到人生的意义,看不到生存的希望,态度很消极;但也有人经过艰难困苦的磨练,意志变得更坚强,态度变得更积极。

有的人在顺境中成长,很少经历挫折,对人生充满信心和希望,态度积极,无论做什么都觉得有意义;但这样的人一旦遭受打击和失败,很容易丧失斗志,一蹶不振。

三

态度决定一切。

态度是人脑对外部客观世界的反映和反作用。一个人，面对具体的人、事、物时，都有一个态度问题：或肯定，或否定，或无所为。消极和积极是两种截然相反的态度。当人们对某事物发生兴趣或认识到它的重要性时，就乐于主动参与，表现出积极的态度；反之，则会有意识地回避、抵制，表现出消极的态度。人生在世，要想做成几件事，没有好的态度是不行的。是积极还是消极，是认真还是随便，是勤奋还是懒惰，是坚强还是软弱，是乐观还是悲观等，其结果有天壤之别。

美国西点军校有一句名言："态度决定一切。"诺曼·文森特·皮尔的著作《态度决定一切》曾在美国最畅销书榜上整整待了十年之久。从那时起，"态度决定一切"就成为了表达积极思维的一句口头禅而风靡全球。在一定程度上说，态度确实决定一切。

例如，学习态度决定学习成绩。搞好学习的条件主要有三条：态度、方法和环境。大家的方法、环境的差别是不大的，其差别最大的就是各人的学习态度。

又如，工作态度决定工作业绩。哈佛大学有一项研究发现：一个人若想得到一份工作，85%取决于他的态度，而只有15%取决于他的智力和业务知识。哈佛大学又有一项研究显示：成功、成就、升迁等原因之85%是因为人们的态度，而仅有15%是由于人们的专门技术。

四

人生态度决定人生高度。

人生态度，是人们对待生活、对待人生的态度。

很多人都想成功。成功含有许多的因素：知识、智慧、技术、能力、勤劳、耐心、恒心、判断力、预测力等，而这一切的因素都是因为有了好的人生态度才会拥有。

儒家的代表人物孔子，采取的就是积极入世的人生态度。他为了恢复“周礼”，为了推行“仁、义、礼、智、信”的政治主张，几乎一生都在周游列国。遭遇到了很多挫折，但他都没有改变自己的初衷和态度，甚至到了“知其不可而为之”的地步。在政治理想无法实现时，亦不轻言放弃，退而著书立说、开办教育，转而在学生中推行自己的主张，提出“学而优则仕”等读书理念，由读书进入仕途，进而达到治国、平天下的目的。千余年来，数不清的寒窗学子，走的就是这条道路。

与孔子积极入世的态度相反，历史上还有许多消极避世的隐士，他们无意于功名利禄。《庄子·让王》记载：尧有意将天下让与许由，许由闻听，不仅没有感到欣喜，反而跑到河边将耳朵反复清洗，觉得尧的话玷污了他。

如果孔子获得了这样的机遇，会怎样？他会求之不得，那么，历史也会改写！如果孔子也选择了这种消极厌世的态度，又会怎样？那么，人世间就没有了孔圣人，也就没有了儒家经典、儒家思想、儒家学术和儒家文化，千余年来，中国的教育和文明也就会大打折扣了。

朱光潜说过：“以出世的态度做人，以入世的态度做事。”古往今来，在这方面做得最好的，就是孔子了。

五

改变态度，就能改变人生。

态度变了，情绪就会变；情绪变了，结果就会变。不同的态度，会导致不同的结果。

如果你以积极的态度去发挥你的思想，信心百倍地勇往直前，那么你就有可能心想事成；相反，如果你接受了消极态度，满脑子都是悲观和失望的话，那么你所遭遇的也只能是挫折和失败。

有位举子第三次进京赶考，住在一家经常住的旅店里。考试前几天他做了三个梦：1.梦到自己在墙头上种白菜；2.梦到下雨天，他戴了斗笠还打着伞；3.梦见一口棺材悬在半空中。举子去找算命人解梦。算命人说："你还是回家吧！你想想，高墙上种菜不是白费劲吗？戴斗笠打雨伞不是多此一举吗？棺材悬在半空中不是死无葬身之地吗？"秀才一听，凉了半截，回店就收拾包裹准备回家。店老板非常奇怪，举子如此这般地说了一番，店老板一听乐了："唉，我也会解梦的，我倒觉得，你这次一定能考中。你想想，墙头上种菜不是高中（高种）吗？戴斗笠打伞不是双保险吗？棺材悬在半空中不是升官（棺）发财（材）、高官得做吗？"举子一听，觉得更有道理，于是精神振奋、满怀信心地走进了考场。结果，居然中了个探花。

态度积极的人总是能以豁达自信、乐观向上的精神去面对现实，力图改变现实，总是能以不屈不挠、坚忍不拔的毅力去面对困难，力图战胜困难。

威廉·詹姆斯说："我们这一代最伟大的发现，就是人类可以凭借改变态度而改变自己的命运。"这告诉我们：影响我们命运的决定性因素，不是其它，而是态度。

六

怎样做才算是态度良好？

1.积极。积极总是和主动、热情、乐观、自信、阳光、勤奋等联系在一起的。要始终保持斗志旺盛、精力充沛、积极向上，不论在任何时刻都不丧失理想、意志和创造力。

2.热情。热情是指人参与活动或对待别人时所表现出来的热烈、积极、主动、友好的情感。热情是积极性和坚持到底的动力。

3.乐观。与悲观相对，乐观是一种积极向上、对事物的发展充满信心的态度，是战胜一切困难、走出困境的法宝。

4.自信。一个人如果不相信自己，那么谁还会相信你？自信是成事之本。自信能激发出意想不到的潜能。只要自信，即使平凡的人也能做出不平凡的事。

5. 上进。上进就是不断拟订计划去尝试新的目标，对一切都保持高度的兴趣和追求。达到一个目标后，又接着设定下一个新目标，再度接受挑战。

6. 认真。指的是聚精会神、严肃对待，不苟且、不马虎、不随便、不敷衍、不打折扣。

7. 坚韧。既然锁定了目标，就要坚忍不拔、百折不挠、不达目标誓不罢休。

8. 诚信。没有诚信，既做不好人，也做不好事。诚信对于修身养性、安身立命、齐家交友、就业立业、为官为政，都至关重要。

9. 谦虚。谦虚可以使人不断地学习和进步；谦虚有助于发现他人的优点和长处；谦虚能博得众人的帮助和支持；谦虚能减少他人的嫉妒和伤害；谦虚能给人带来机会和机遇。

10. 好学。工作、事业和实现人生目标都需要能力、技术、知识、智慧、胆识、谋略、经验等，所有这些，只有通过学习，才能获得。特别要向杰出人士和成功人士学习，学习他们的工作态度和为人处世的态度。

七

态度的改变与坚持。

“两弊相衡取其轻，两利相权从其重”，这是态度改变的关键。

态度是可以改变的。对象不同，改变的方法也有所不同。人与人之间，一方若想以积极或正确的态度去改变另一方消极或错误的态度，其最为有效的方法，莫过于“说服”“沟通”。

秦王嬴政初年，韩国为了减轻秦国的威胁和压力，便派了一名叫郑国的水利专家到秦国，劝说秦国修筑水渠，其目的是为了以此来大量消耗秦国的人力、财力和物力。发现这一企图后，秦王大怒，一气之下，下了逐客令,把他国在秦国的“客人”全部驱逐出境。李斯是楚国人,当时在秦国任客卿,也在被逐之列。李斯很气愤,于是就给秦王写下了《谏逐客书》,历数客对秦国的功绩,力陈逐客之危害。秦王看后,立即改变态度,收回成命,废除逐客令,恢复李斯官职。

在现代社会中,沟通、交流是司空见惯、屡见不鲜的事。这种沟通和交流,往往就是两种态度间的沟通和交流。此外,每一个部门、单位、团体、学校、企业等都需要有自己的文化。这种文化,其实就是一种态度文化,让大家热爱集体、支持集体,心往一处想、劲往一处使,服从分配,听从指挥,自觉地、主动地以主人翁的态度去思考、去工作、去创新。

当诱惑、压力足够强大时,人们的态度会不由自主地发生改变。所谓“见钱眼开”“见利忘义”“有钱能使鬼推磨”“重赏之下必有勇夫”等,就意味着态度的改变。“灯红酒绿”“高官厚禄”“牡丹花下”“冲冠一怒”等,也能改变人的态度。抵制诱惑和压力的强大武器就是“淡泊明志,宁静致远”(诸葛亮语)、“富贵不能淫,贫贱不能移,威武不能屈”(孟子语)。千百年来,很多仁人志士就是凭着这种定力和意志,抵制诱惑和压力,获得了成功。

心态——心平气和，乐观开朗

一个健全的心态比一百种智慧更有力量。

——狄更斯

人只有改变内在的心态，才能改变外在的世界。

——威廉·丹姆斯

一

“空城计”历来为人们所津津乐道。参军马谡违抗将令失掉了战略要地街亭，魏将司马懿乘势引大军十五万向诸葛亮所在的西城蜂拥而来。当时，诸葛亮身边没有大将，只有一班文官和二千五百名老弱残兵。情急之下，诸葛亮偃旗息鼓，大开四门，每一门用二十士兵扮作百姓，洒扫街道。他自己则披鹤氅，戴纶巾，引小童二人，携古琴一张，于城上敌楼前，凭栏而坐，焚香操琴，气定神闲，笑容可掬。

司马懿见状大惊，满腹狐疑，踌躇不前，并对次子司马昭说：“诸葛亮平生谨慎，不曾弄险，今大开城门，必有埋伏，我若进兵，定中其计。”他急令后军作前军、前军作后军，两路兵马尽皆退去。

空城计一反“实而虚之，虚而实之”的用兵之道，而用的是一种“虚而虚之”、迫使对方“疑中生疑”的心理战术。面对一座空城，双方主帅较量的不是兵马，而是心态。

在竞技场上，同样，对阵双方比拼的不仅是技艺和力量，更重要的是心态。特别是水平相近的高手之间过招，最后决定胜负的往往是心态。

心态，顾名思义，是指人的心理状态，即指在客观外界的作用、刺激和影响下，人的内心深处的活动所呈现出的各种现象。例如，积极还是消极，乐观还是悲观，自信还是自卑，镇定还是惊慌，淡定还是浮躁等。人的心理活动可以相对地区分为心理过程、心理状态和心理特征：感觉、知觉、表象、注意、记忆、想象、思维、情绪、意志等属于心理过程，是心理的动态方面；伴随这些动态过程所产生和呈现出的激情和心境（持久的、弥散性的情绪）等属于心理状态，是心理相对静止一面；而能力、气质和性格上的特点则属于心理特征，是心理比较稳定的方面。

不过，这里所说的人的心理活动中的心理状态是较为狭义的心态，而广义的心态则是指一切外界事物在人的内心世界里所引起的反映和人的主观世界对这种反映的反作用所产生的一切心理状态。

二

良好心态之良好。

良好心态是指人的认知、情绪、意志、行为等处于平和、理想的状态，具体体现为：认知合理、情绪稳定、意志坚强、行为适度、一切向前看。

良好心态具体表现为心平、心静、心宁、心明、心宽、心善、心正。在这种心态下，头脑清醒，耳聪目明，思维活跃，神情专注：自己可以管住自己，不为他人、外界和环境所左右；在观察、了解、分析外界事物时，仔细、客观、全面而公正；遇到危机时能看到挑战和机会，遭受失败时能看到希望和成功。从而，总是能勇敢、果断、正确地作出判断和决策。

良好心态表现为自信、自觉、主动、积极、奋发、进取、乐观、坚韧、向上。在这种心态下，能超常运作、超常发挥，能把自己的聪明才智和潜能发挥到极致。

良好心态表现为阳光、热情、谦和、宽容、正直、磊落、幽默、开朗，喜欢与人共享和助人为乐。在这种心态下，“得道多助”，在自己的周围会形成良好的团队和良好的人脉关系。

良好心态会带来积极的结果。

两位秀才一道去赶考。路上，迎面遇到了一支出殡的队伍，两人都同时看到了一口黑漆漆的棺材！

其中一位秀才激灵灵地打了一个寒颤，凉了半截。这么巧？真倒霉！赶考的日子居然遇上了如此丧气的事，肯定没戏了！惊恐，懊恼，沮丧，郁闷，心情一落千丈！进入考场后，那口黑漆漆的棺材总是浮现在眼前，一直挥之不去。结果，文思不畅，名落孙山。

另一位秀才猛然间看到了一口黑漆漆的棺材，心里也“咯噔”了一下，但转念却想：“棺材”者，“官”也，“财”也！既“升官”又“发财”！于是，兴奋，喜悦，自信，坚定，情绪十分高涨。进入考场后，文思如泉涌，滔滔不绝，一挥而就。结果，心想事成，金榜题名。

三

不良心态之不良。

不良心态常常表现为消极、被动、悲观、失望、自私、自卑、保守、短视、消沉、颓废、阴暗、脆弱、懦弱、胆怯等。在这样的心态下，常常会做出错误的判断和选择，招致严重的不良后果。

不良心态常常表现为轻浮、轻率、急躁、暴躁、不安、易怒、紧张、惊慌、恐惧、动摇、压抑、郁闷、沮丧、马虎、随便、无知、无识等。在这样的心态下，六神无主，拿不出什么好主意，想不出什么好办法，更无法应对紧急情况和突发事件。

不良心态常常表现为阴险、狡诈、贪婪、暴虐、残忍、凶狠、猥琐、狭隘、孤僻、嫉妒、计较、胆小、怕事、无情、冷漠、多疑、猜忌以及尖酸刻薄、小肚鸡肠、骄傲自大、刚愎自用、目中无人等。在这样的心态下，缺少朋友，没有团队，孤家寡人，寸步难行。

不良的心态会产生不良的甚至于毁灭性的结果。

“遥想公瑾当年，小乔初嫁了，雄姿英发，羽扇纶巾，谈笑间、樯橹灰飞烟灭。”（《念奴娇·赤壁怀古》）但是，周瑜的心态有严重问题。他心胸狭窄，争强好胜，嫉贤妒能，赢了就喜形于色，输了就气急败坏。他屡屡加害诸葛亮和刘玄德，意欲除之而后快，成了吴蜀联盟的最大障碍。周瑜和诸葛亮进行了长时间的较量，每次失败后都不禁仰天长叹：“既生瑜，何生亮！”最后，被诸葛亮“三气”而死。相反，诸葛亮则气定神闲，游刃有余。他设计气死周瑜后，紧接着又孤身犯险，从容、镇定地赶到吴国柴桑口周瑜的灵前进行吊唁，化解了周瑜部将对他的怨恨，成功地挽救和巩固了吴蜀联盟。

俗话说：笑一笑，十年少；愁一愁，白了头。人的任何一种心态变化，都会引发细胞、血管、肌肉、内脏、内分泌、免疫机能的一系列改变。根据有关临床统计数据显示，由心理因素而造成的疾病，占到了就诊病人总数的80%~90%。

中医理论认为：人的健康和疾病与人的心态直接有关，如“七情”伤“五脏”，即喜伤心，怒伤肝，悲伤肺，忧、思伤脾，惊、恐伤肾等。不良心态不仅会产生各种不良的心理问题而且还会造成各种不良的生理问题。不良心态会破坏人的情绪，降低免疫系统的作用，全面地损害健康，直接导致各种疾病甚至恶性肿瘤的产生，使人过早地失去生命。当“内伤七情”，即人的“喜怒忧思悲恐惊”过度时，甚至会顷刻间毙命。相反，良好心态会使人产生愉悦感和幸福感，提高免疫系统的作用，全面增进人的健康和各种能力，使人延年益寿。

四

良好心态之主要方面。

1.积极努力。要用积极的眼光看待自己，要看到自己的优势、长处和将会成功的那一面；要自信，要不断地鼓励自己，不断地给自己加油。也要积极地看待他人，要看到别人的优点、特长和好的一面，这样才能产生好感，才便于亲近和交流。更要积极地看待客观事物。任何事物都有两面性，如果用积极的眼光去看，那就能看到积极的一面；如果用消极的眼光去看，那只能看到消极的一面。

2.奋发向上。精神振作、情绪高涨、满怀热情、信心百倍地向着自己的人生最高目标一步一步地向前进、向上走，不分散精力、不误入歧途，不要月复一月、年复一年地在原地打转转。

3.乐观开朗。人生中的沟沟坎坎，风风雨雨在所难免。唯一的办法，就是用乐观开朗、豁达大度去面对：看得透，想得开；拿得起，放得下；忘得了，过得去；跌倒了，爬起来：失败了，从头再来。

4.平心静气。“平心”，即平常心。所谓平常心，就是与急心、躁心、粗心、丧心、狼心、贪心、野心等截然不同的那种普通人之普通心。“静气”，即“每临大事有静气”，指的是从容和镇定。人们常常形容某人有大将风度，这大将风度中，就有一股静气，即，临危不乱，处变不惊，从容不迫，镇定自若。

五

心态的调控。

1.消除被动、等待，增强主动性。一个人要主动地调整自己的心态去适应环境，而不能要求环境来适应自己；要主动地去寻找机会、创造机会，而不能等待“天上掉馅饼”。人们常说的“天生我材必有用”是有条件的：

懒人、庸人、蠢人和社会渣滓是不会有用的。

2. 向下比，向前看，增强自信心。有一条流行的手机短信是这样说的："其实，人活的就是一种心态。心态调整好了，蹬着三轮车也可以哼小调；心态调整得不好，开着宝马车也一样发牢骚。"在生活上和个人需求上，"比上不足，比下有余"就该满足。相信"面包会有的，牛奶也会有的"，一切都会好起来的。

3. 走出低谷，走出阴影，尽快解放自己。一位教师在课堂上拿出了一只十分精美的咖啡杯让学生观赏，正当学生们目不转睛地看得出神时，教师却故作失手，咖啡杯突然掉在水泥地上，摔成了碎片！学生们见状发出了阵阵惋惜声。教师略停了片刻才说："如果今后在你们生活中发生了无可挽回的事情时，请记住这只破碎的咖啡杯。"对于无可挽回的事，要学会面对和接受。

4. 换一种眼光，换一个角度，柳暗花明。"祸兮福所倚，福兮祸所伏"。世界上的事都具有两面性或多面性，而且都是变化的、发展的。所以，我们要学会从两个方面或多个方面去观察、分析问题，而且还要学会用变化的、发展的眼光去看、去分析，不要死脑筋，一条道走到黑。有时候，退一步或换一种思路，就立刻眼前一亮，豁然开朗！

六

让心态好起来！

1. 腹有诗书。古人读书有"三味"：读经味如稻粱，读史味如肴馔，读诸子百家味如醯醢（xī hǎi）。今人的读书范围远远地超过了经史子集，其味也远非饭、菜和酱醋可比。通过读书、上网，我们可以浏览信息，吸收知识，陶冶情操，开阔视野，丰富底蕴，提升才干。"腹有诗书气自华"，书读多了，心态自然就会正。

2. 见多识广。"纸上得来终觉浅，绝知此事要躬行"。读万卷书，还得走万里路。要到实践中去增加阅历，积累经验，增强发现问题和解决问题的实际能力。为什么将军比士兵强？因为他们身经百战，见多识广，视野开阔，可以任凭风浪起，稳坐钓鱼台。

3.淡泊名利。太想打好球的手会颤抖，太想走好钢丝的脚会颤抖，太想赢的心也会颤抖。当人对某一件事过于重视时，就会紧张，就会出现焦虑、心跳加速、精力分散等不良反应，使聪明才智无法正常发挥，从而导致失败。科学界把这种现象被称为目的颤抖，即目的性越强，越不容易成功。所以要淡泊，用平常心去对待每一件事。

4.成竹在胸。“预则立，不预则废”。凡事准备在先，成竹在胸，就一定会沉着镇定，遇事不慌。准备工作一般分为两类。一是平时的准备。因为，“人无远虑，必有近忧”；二是事前的准备，包括思想准备，心理准备、物质准备、技术准备等。

性格——江山易改，本性难移

性格决定命运。

——荣格

在一定程度上说性格决定成败。

——松下幸之助

一

什么是性格？

性格，系指一个人在对人、对事的态度和行为方式上所表现出来的心理特点，如仁慈、乖戾、刚强、懦弱、勇敢、粗暴等。

性格中的性，指的是个性。性格中的格，指的是品格。

所谓个性，指的是在一定的社会条件和教育影响下所形成的一个人的比较稳定的特性。

所谓品格，指的是一个人的品性、品行、品质和行事风格。它有好有坏，有道德的，也有不道德的。

个性和品格有机地结合为一个整体结构，这就是性格。由于各人的遗传素质尤其是社会实践活动各不相同，使各人之间在心理倾向性和心理特征方面各不相同，形成不同的性格，即个别差异。这种个别差异，不仅表现在人们是否具有某种特征上，而且还表现在同一特征的不同程度和不同水平上。

人与人之间的区别，主要是相貌和性格。后者的差别之大甚至远远地超过了前者。正如每一个人都有一张与众不同、独一无二的面孔一样，每一个人也都有一个与众不同、独一无二的性格。正如在这个世界上找不出两张或几张完全相同的面孔一样，在这个世界上也同样找不出两个或几个完全相同的性格。即使是兄弟姐妹，长相酷似，但性格也非常地不一样，此正所谓“一母生九子，连娘十个样”是也。

二

性格的类型。

最为通常的，是瑞士荣格所提出的把性格分为两大类：外向型和内向型。

外向型：开朗活泼，内心活动易于表露出来。其特征是好动、喜社交、经常寻找兴奋与刺激、较关注外在世界。

内向型：思想情感深沉，不外露，不轻易发表意见。其特征是谨慎、安静、含蓄、不喜社交活动、较关心内心世界。

心理学把人的性格分成了四类：

1. 胆汁质型，精力旺盛、不易疲劳、易于冲动、自控力差、情绪急躁、办事粗心等；

2. 多血质型，语言和动作迅速敏捷、活泼好动、热情、注意力和情感易于转移和变化；

3. 黏液质型，心平气和、情绪稳定、不易激动、行动迟缓、冷静而踏实、自制力强而易于固执；

4. 抑郁质型，细致、敏感、脆弱、行动慢、不活泼、易疲劳、多虑、孤独、胆怯。

如果以唐僧师徒为例，则猪八戒为胆汁质型，孙悟空为多血质型，唐三藏为黏液质型，沙和尚为抑郁质型。

人的性格是复杂的，不管如何分类，只属于某个单一类型的人是很少的，大多数人的性格都是混合型的，即同时具有两种或几种类型的性格，只是以某一类为主或稍稍偏向于某一类型而已。

人的性格特征主要表现在以下四个方面。

1. 对待现实的特征。包括对待社会、集体、他人方面；对待学习和工作方面；对待自己方面。如有的人正直、善良、勤奋、刻苦、洁身自好；而有的人却阴险、虚伪、懒惰、随便、趋炎附势。

2. 认知特征。包括观察力、注意力、记忆力、思考力、想象力等方面。如有的人仔细、专注、过目难忘、独立、想象力丰富；而有的人粗心、注意力分散、好忘事、刻板、缺少想象力等。

3. 情感特征。包括情感的强度、稳定性和主导心境等方面。如有的人敏捷、稳定、快乐；而有的人迟钝、忽冷忽热、多愁善感。

4. 意志特征。包括自制力、坚持力、适应力、应对困难和失败的能力等。如有的人自控力好、坚持不懈、适应性强、愈挫愈勇；而有的人任性、有始无终、适应性差、怕困难等。

当然，处于性格特征两端的人也是很少的，大多数人都处于中间状态，只是有些人偏向于这边多一些，而另一些人则偏向于那边多一些而已。

三

性格的形成。

在一个人的性格中，其父母的遗传因素约为30%~40%，其余60%~70%则是后天形成的。性格形成的后天成分主要取决于三个部分：

1. 家庭教育

遗传并不是决定性的，但父母的性格特征会通过家庭教育及家庭生活更深一步地影响子女的性格形成。家庭教育分为民主型、溺爱型、严格型、放任型、支配型和矛盾型。类型不同，结果就不一样。例如在民主型家庭中，孩子有发言权，像成人一样受到尊重，因而独立、自尊、大胆、机灵，善于与别人交往、协作，有分析思考能力。而在溺爱型家庭中，孩子任性、自私、冷漠、骄傲、脆弱、情绪不稳定、缺乏独立性等。

2. 学校教育

学习是一种艰苦的劳动，通过学习可以发展学生的坚持性、自制力、主动性和独立性等良好的性格特征。在接受系统的科学知识过程中，逐渐形成科学的世界观。科学的世界观的形成对发展学生良好的性格特征又具有重要的意义。集体生活有利于培养学生的合群、自制、利他、勇敢、顽强、组织性、纪律性等优良的性格特征，也有利于克服孤独、自私等不良的性格特征。

3. 社会与职业

一个人走出校门后就要接触社会，开始工作，因此，其性格就要受到职业、社会和地域文化的影响。职业要求一个人长时期地从事某种特定的工作，社会也要求他反复地扮演某种角色，进行和自己职业相应的活动，这样，这个人就会相应地形成与职业和社会要求相一致的性格特征。例如，科技工作者善于独立思考、认真严谨、一丝不苟；文艺工作者则活泼开朗，情感丰富、富于想象；医务工作者则医者仁心、救死扶伤、耐心细致等。

四

性格决定一切。

秦末楚汉相争，归根结底，可以看成是项羽和刘邦两种性格的较量。由于项羽的自负、目中无人和刘邦的大度、知人善任，韩信、彭越、英布、陈平等人都抛弃了项羽而投向了刘邦，所以刘邦赢了。成也性格，败也性格。尤其是项羽，他有东山再起、卷土重来的机会，但又因为他的性格过于忠勇和刚烈，感到“无颜见江东父老”而乌江自刎。留给后人念想的还是性格。李清照的《夏日绝句》写道："生当作人杰，死亦为鬼雄。至今思项羽，不肯过江东。"

唐太宗李世民是中国历史上一位鲜见的明君。贞观之治是我国历史上的鼎盛时期，最为璀璨夺目。贞观之治与李世民的性格有着密切的关系，因为，李世民有着别的君王不具备或虽然具备但却没有达到他这样的程度和高度的性格。他宅心仁厚，惜才如命；虚怀若谷，从谏如流；闻过则喜，知错必改；作风民主，心胸宽广等。

如果把一个人比作一座建筑，那么，性格就是其中的钢筋骨架，而知识、技术、能力等则是浇注在钢筋骨架上的混凝土。

性格能左右人的思维、行为、判断和决定，在很多情况下，性格往往能起到决定性的作用。一个人的成功或许有着好的命运，其实并不是因为命运有多好或能力有多强，而是由于性格的优势；一个人的失败或许是命运不好，其实并不是因为命运有多差或能力有多弱，而是由于性格的缺陷。

有位美国记者曾在采访银行家摩根时问："决定你成功的条件是什么？"摩根说："性格。"记者又问："资金与性格何者更重要？"摩根说："资金重要，但更重要的是性格。"

"性格决定命运"，荣格、尼采、培根都说过这样的话。

日本松下总裁松下幸之助说："不必羡慕他人的才能，也不必悲叹自己的平庸；各人都有他的个性魅力。最重要的，就是认识自己的个性，而加以发展，一个人的性格塑造对于自身的成功与否有着非常密切的联系，在一定程度上说性格决定成败。"

五

性格的改造。

要想获得成功或改变命运，就必须首先改变自己的性格。

正如牛顿所言："尽管人们把性格看成是先天的，但它仍旧是自我修养的结果。我们不可能生来就固定了某种性格。可亲、可近、富有魅力的性格是靠自己慢慢培养起来的。”改造性格的过程，也就是培养性格的过程，改造了懦弱就获得了坚强，改造的懒惰就获得了勤快，改造了傲慢就获得了谦逊等。

1. 改造那些明显不好的性格，如自卑、自私、自负、自满、刻薄、孤僻、冷漠、任性、冲动、嫉妒、高傲、残暴、乖戾、懦弱、狭隘、保守 、懒惰、狂妄、消极、轻信、多疑、偏执、犹豫、悲观、拖延、抱怨、浮躁、依赖、说谎、搬弄是非、自以为是、患得患失、得过且过、拍马溜须、不求上进等。

2. 改造那些与职业不相适应的性格。能够如愿以偿的事往往很少，造化弄人却屡见不鲜。你不想当教师，却偏偏当上了教师；你不想当医生，却偏偏当上了医生；你不想当领导，却偏偏当上了领导。遇到这种情况，就要立即改造自己的性格，使之与职业相适应。否则，就只能“跳槽”或“另谋高就”。

3. 改造那些与人际关系不相和谐的性格。有的人心直口快，口无遮拦，想说什么就说什么；有的人直来直去，看不入眼的事，就要讲，看不惯的人，就合不来；有的人像个火药桶，一点就炸；有的人爱耍态度，爱发脾气，爱使小性子；有的人认死理，爱抬杠；有的人总是和领导搞不好关系或总是和领导对着干。如此等等的臭脾气必须改掉，否则就不会有好果子吃。

六

培养、改造、控制性格的具体途径。

1. 性格的培养=教育+环境+历练

英国思想家欧文说过：“教育人就是要形成人的性格。”后天的性格培养是在教育和环境的双重作用下经过历练而完成的。教育包括家庭教育、学校教育和社会教育。环境包括家庭环境、学校环境和社会环境。

零到六岁是培养性格的黄金时期。在这个阶段中，绝大多数儿童都在家庭中生活，在父母爱抚下长大，所以，家庭被称为是制造人类性格的工厂。

把性格培养和理想、信念、价值观、人生观、世界观的教育和培养结合起来，进行综合性的教育和培养，才能达到目的。

2. 性格的改造=学习+修养+习惯

俗语说：“江山易改，本性难移。”曾国藩原本是一位性格倔强，刚愎自用，成不了大气候的人物。然而，他嗜读如命，颇善内省和修炼，数十年如一日。他按照中国文化的理念，硬是将自己的性格来了一番脱胎换骨的大改变，变得谦虚谨慎，礼贤下士，亦刚亦柔、刚柔并济。曾国藩这种利用读书、修养而形成习惯来改变性格的方法和成效，很值得人们借鉴。

3. 性格的控制=耐心+冷静+理智

所有成大事者都必须具备耐心、冷静和理性的性格特征。耐心、冷静和理性是重中之重，需要长期地学习、修养和历练。

耐心、冷静和理性，不仅仅是一种性格，而且还是一种心态，一种习惯，一种智慧，需要进行多方面地打造。人们需要把它们当作性格来培养，需要把它们当作心态来调整，需要把它们当作习惯来坚持，需要把它们当作智慧来灵活运用。

有了耐心、冷静和理性，就可以对其它性格进行有效的控制和驾驭，使自己变得有刚有柔，刚柔相济；有胆有识，胆大心细；有张有弛，张弛有度；自信而不自负；谨慎而不胆小；执着而不固执等。

习惯——习惯良好，成功就早

少成若天性，习贯（惯）如自然。

——孔子

习惯是人生的主宰。

——培根

一

何为习惯？

从字面上理解，习得而一以贯之为习惯。说得详细点，习惯是指“在长时期里逐渐养成的、一时不容易改变的行为、倾向或风气”（《现代汉语词典》）。

一个人的习惯，不是先天的，不是与生俱来的；而是后天的，是经过学习、模仿、训练和无数次的重复而形成、固定下来的。人的最基本的活动有两种，一种是外显的，即看得见、摸得着的实践活动；另一种是内隐的，即看不见、摸不着的认知活动。习惯也相应地分为两种，一种是可闻可见的、外在的行为习惯，包括做人的习惯、做事的习惯、学习习惯、工作习惯、生活习惯、卫生习惯、运动习惯等；另一种是指导、支配外在行为的、不可见不可闻的内在的思维活动，包括观察习惯、注意习惯、记忆习惯、思维习惯等。

从广义上看，人的最基本的思想、观念、信念、信仰、品德、素质、原则、态度、立场、情绪、气质、风度、方式、方法等，都是习惯。

如果某些习惯为一个家庭或家族所接受，那就会形成家教、家规和家风。

如果某些习惯为众多的人所接受，那就会形成社会倾向、风尚、风气、或民风、民情、民俗。

二

习惯的力量。

从习惯的视角看问题，则可以得出习惯成败论，即成也习惯，败也习惯，习惯决定一切。习惯会使成功如约而至，也会使失败不期而遇。有一句话是这样说的：今天的你是过去习惯的结果，你今天的习惯将决定明天的命运。

习惯是一种条件反射，是思维、行为的固定化、模式化、自动化。它不需要决心，不需要刻意，不需要意志力，也不需要别人监督，在一定的情况下，就能按照一定的规则和轨道去执行。人的某种习惯一旦养成，就有可能伴随人的一生而成为支配人及其人生的一种难以改变的力量。

行为科学研究得出结论：一个人一天的行为中大约只有5%是属于非习惯性的，而那95%的行为都是习惯性的。即便是创新，最终也可以演变成习惯性的创新。

“人之初，性本善，性相近，习相远”。人与人之间，“性本善，性相近”，只是后来各自习惯的不同，才拉开了人与人之间的距离，决定了各自的成败与命运。所谓的好人与坏人，小人与君子，圣人、伟人与恶人，其区别，也可以说，就在于各自的习惯不同。普通人与普通人之间的区别也在于习惯。有的人良好习惯多一些，则进步较快；而有的人小毛病不断，则很难有所长进。

叶圣陶说："无论哪一种能力，要达到了习惯成自然的地步，才算是我们有了那种能力。不达到习惯成自然的地步，勉勉强强地做一做，那就算不得我们有了那种能力。""习惯养成的愈多，那个人的能力愈强。我们做人做事，需要种种能力，所以最要紧的是养成种种习惯。"

例如跳水运动员，只有通过大量地、长时间地、反复地训练，将灵巧柔韧的身体动作、精确细腻的肢体平衡、清醒敏锐的空间知觉变成了自己的习惯，才能算得上是一个优秀的跳水运动员；只有把优雅地起跳、潇洒地腾空、敏捷地翻转和轻捷地入水（包括压水花）等方面的先进技术和具体细节变成了自己的习惯，才有可能在大赛中夺冠。其实，各行各业、各学各派，尽皆如此，毫无例外。

三

教育，就是养成良好的习惯。

德莱顿说："首先我们养出了习惯，随后习惯养出了我们。"

《少年儿童研究》1994年第4期刊出一篇调查报告，题为《悲剧从少年开始——115名死刑犯犯罪原因追溯调查》。调查表明，这115名罪犯从小就染上了很多不良习惯。有的人从小吃香的、穿新的、用好的，玩高级的，养成了"嫖、赌、逍遥"三大恶习。他们少文化，缺知识，不知礼，不懂法；贪吃好玩，黑白不分，是非颠倒，荣辱不清。这就是教育缺失所造成的严重后果。

洛克说："事实上一切教育归根结蒂都是为了培养人的良好习惯。"

叶圣陶说："教育是什么，往简单方面说只有一句话，就是养成良好的习惯。"他还说："养成习惯，换个说法，就是教育。教育不限于学校，也不限于读书。学校教育只是教育的一部分，读书这门事也只是教育的一部分。我们在学校里受教育，目的在养成习惯。我们离开了学校，仍然要从种种方面受教育，并且要自己教育，目的还是在养成习惯，增强能力。习惯越自然越好，能力越增强越好，孔子一生'学而不倦'，就是看透了这个道理。”

语言教育，为的是培养语言思维习惯、语言表达习惯、语言沟通习惯；哲学、数学、逻辑学教育，为的是培养抽象思维习惯；文学、艺术教育，为的是培养形象思维习惯；体育教育，为的是培养运动习惯和竞技习惯等。从小学、中学到大学，从研究生、博士生到博士后，可以说，都是为了培养习惯和提升习惯。好习惯愈多愈好。好习惯多，就标志着一个人好的品质多，能力强，多才多艺。好习惯的程度愈高（愈自然）愈好，说明一个人的品质愈高，修养愈高，造诣愈高，能力更强。

四

“少成若天性”（《汉书·贾谊传》）。

良好的习惯是从小培养的。小时候形成的习惯，就像是天生的一样，最自然、牢固不过了。从小养成的良好习惯能伴随人的一生，终身都会起作用。

福泽谕吉说：“家庭是习惯的学校，父母是习惯的老师。”家庭是最早的、最亲近的、也是最经常的教育主体。它既有言传身教又有环境濡染，既体现对孩子的关爱又体现家长自身的价值取向，是一种浸透亲情、持续不断的教育。

1988年1月，75位诺贝尔奖获得者在巴黎聚会。有人向其中的一位问道：“您在哪所大学、哪个实验室学到了您认为最重要的东西呢？”

那位白发苍苍的老人回答说：“是在幼儿园。”幼儿园形成的习惯能影响人的一生。

学校是专业、系统、高效的教育机构，所以，学校教育尤为重要。作为教师，其职责不仅仅是教知识，教方法，更重要的是教学生养成好的学习习惯和优秀品质。

五

优秀也是一种习惯。

亚里士多德说:优秀是一种习惯。其原话是:“道德德性是通过习惯而养成的。”他又说:“道德的,这个词是从‘习惯的’演变而来,我们所有的道德德性都不是由自然在我们身上所造成的。”

一位哲人也说过:“美德大多存在于良好的习惯中。”人们往往过于在意那些优秀人物所表现出来的天赋、智商、魅力和工作热情等,而当人们把那些表现归纳一下就会发现,其实只有简单的一点:那就是习惯良好。和人们获得某种能力一样,当一种优秀品质成为了一个人的习惯时,就等于在他身上生了根、落了户,就真正地为他所拥有了。

拿破仑·希尔在《成功定律》中归纳出最有价值的、带有规律性的十七条定律。这十七个定律几乎都是习惯,涵盖了人类取得成功的所有主观因素。

要优秀,就要改变坏习惯。培根说:“几乎一切都难以战胜习惯,以至于一个人尽可以诅咒、发誓、夸口、保证——但到头来却还是难以改变他的习惯。”

“冰冻三尺,非一日之寒”。习惯是刺激和反应间的稳定的链接关系。纠正不良习惯就像戒烟、戒酒一样,靠的是决心、意志和毅力。只要提高认识,下定决心,以足够长的时间和足够高的频率不断重复某个新的思想和行为,还是可以培养出任何你所希望的习惯。即无论你反复地坚持什么,最终还是会产生出一个新习惯。因为,在这种长时期的高频率的反复作用下,新的习惯就能转化为你的潜意识。

一个人,很多时候只需要改掉一个坏习惯,生活便会发生翻天覆地的变化。一个普通人或大小毛病不少的人,如果每年能根除一种恶习,那么用不了多久,就有可能优秀起来,甚至能成为一个几乎十全十美的完人。

六

让自己优秀起来,从改变习惯来改变命运。

纠正不良习惯的最好方法,是用良好的习惯去取而代之。例如培养了勤劳、勇敢、谦虚、朴素的好习惯,就自然而然地克服了懒惰、怯弱、自满、奢侈的坏习惯。

富兰克林原本是个普通人,也有一些不良习惯。不过,他很快就意识到了自己的不良习惯,并着手改变它们。他列出了一张清单,把自己个性上那些不良习惯一一列在上面。从其中最致命的不良习惯开始,逐渐地用十三种美德去一一替代,一直纠正到不足挂齿的细小毛病为止。富兰克林在自传里写道:“我的目的是养成所有美德的习惯。”“最好还是在一个时期内集中精力掌握其中的一种美德。当我掌握了一种美德后,接着就开始注意另外一种,这样下去,直到我掌握了十三种为止。因为先获得的一些美德可以便利其他美德的培养。”

要特别注意养成适合自己或自己特有的习惯,这样,才能创造出和保持住自己的优势。

前苏联心理和教育学家苏霍姆林斯基有个习惯,那就是在清晨尽早开始一天的工作。他每天五点半起床,做早操,喝杯牛奶,吃块面包,随即开始工作。当他习惯了六点钟开始工作后,又努力再提前了几十分钟。几十年如一日,从不间断。他三十几本教育方面的著作和三百多篇学术论文都是在早上五点到八点之间写成的。

马克·吐温坚持每天早晨默读墙上的好词、佳句,为他能写出脍炙人口的作品提供了帮助和支持。

马克思在撰写《资本论》时,坚持每天演算几道数学题,以保持自己的逻辑思维能力。

七

摆脱思维定势,锐意进取创新。

思维定势是一种按常规处理问题的思维方法。它省去了许多摸索、试探的步骤,缩短了思考时间,提高了效率。在日常生活中,思维定势可以帮助人们解决每天碰到的90%以上的问题。但是思维定势不利于创新思考,不利于创造。它容易使我们产生思想上的惯性,养成一种呆板、僵化、迟钝、机械、千篇一律的思维方式,往往会使人步入误区。

古往今来,许多伟大的发明家为什么都是年轻人?就是因为他们尚未受困于习惯。年龄越大,想要摆脱习惯束缚的困难就越大。有时候,习惯就像一只厚厚的茧。里面的蛹只有勇敢地蜕变化蝶,突破茧的束缚,才能获得新生,否则,就会被永远地困在里面。

如何摆脱思维定势呢?

一要保持清醒的头脑,时常检查自己的习惯。不要让自己的习惯困住了自己,变成了自己成功的绊脚石。

二要保持对新思想、新事物的敏感、顿悟和吸纳精神。即要养成一种特别的、突破习惯的习惯——创新习惯,这样,才能冲击和摆脱旧习惯的束缚,以保持思维和行为的前瞻性、前卫性和先进性。

三当新问题出现时,首先想一想,解决这一问题的思维定势是什么,然后运用创新思维方法来突破之,解决之。

果断——审时度势，当机立断

当断不断，反受其乱。

——司马迁

在行动上尽可能做到最坚决、最果断。

——笛卡儿

一

何为果断？

选择、决策、决定、拍板、拿主意、一锤定音等，都是一种决断。果断，即果敢地决断——不迟疑，不犹豫，迅速、及时，合理而干净利落地作出决断并付诸行动。

决断时：自以为是是武断，情况不明是妄断，适得其反是误断，犹豫不决是寡断，而当机立断方为果断。果断是个褒义词，武断是个贬义词，决断是个中性词。

果断的特点是迅速、坚决、准确。它在时间上快速——当机立断；它在行动上坚决——雷厉风行；它在结果上常常正确——如愿以偿，而不是事与愿违。

果断是人的特点：

1.果断是人的一种性格。果断与否，是与生俱来的，带有一定的遗传因素，更会受到家庭成员的影响。所以，有的人生来就很果断，说干就干，很少犹豫，也很少后悔。有的人则喜欢婆婆妈妈，拖泥带水，常常欲行又止，患得患失。性格是可以改变的，原来很果断的人可以变得不太果断，而原来不太果断的人却可以变得很果断。

2.果断是人的一种品质。人品，指人的素质，包括智商、情商、逆商（挫折商或逆境商）、健康等状况和知识、文化、能力、道德素养等。果断是一种情商和素养，与善良、宽容、乐观、勤劳一样，也是成功人士一种不可或缺的优秀品质。人生是由一连串的选择组成的，选择的力量就来自于果断的品质；没有果断的品质就没有选择，没有选择也就没有人生。成功须要面对无数的决定和决策，决定和决策的力量也是来自于果断的品质；没有果断的品质就没有决定和决策，没有决定和决策也就没有成功。

3.果断是人的一种风格。风格是指一个人具有独特于其他人的表现和行事作风。有人说话简洁明了，一言既出驷马难追；有人说话含含糊糊，出尔反尔。有人做事直截了当，干脆利落；有人做事犹犹豫豫，拖泥带水。见到别人有困难，有的人慷慨大方，倾囊相助；有的人有意回避，装聋作哑。遇到了麻烦，有的人敢于承担责任；有的人却推诿扯皮等。那种说话算数，敢于担当，利落、慷慨的作风，就是果断的风格。

二

人们果断与否，类型有四：

1.优柔寡断型。没有主见，依赖性强，不论做任何事，总是左顾右盼，举棋不定。无论作任何决定，对于这种人来说都是一桩难事。他总得反复和家人、朋友、熟人商量后才能作出一个很不爽快的决定。决定后，又总是认为有些不妥，感到后悔。

2.小心谨慎型。处处小心，事事谨慎，不求有功、但求无过，畏首畏尾，前怕狼后怕虎。这类人有经验、有知识，也是有一定的决断能力，但就是缺少胆量、勇气和自信心。面对决断所带来的风险和挑战，往往顾虑重重，迟迟下不了决心，因而也常常坐失良机。“一朝被蛇咬，十年怕井绳。”挫折和失败使得这种人的胆量变得越来越小，不敢担当、不敢负责。

3.主观武断型。只凭自己的主观意图行事，不听取别人的意见，什么事都是自己说了算，每决定一件事都要以自己的意志为转移。曾国藩有言：“不明而断谓之武断。武断自己之事，为害犹浅；武断他人之事，招怨实深。”三类人群容易主观武断：一是急功近利，急于求成，遇事冲动，行为鲁莽者；二是盲目自信，自以为是，目中无人，缺少耐心者；三是位高权重，刚愎自用，独断独行，独裁专制者。

4.果断机智型。又可分为三类：

一般果断型。普通人在工作和生活中所遇到的问题大都是些小事，凭着经验、习惯以及亲朋好友的帮助，都可以轻而易举解决或摆平。如果遇到大事或事发偶然，需要决定或紧急决断，则会“抓瞎”或六神无主。这时，他们会去请教身边的“高人”（长者、智者、某单位的领导等），听听他们的高见，然后再作决定，或者，干脆从众，随大流。

相当果断型。这是一些领导人或具有领导才能的人。这些人的经验相当丰富，思维相当敏捷，有着自己足够的逻辑判断力和得心应手的决策程序、决策方法。一事当前，他们会立即产生自己的看法和想法；然后召开有关会议，进行调查研究，广泛听取大家的意见；再根据主、客观条件和集思广益来补充、修正自己的意见；最后拍板、作出合理的决定。偶尔也有失误，但能在执行中逐步地加以补救和纠正。

极其果断型。这里指的是将军、领袖和大集团的CEO等。这类人天资聪颖，知识渊博，目光远大，胆识过人，胸襟开阔，头脑冷静。每遇大事，常常成竹在胸，凭着直觉和顿悟，快速而准确地作出决断，给人一种快刀斩乱麻的感觉。如在众说纷纭、莫衷一是之际，能勇敢地站出来，一锤定音；在一片反对声中，能坚定地挺身而出，力排众议，力挽狂澜。

三

领导之决断(果断)。

我们决断的能力决定着我们个人的生活质量和人生的成就,而当升任领导职位后,我们所做出的决断,其意义和后果就会指数式地放大,因为领导决断的累积效应会影响到团队、他人以及整个大组织的成败。

美国领导理论大师沃伦·本尼斯说:“有了正确的决断,其他的就不那么重要了;没有正确的决断,其他的一切都毫无意义。”

有效的领导取决于正确的决断。领导的历程就是一系列决断组成的编年史,而这部编年史则是领导者的传记。人们之所以能够记住某些领导和领袖,正是因为他们曾经做出了正确的或错误的决断。

根据现代领导理论的研究成果,领导的决断在人、战略、危机三个领域中尤为重要。

1. 人的决断。“失街亭”就是因为诸葛亮用人不当。千军易得,一将难求。关于人的决断,尤为重要。如果没有为团队做出正确的有关人的决断,或者是对团队成员管理不当,那么就无法为组织确定正确的方向和战略,也不可能有效地应对危机。排在第一位的是为团队选择正确的领导,然后才是确定战略和应对不可避免的危机。

2. 战略决断。战略泛指具有统领性、全局性、长远性、方向性、竞争性、系统性、预见性、风险性、左右胜败存亡的谋略、计划、策略、方案和对策等。战略决断,关系重大。例如,中国共产党和中国国民党信仰不同、主义不同,何来合作?但在历史上,国共两党曾经有过两次合作。这是在一定的历史背景下,面对共同的敌人,国共两党各自作出的战略决断。

3. 危机决断。指的是身处逆境或生死存亡之时,作出正确决断。挽狂澜于既倒,扶大厦之将倾。身处危机,形势险恶,时间紧迫,责任重大。正确决断实属不易,稍有不慎,即会招来杀身之祸,甚至会导致整个组织、团体的毁灭。面对危机,首要的就是保持冷静,处变不惊,要尽可能地了解所面对的局面，然后尽其所能地为在特定情况下达成最终目标提出最适合的战略。例如，“文革”后期粉碎“四人帮”，就是一次危机决断。

四

如何果断？

1. 高瞻远瞩，审时度势

一是要站得高，总览全局。全局决定部分，部分影响全局。从部分看来可行，而从全局看来不可行，那么就不能作决定。

二是要看得远，深谋远虑。要着眼于将来，要考虑几年或几十年以后，眼前利益要服从于长远利益。如果眼前利益有损于长远利益，那么也不能作决定。

三是要考虑大环境和大背景。周边的情况，国家的形势和政策，国际的形势和趋势等，有时都应该在考虑之列。

2. 知己知彼，信息对称

曾国藩说：“总须心中极明，而后口中可断。能明而断谓之英断，不明而断谓之武断。”要做到明断、英断，就必须大量地掌握信息。在社会政治，特别在市场经济活动中，各类人员对有关信息的了解更有差异。掌握信息比较充分的人员，往往处于比较有利的地位，而信息贫乏的人员，则处于比较不利的地位。所以，需要尽量多地收集信息，才有助于正确决断。

3. 集思广益，深思熟虑

为了鼓励下属畅所欲言、踊跃参与政事，从而使自己的决策减少失误，诸葛亮特地写了一篇文告《与群下教》：“夫参署者，集众思，广忠益也。”意思是，参与政府机关事务的人，要集合众人的思想，多多听取好的意见。在集思广益的基础上深思熟虑，然后再做出决定，可保万无一失。这就是诸葛亮智慧过人、多谋善断的原因。

4. 权衡利弊，当机立断

“两弊相衡取其轻，两利相权从其重”，在权衡利弊之后，就很容易做到当机立断。

有篇古文《刘颇当机立断》，其意思是：道路上有一辆车载着瓦罐，堵住了狭窄的路道。适逢天气寒冷，路上覆盖着冰雪，又险峻又湿滑，不能进退。天色已近傍晚，行路的官员和商客成群结队，车马几千，排列拥挤在后面，没有办法。有一个叫刘颇的人挥着马鞭赶来，问道：“车上瓦罐值多少钱？”回答说：“七八千。”刘颇立即打开包囊取出丝制品，给瓦罐的主人作为赔偿。又叫童仆登上车子，弄断捆绑瓦罐的绳子，把瓦罐全推到山崖下。一会儿，车变轻，能够前进了，后面的车队也跟着前进了。

五

果断，非一日之功，也是培养和锻炼出来的。

1. 培养勇气、胆识和魄力。一个胆小怕事、懦弱无能的人是不会果断的，这样的人即使东施效颦，去学着果断，也是学不会的，果断不起来的。勇气、胆识和魄力是果断的基础和条件，有了它们，才会果断。

2. 培养无私无畏的精神。私欲私念是万恶之源。面对问题，很多人之所以犹豫不决，之所以决断错误，就是因为私心杂念在作祟。要站在利他人、利事业、利国家、利社会的立场上全面地思考和处理问题，决断要公平、公正、民主、透明，而不能暗箱操作。如果急功近利或为一己之私，则决断往往错误。

3. 培养责任感和使命感。极主动地承担起责任和使命，就是个有责任感和使命感的人。责任感和使命感是人的内在的永恒的核心动力，也是果断的驱动力。某些人之所以果断，正是出于这份责任感和使命感。

4. 培养认真、干练的作风。作风也是一种习惯。有了好的习惯，才会有好的作风。我们要养成认真的习惯，不马虎，不随便，不掉以轻心。还要养成冷静和干练的习惯，为人处世要干脆、利落，不要拖泥带水、婆婆妈妈。一个认真、冷静而干练的人，一定很果断。

5.多多尝试，才会果断。马克思说："人要学会走路，也要学会摔跤。而且只有经过摔跤，才能学会走路。"学会果断，也是如此。人们可以从无关紧要的日常琐事、小事做起，不妨常常去"冒险、冒险"：一要认真对待，二要快速决断。敢于冒险，才有机会。有机会，才会成功。"失败乃成功之母"，不要害怕失败。失败了，不退缩，从头再来。如果错了，就及时总结，汲取教训。先失败，后成功，天长日久，就可以培养和锻炼出果断的品质来。

策略——运筹帷幄，决胜千里

运筹策帷幄之中，决胜于千里之外。

——司马迁

政策和策略是党的生命，各级领导同志务必充分注意，万万不可粗心大意。

——毛泽东

一

策略之策，指的是策划、谋划、筹划、对策、决策、运筹帷幄、出谋划策等；策略之略，指的是计划、计谋、方略、谋略、战略、胆略、雄才大略、文韬武略等。策略是指根据形势的发展变化而制定和采取的程序、规则、计划、计谋、方式、方法以及应变和调控的技巧。或者说，策略是灵活地、艺术地、巧妙地、创造性地对方式、方法、手段、措施和工具、媒体的选择、优化、综合、组合、运用和调控。

所谓策略，实际上是相对于效果和效率而言的。一个人在做某件事时，使用最原始的方法，最终也可能达到目的，但效果不好，效率不高。如果策略一些，其效果和效率就会有很大的提升。某些时候，明明山穷水尽，但只要策略一点，就会立刻柳暗花明。某些地方，已经走投无路，死定了，但只要策略一下，马上就会峰回路转，起死回生。

“田忌赛马”被认为是中外历史上最早的策略博弈的经典案例。

战国时期，齐国大将田忌经常与诸公子赛马，并设重金为赌注。孙膑发现比赛马匹的脚力都差不多，可分为上、中、下三等。一次，田忌与齐威王比试马力，孙膑建议田忌加大赌注，并让田忌用下等马对齐威王的上等马，首场大败；随后又让田忌用上等马、中等马分别对齐威王的中等马、下等马。结果两胜一负，赢得了齐威王千金赌注。孙膑因此名声大振。这就是避实击虚、以弱胜强的策略，后来被广泛地运用于军事和体育比赛等方面。不论中外，只要讲到策略博弈或在大学的博弈论课堂上，“田忌赛马”都是必讲的经典案例。

二

策略无处不在。不懂策略，不会成功。

例如学习，有学习策略。

学习策略是制约学习效果的重要因素之一，也是会不会学习的重要标志。学习策略包括认知策略、调控策略、交流策略、资源策略和情感策略等。

认知策略是指学生为了完成具体学习任务而采取的步骤和方法。调控策略是指学生对学习加以计划、实施、反思、评价和调整的策略。交流策略是学生为了争取更多的学习交流机会、维持交流以及提高交流效果而采取的各种策略（特别是外语）。资源策略是学生合理并有效利用多种媒体进行学习和运用知识的策略，包括学习时间的管理、学习环境的管理、学习努力程度和心境的管理、学习工具的利用、社会性人力、物质资源的利用。情感策略则是指能增强或提高兴趣、动机、自信、意志和合作精神等影响学习过程和学习效果的相关策略。

又如交流沟通,有语言策略。

语言策略就是语言交流方式中的技巧和艺术。语言策略可避免语言的单一化、重复化、直白化、简单化,可加大语言的信息承载能力、渗透感染力,增强语言的情感作用、反思作用和说服作用。

古文《触龙说赵太后》堪称典范。战国时期,秦国攻赵。赵国向齐国求援,但齐国一定要赵太后的小儿子长安君为人质,才肯出兵。赵太后溺爱长安君,执意不肯,严厉拒谏。触龙见到赵太后闭口不谈人质之事,却拉起家常,从自己的儿子谈到了赵太后女儿,再谈到赵太后的小儿子长安君。越谈越投机。触龙不是像其他大臣那样指责太后不该溺爱幼子,而是批评她爱得不够,应像疼爱女儿燕后那样疼爱长安君,“爱子则为之计深远”,太后听着十分顺耳。最后,双方心照不宣,达成默契,没有丝毫的尴尬和不快。

再如领导,有领导用人的策略。

一位善于用人的人,在国家,是英明的领袖;在军队,是出色的统帅;在地方、单位、部门、公司,则是优秀的领导或CEO。

唐太宗李世民是中国古代历史上最为贤明的皇帝之一,而在他的所有治国方略中,用人策略又更为突出。首先,知人善用。他说:“人的才能,各有所长,君子用人,就如同用器皿一样,大材大用,小材小用,各取所长。”其次,对人推心置腹,以诚相待。有人给他出主意,要他采用些计谋或权术来试探朝中大臣的忠奸。他回答说:“如果用这些权术去试探部下,自身就不够光明磊落,如何要求他们正直呢?”第三,有容人之量。他在位,时常有大臣秉理直谏,而他却常常能接受各种不同意见,从不固执己见,也不偏听偏信。

三

策略离不开战略、战术、方法和创新。

1. 策略总是和战略、战术联系在一起的。策略是为实现一定的战略任务，根据形势的发展而制定的行动准则和斗争方式。它是战略的一部分，并服从于战略。策略需要战略的指导，没有战略，策略就会无的放矢；而战略则需要策略的支持，没有策略，战略就会落空，没有意义或失去价值。策略又是对战术的选择、组织和实施。没有战术，策略就只会是纸上谈兵，有花无果；而没有策略，战术就会失去协同性、灵活性和有效性，也就没了意义和价值。

2.策略又总是和方法联系在一起的。足球比赛中的阵形是大家都熟知的方法，但教练根据各种具体情况，结合配置和站位等所采取的变阵却是策略。传球、停球、带球、过人、换位、突破、补位、射门、造越位、反越位等，也是每个球员都会的方法和技术，但怎么做，什么时候做，如何创造机会，相互间如何配合等，则是策略。换人是方法，但换谁，什么时候换，带去教练什么意图等，却是策略。在双方僵持的情况下，一个换人，往往能打破僵局，收到奇效，这就是策略的作用。

策略是灵活地、艺术地、创造性地对方法的理解、选择、操作和调控。策略是比较宏观的，而方法是较为微观的。策略是策划、谋略，是根据任务、目标、内容、特点、环境和条件等诸多因素，对方法进行选择、优化、组合、运用和调控，以节省时间、提高质量、提高效率，获得最理想的结果。

3.策略的魅力在于它的创造性。鲁迅说："希望本是无所谓有，无所谓无的。这正如地上的路，其实地上本没有路，走的人多了，也便成了路。"借用鲁迅的话，可以这样说：策略和方法"本是无所谓有，无所谓无的"，"这正如地上的路"，第一个走这条路的人是在创造策略，"走的人多了"，策略"也便成了"方法。策略往往是对方法的创造。很多时候，并没有现成的方法可用，而是需要创造。一是把现有的方法变一变，用对了地方，价值无几的东西会立刻变得价值连城，这就是策略，如"田忌赛马"；二是随机应变，即兴创造出世界上从来就没有的办法和窍门来，如"司马光砸缸"。

4.策略的价值就在于它的艺术性、巧妙性、变通性和灵活性。策略因人、因时、因事、因物制宜，不顾时间、地点的变化，照抄照搬或沿袭某种方法，就不是策略。用对了策略，可以变不能为可能，可以绝处逢生、起死回生，可以化干戈为玉帛、化腐朽为神奇。

“走”，人人都会，人人每天都在走，算不上是策略。但是，“三十六计，走为上策”中的“走”，不仅是策略，而且是上策。

想走，有时未必就能走得了。南宋将领毕再遇与金兵对垒，一天晚上，他拔营撤退，旗帜照常留在营内，并预先把一些活羊吊起来，让它们的两只蹄子落在鼓面上，挣扎中两只前蹄便频频击打在鼓面上发出响声，像士兵擂鼓一般。金兵几天后才发现宋军的营地空了。悬羊击鼓，这就是创造策略。后人沿用之，悬羊击鼓就成了方法。

四

策略虽然千变万化，神鬼莫测，但也有规律可循，还是可以学习和掌握的。

策略的制定和形成大都遵循着以下原则：

1.集中优势原则。不论是战争，还是竞争、比赛等，集中优势往往是首要原则。人力、物力、财力、时间和人的精力都是有限的，要想获得胜利和成功，必须将资源集中到某一点上，造成局部优势，这种优势就有可能或立刻转化成胜势。

2.知己知彼原则。在“田忌赛马”中，孙膑对双方的参赛马匹了如指掌，在策略上稍作调整，就取得了胜利。在《触龙说赵太后》里，触龙熟悉皇家情况，了解赵太后性格、脾气，以一种赵太后能接受或喜欢的方式来做她的思想工作，终于成功。

3.因势利导原则。顺着事情发展的趋势，向有利于实现目的的方向加以引导。

4.转换思考原则。(1)通过事物之间的转换，而使本事物最终获得解决。曹冲称象，阿基米德在人的影子和身体一样长时通过测塔影的长度来得到金字塔的高度，均是该原则的实例。(2)对立思考，即指从已有事物、理论或经验等完全对立的角度来思考,如变“吹尘器”为“吸尘器”。(3)换位思考,即站到他人立场上或换个角度来思考问题。

5.倒后推理原则。首先确定自己最后希望达到什么目标,然后从这个结果倒后研究,直到找出自己现在应该选择哪条道路,这样才能保证以后可以达到那个目标。

6.不断创新原则。策略贵在创新。放之四海而皆准的策略是不存在的,只有在具体的条件下,在特定的范畴中,策略才能发挥出它的价值。

五

策略来自于人的机敏程度和应变能力。要增强和提高自己的机敏程度和应变能力,还是要多读书、多实践。

《孙子兵法》《三十六计》《鬼谷子》等经典著作,就是直接论策略的,读它们就能起到立竿见影的效果。很多经典书籍,如《三国演义》《水浒传》《西游记》等,都充满着策略,略加注意,也会受益匪浅。又如,人们把《论语》作为儒学经典来阅读,却很少注意其中的策略性。其实孔子在进行道德教化时运用了多种语言策略,不同的对象、场合等,他说话的口气、方式、方法都不一样,只要留心去读,是不难发现的。

熟能生巧——学习策略要从学习、运用方法开始。不知道方法或者不会用方法,就没有形成策略的条件。只有自主、合理、灵活、熟能生巧地应用方法,解决问题,才可以说学会了策略。

学习创新思维。要打破思维定势和思维惯性,就要学习逻辑推理和形象思维,学习辩证思维、发散思维、逆向思维、求异思维、直觉思维、定量数理分析,智力激励法(头脑风暴法)、列举法、设问法等。

学习创新方法。学会、掌握一些基本的创新方法,如组合法、综合法、延伸法、移植法、借鉴法等,并注意训练自己见微知著、举一反三和触类旁通的能力。

学会站在时代的最前列,接受新思想、新事物。如果思想不落后、观念不陈旧，那么所制定或提出的策略就一定会先进。

如果你驾驶着汽车、飞机或轮船朝着成功的方向前进，那么策略就是你手中的方向盘，而策略思维、策略原则、策略创新等就是你的驾驶技术。它们将帮助你绕过或克服前进途中的艰难险阻，如愿以偿地到达成功的目的地。

机会——机不可失，时不再来

一个聪明人所创造的机会比他所发现的机会更多。

——培根

人生成功的秘诀是当好机会来临时，立刻抓住它。

——迪斯雷利

一

机会之机，是时机；会，也是时机。机会——恰逢其时、适逢其会，指的是恰好的时机或时候。

机会是一种有利的、对个人发展有重大影响的、带有一定偶然性的客观因素和客观形势。人们常说的机遇、际遇、机缘、契机、火候、节骨眼、天时、地利、人和等，就是机会。人们常说的幸运、千载难逢、天赐良机、天助我也、大难不死、东山再起、临危受命、时来运转、因祸得福、可遇而不可求、得来全不费工夫、天降大任于斯人、坏事变好事、天上掉馅饼等，也都是机会。

机会最大的特点是时效性：一是不期而至，它何时出现、何时降临，很难预料；二是稍纵即逝，它悄悄地朝你走过来，又很快地离你而远去。

世界上的事情，往往就是这样——“过了这个村，就没了这个店”；“一失足成千古恨，再回头已百年身”；该出手时不出手，而不该出手时却出了手。

所以，杜秋娘的《金缕衣》写得好：“花开堪折直须折，莫待无花空折枝。”机会来了，就要立刻抓住它，不要让它溜走，不要留下遗憾。

二

选择机会的方式。例如：

诸葛亮等待机会。《周易·系辞下》云：“君子藏器于身，待时而动。”诸葛亮少有大志，常把自己比作春秋时期的管仲和乐毅。他隐居隆中，边种地，边修学，静观天下，待机而出，人称“卧龙先生”。后来，刘备三顾茅庐，请得“卧龙”出山，成就了一番大事业。

拿破仑捕捉机会。歌德说：“善于捕捉机会者为俊杰。”1793年土伦战役中，正当前线指挥官苦无良策时，拿破仑及时地提出了新的作战方案，当即被提升为少校、攻城炮兵副指挥。他精心谋划，勇敢战斗，充分显示出自己的胆识和才智，又被破格提升为少将旅长。他，一战成名。

瓦浮基寻找机会。狄更斯说：“机会不会上门来找，只有人去找机会。”19世纪中期，一股淘金热潮在美国西部悄然兴起，成千上万的人涌向那里，幻想一夜暴富。十来岁的穷孩子瓦浮基发现，这里气候干燥，水源奇缺，许多人愿意用一块金币换一壶凉水！不久，瓦浮基放弃了原先的梦想，买来铁锹，挖了一口井，又将凉水过滤，变成清凉可口的饮用水出售。很快，他就赚了一笔数目可观的钱。

孙膑创造机会。培根说：“智者创造的机会比他得到的机会要多。”战国时期，齐国大将田忌常与贵族们赛马，赌注很大，而马的脚力却相差不远。一次比赛时，孙膑变换策略，建议田忌加大赌注，并说：“用你的下等马和他们的上等马比，用你的上等马、中等马和他们的中等马、下等马比。”结果，田忌一败两胜，赢得了齐威王的千金赌注。孙膑因此名声大振。齐威王进而向孙膑请教兵法，并拜他为军师。

三

机会偏爱有准备的头脑。

培根说：“善于识别与把握时机是极为重要的。在一切大事业上，人在开始做事前要像千眼神那样察视时机，而在进行时要像千手神那样抓住时机。”

把握机会需要细心和冷静；需要机敏和智慧；需要勇敢和果断；需要比较和放弃。总之，机会偏爱有准备的头脑。有所观察、有所思考，胸有成竹，才不会错过机会。

1977年，因“文革”而中断了十年的中国高考制度得以恢复。

“文革”期间，全国上山下乡的知识青年达1623万人。

1977年，570万人报考，录取27.3万人。1978年，610万人报考，录取40.2万人。

大部分人选择了放弃，没有报考。很多人由于没有准备，考得很差，很无奈，交白卷者大有人在。一位考生在白卷上写了一首打油诗：“小子本无才，老子逼我来。考试干瞪眼，鸭蛋滚滚来。”阅卷老师则和诗曰：“小子尚有才，无才写不来。回去好好学，明年重新来。”一时传为笑话。

而那些有头脑、有远见、有准备的考生却考得比较好。他们不相信文化大革命会年复一年无止境地搞下去，十年等一回，终于等来了这一天！

他们以高考为契机，改变了命运。后来，许多人跻身于社会中坚，或成为专家、学者、业务骨干，或被选拔到各级领导岗位担任要职。有些人还通过留学机会变换了自己的人生轨迹，在海外读研、读博，创办公司，成了总裁或CEO；有些人留学后又回国发展，成了令人羡慕的“海归”。当年同为下放知青，几十年后却天差地别！

四

机会与机遇。

有时二者用不着分辩得很清楚;但有时,却你是你我是我:

1.宏观上、战略上、历史上的大时机称为机遇,而微观上、战术上、现实生活中的小时机则叫做机会。机遇可以理解为较大的机会,是机会的一种。

2.机遇是由主、客观条件耦合而成的,是不以人的意志为转移的。机遇的形成是一个非常复杂的过程,是主观的、客观的、偶然的、必然的、有意的、无意的等许多因素交互作用的结果。例如我国改革开放的机遇只能发生在二十世纪七十年代末期,而不可能发生在五十年代或六十年代。而机会往往是可以创造和争取的。例如学生因故耽误了一般性的考试,有时是可以申请或争取补考机会的。

3.机遇又是由机会组成的,而机会却不是由机遇组成的。例如国际机遇,它是世界上各种力量长期较量、演变的结果,是历史变化所形成的对于某些国家生存和发展的有利时机,包括政治、经济、军事、科技、文化、体育等许多方面。其中第三世界的崛起、苏联的解体、世界格局的演变、中美关系的改善等机会奠定了我国大好国际机遇的基础,而我国的和平共处五项原则、不结盟、一国两制以及一系列改革开放政策等,发挥了重要作用,又赢得了很多好的发展机会。所以,我国当前的大好国际机遇就是由众多机会累积而成的。而学生补考只是一次机会,从中是找不出机遇来的。

4.相对于社会主体的目标而言,机会往往只表示一种理论上的可能性,而机遇却表示具有实实在在的可能性。我国高考时,北大、清华都会招生,这对于数以百万计的考生来说,仅仅是个机会,而对于那些出类拔萃的优秀考生来说,则是个机遇,因为他们有希望考进北大或清华。所以也可以说,机遇是成功概率较大的机会。

五

发现机会与把握机遇。

人们成功的过程，往往就是把握机会、利用机会、制造机会和创造机会的过程，或者说，往往就是从发现机会到把握机遇的过程。

公元208年的赤壁之战，孙刘联军5万，破曹军20余万。孙吴方面，通过利用机会、制造机会、等待机会和变机会为机遇等，以少胜多，以弱胜强，打败了曹操。

一开始，孙权利用刘表新亡之机会派遣鲁肃到江夏吊祭，以探听曹军虚实。诸葛亮则利用鲁肃江夏吊丧的机会来到东吴，经过舌战群儒、智激孙权和周瑜，营造出了孙刘联盟的大好机遇。

蒋干利用与周瑜的同窗关系，两次来到东吴说降、刺探军情。周瑜则巧妙地利用了这两次机会。第一次让蒋干盗走了假书信，借曹操之手杀了蔡瑁、张允，除去了心头之患。第二次让蒋干带走了庞士元去向曹操献连环计，让曹操用铁链把战船锁住，以便日后焚烧。同时，又通过阚泽献书、黄盖诈降，制造出了火烧机会。

万事俱备只欠东风。最后，等待机会。某日，诸葛亮登坛祭风，三更时分，东南风大起！于是，孙刘联军全线出击，火烧曹军战船，大破之。

机遇往往来自机会，要善于从机会中寻找机遇。而机会并不等于机遇，不能见机会就上，常常需要通过睿智和有计划地努力，将机会变成机遇，从而取得成功。那么，怎样将机会变成机遇呢？

1. 寻寻觅觅，从机会中寻找机遇。机遇存在于机会之中，是各种机会叠加和聚焦的结果，因此，识别机遇要从发现机会开始。寻找机会的方法是要找出对自己有利的空间或时段，那儿便是机会区。

2. 自强不息，提升品质和能力。品质好的人，机会多。卢梭说：“谁成了哪一行的尖子，谁就能走运，因此，不管哪一行，我只要成了尖子，就一定会走运，机会自然会到来，而机会一来，我凭着本领就能一帆风顺。”

3. 发挥优势，营造发展机遇。如果你在某企业或某事业单位工作，你就要把自己的工作作为自己施展才华的平台。有业绩才会有机遇。机遇就在身边，就在眼前，就在手中，就在脚下。

六

机会往往与风险同在，机遇常常与挑战并存。

“机遇有多大，风险就有多大”，这是一种相当流行的说法，其实也并非如此。

人定胜天，事在人为。收益可以提高，风险可以降低。凭借信息占有率、应变能力、竞争实力就可以降低、化解、克服、战胜风险，提高机会、机遇的收益。

机会是可以创造的，在一定的历史条件下，机遇也是可以营造的。特别在政治、军事、商战、博弈、比赛、竞争等方面，人们只有创造机会，才能取得胜利。

怎么创造机会呢？创造机会就是运用发散思维、逆向思维等思维方法，利用现有的资源，有目的地、主动地去增加、发掘或制造有利的形势。

足球比赛中的“边路传中”打法，就是为中路跟进的队友创造机会。制造越位、制造角球、制造点球等，也都是制造机会。有机会才能进球，没有机会就不能破门。球迷们看球，也是看双方是如何制造机会，怎么抓住机会的。这就是足球的魅力。

《孙子兵法》《孙膑兵法》《三十六计》等，主要就是教人如何创造机会。

机会很好，但机会的另一面却是陷阱。在田忌与齐威王赛马中，孙膑所创造的策略，对于田忌来说是机会，但对于齐威王来说却是个陷阱。由于信息不对称，齐威王不知就里，结果输了。

在这个竞争激烈的社会里，真正的陷阱会伪装成机会，而真正的机会也会伪装成陷阱。

七

一个人要始终保持自己思想的敏锐性、先进性、超越性和前瞻性，否则很可能与机会、机遇擦肩而过。

1876年春，一个年轻人来到当时最大的电报公司——西方联合电报公司，求见总经理罗杰斯。年轻人发明了电话机，刚刚获得了专利，想和该公司合作开发这项产业。罗杰斯认为，电话需要在两地之间架设电话线，投资巨大，与电报相比，显然不划算。于是，他拒绝了年轻人的合作提议。

一个月后，年轻人找到了合作者。不久，第一条长途电话线在美国建成。此后，电话线网络不断地向美国全国各地扩展，公司也因此获得了巨大的发展空间。没过几年，其影响力及经济实力就超过了西方联合电报公司，成为了美国通讯业的老大。这家公司，就是贝尔电话公司。那个被罗杰斯拒绝的年轻人，就是电话的发明人、科学家贝尔。

也正是由于贝尔电话公司的崛起，使得西方联合电报公司走上了下坡路，最终停止了所有的电报以及商业通讯业务，退出了世界通讯舞台。晚年的罗杰斯在文章中总结道："保守的、故步自封的僵化思维，使我没能预测到电话业发展的辉煌未来。机遇是重要的，但比机遇更重要的，是眼光。"

选择——人生之路，重在选择

未来是自己在各种偶然性中不断选择的结果。

——李嘉诚

物竞天择，适者生存。

——达尔文

一

“物竞天择，适者生存”。

竞争和选择是大自然界和人类社会的一种普遍现象和规律。有竞争必然会有选择，有选择必然会产生竞争。有能力竞争和能够顺应选择的才有可能生存下去，否则，就会被无情地淘汰出局。

古往今来，许多生物因不能够适应大自然的选择而被淘汰、灭绝。人类顺应选择，进化、发展成为了地球上的主宰。人类选择了制作工具、学习、勤劳，不仅顺应了大自然的选择，而且还能够征服自然、改变大自然的选择。

人类社会本身就充满着竞争和选择，并且，竞争是激烈的，残酷的；选择是无情的，严峻的。

国家与国家之间存在着经济、科技、军事、文化、体育等全面的竞争，特别是意识形态不同的国家和敌对国家之间，竞争和对抗更为激烈。进入发达国家行列，国际地位比较高，别国就会选择与你合作，通商贸易，向你派遣留学生等；如果进入了不发达国家行列，就会贫穷、被动、边缘化，甚至挨打。

行业之间的竞争尤为激烈，特别是IT行业。各行各业都在选择更好的材料、技术和管理人才，拼命地提高产品品质和打造升级版。诸如《金融时报》全球500强企业排行榜，则是达尔文进化论在人类社会中“物竞天择、适者生存”的真实写照。

高考是一次大竞争、大选择。高校在录取分数线以上的地方择优录取，而把其他人拒之门外。

僧多粥少，就业更是一场大竞争。用人单位在这儿好中选优，文凭越选越高，年龄越选越小，有男的甚至就不要女的。

二

重在选择。

人的一生是一组选择题，充满着大大小小的选择，有的选择无关紧要；有的选择却至关重要，例如选择什么样的配偶，选择什么样的职业等。

一个人在出生之前，其父母就已经在为他做选择了，例如十月怀胎时选择食物和营养品，出生时选择医院。出生后，从选择第一口奶起，人生一系列的选择就正式开始了。

人与人之间之所以有区别，往往就区别于一生中的几次重大选择上。

孔子曰：“里仁为美。择不处仁，焉得知？”（《论语·里仁》）孔子说，居住在有仁厚风气的地方才好。只选住处而不选有仁厚风气的地方，怎能算明智呢？孟母深谙此道。《三字经》有云：“昔孟母，择邻处。”凡是学过《三字经》的人，从小就知道这个孟母择邻的故事。孟母三迁成就了孟子。

选择的范围很广，很多地方，虽然用来表述的词汇不同，其实仍然是选择，例如决定、抉择、决策、决断、拍板，拿主意、一锤定音等。

李嘉诚说："未来是自己在各种偶然性中不断选择的结果。"人人都在选择自己的未来。您的未来如何？光明还是暗淡，富裕还是贫穷，幸福还是苦涩，成功还是失败？全在于您的选择。

三

选择职业。

安德烈·莫洛亚说："职业是对人生影响最大的因素之一，一个人只有从事最适合自己的职业，他才能在工作中创造出非凡的业绩。"职业的选择，往往决定着一个人的人生走向和人生成就。

职业选择是个人对于自己就业方向、种类的挑选和确定。它是人们真正进入社会生活领域的标志，是人生中关键性的一步。从某种意义上讲，选择职业就是选择自己的人生，就是选择自己的未来。职业选择关乎人的理想、志向、信念和人生目标的实现，关乎人的终生成就和终生幸福。选择得对、选择得好，适合自己，则可以纵横捭阖，大展拳脚，事业有成，家庭幸福，有利于个人，有利于社会；相反，如果选择得不好，不适合自己，则个人的成就、幸福以及对社会的贡献等，可能会大打折扣。

有一种人职匹配理论，能帮助人们去正确地选择职业。这一理论告诉大家，在选择职业时，首先应认识自我。就是对自己的兴趣、气质、性格、能力、身心素质、知识结构、家庭文化背景等进行全面、客观的评价，从而确定自己所适合的职业范围。其次是了解职业。就是要分析职业内容、职业特点、职业环境、职业地位及经济收入等有关情况，从而找出欲从事的某种职业对从业者素质的具体要求。再次是人职匹配。根据对自身的评价和对职业的分析，确定自己适合从事的职业范围。这样选择职业可增加求职的针对性，减少盲目性。

决定人们选择何种职业的因素是极为复杂的，加上人又有较强的可塑性，所以选择职业还要考虑国家需要、民族利益、社会环境、社会心理、就业政策以及地域、行业等因素。

在个人的得失、兴趣、志向、抱负之外，还有责任。“国家兴亡，匹夫有责”。有一种选择，就是为了责任。

当年，鲁迅就立志学医。在一次细菌学课上，被幻灯片里一段中国人的麻木不仁所震撼，改变了主意而弃医从文，终其一生。这是他一生中最为重要的一次选择。

钱伟长18岁时，以中文、历史两个100分的成绩考进了清华大学历史系，但就在1931年“九一八事变”的那天晚上，决定：弃文从理，科技强国！后来，他成了中国近代力学、应用数学的奠基人之一。

比尔·盖茨放弃哈佛大学和法律专业，选择微软，是为了争取时间，顺应科技发展的潮流、抢占IT行业的制高点。后来，他选择提前退休和慈善事业，是为了全心向善，为人类作贡献。

四

选择伴侣。

婚姻这杯酒，是苦还是甜，全在于选择。

有人说：“选对朋友，快乐一生；选对伴侣，幸福一生。”也有人说：“选对终身伴侣，你的婚姻会像在天堂一样幸福，否则，就会像在地狱一样痛苦。”

有人说：“女怕嫁错郎，婚姻是女人的第二次生命！”也有人说：“男人的事业成功与否，取决于身后的这个女人！”

还有一位哲人说：“与一个好女人结婚，是在生命的暴风雨中找到了避风港；与一个坏女人结婚，则是在避风港里掀起了暴风雨。”

伴侣要和你共度此生，白头偕老。婚姻关系到人生事业、家庭幸福和下一代的养育，是终身大事。

2011年，比尔·盖茨在接受杨澜采访时，被问到他一生中最聪明的决定是创建微软还是大举慈善？他回答说都不是，他说：找到合适的人结婚才是！此前，沃伦·巴菲特也曾经谈到过，人生最重要的决定是跟什么人结婚，而不是任何一笔投资。他说，选择伴侣不仅是选择一个人，更是选择一种生活方式。

盖茨选择了梅琳达·法兰奇。梅琳达相貌平平，身材一般，但是聪明绝顶，非一般女子可比。梅琳达毕业于美国杜克大学计算机系，后来攻下MBA学位，然后进入微软。在嫁给盖茨之前，她已经在微软做出了骄人的业绩。盖茨夫妇在很多问题上的看法都不谋而合，两人的兴趣惊人地相似。

“不似一家人，不进一家门”。找对象，就是寻找自己的另一半，找一个和自己相似的人，陪伴自己一生一世。所谓相似，就是指双方在理想、信念、信仰、价值观、人生观、爱好、兴趣以及受教育程度等方面，比较接近。这样的婚姻，有利于双方的事业，有利于家庭和睦以及对下一代的培养。

在共同的理想、志向和目标下，玛丽·居里和皮埃尔·居里结合到了一起。1903年，居里夫妇和法国物理学家贝克勒尔一起获得诺贝尔物理学奖。1911年，居里夫人又获得了诺贝尔化学奖。他们的大女儿伊莱娜·居里和其丈夫约里奥·居里同获1935年诺贝尔化学奖。

钱三强1936年毕业于清华大学，1937年赴法国留学，师从第二代居里夫妇。1946年4月8日晚，钱三强与何泽慧两位博士在巴黎东方饭店举行婚礼，约里奥·居里夫妇双双出席。约里奥·居里在致词中说道：

“令人怀念的比埃尔和玛丽·居里夫妇，曾经在一个实验室中亲密合作；以后，我和伊莱娜又结为伴侣。事实证明，我们这样的结合，其结果非常之好……我们的‘传染病’，今日又传给了你们。我和伊莱娜共同祝福你们家庭美满，祝愿你们亲密合作，在科学事业上作出令举世振奋的丰硕成果。”

约里奥·居里夫妇的祝福，不久以后变成了现实，人们称钱三强和何泽慧为“中国的居里夫妇”。

童第周和叶毓芬，既是同乡又是同学，从相知、相恋到步入婚姻殿堂。后来，他们被誉为中国生物学界的“居里夫妇”。

文学上共同的爱好和追求使得钱钟书和杨绛一见钟情。1935年，两人牵手围城，从此，“琴瑟和弦，鸾凤和鸣”，被文坛誉为“双子星座”。

五

如何选择？

选择需要方法，不同的选择需要不同的方法。例如，选择伴侣和选择蔬菜的方法不一样，选择职业和选择家具的方法不一样。但是，既然都是选择，就会有一些共同的方法。

1. 高瞻远瞩。要有眼光，站得高，看得远，深谋远虑。要从全局、整体、长远、集体和国家的角度去进行选择。凡是涉及他人、集体、社会、国家利益的选择，都要出以公心，不能夹杂私心杂念或暗箱操作。

2. 心平气和。人的大脑只有在冷静的状态下才能最大限度地发挥作用。相反，在冲动、激动、愤怒、仇恨、怜悯、同情等状态下，大脑的判断就会出错，就会意气用事或感情用事。遇到大事、突发事件，首先要让自己冷静下来，然后才能去选择。

3. 深思熟虑。要细心，要慎重。要尽量多地收集有关信息，信息不对称，选择就会出问题。“当事者迷，旁观者清”，要多多听取他人的意见。在占有信息和集思广益的基础上，反复考虑，然后再作选择。

4. 当机立断。要果断，不能前怕狼后怕虎、犹豫不决。选择往往具有时效性，“过了这个村，就没了这个店”。选择有时需要等待，但不能长时间地徘徊观望，否则就会坐失良机。一旦时机成熟，就要当机立断。

5. 权衡利弊。“两弊相衡取其轻，两利相权取其重”。有比较才有鉴别，有鉴别才有选择。不怕不识货，就怕货比货，货比三家，结果自明。

6. 敢于负责。既然选择了，就要对选择的结果负责。选择了伴侣，就要对伴侣、婚姻、家庭负责。选择了职业就要对职业、事业、社会负责。一个人在选择前,有自由,有权利,但在选择后,就应该有责任,有担当。除非事实证明选择确实错了,才可以放弃或重新选择。

7.提升价值观。一位雕刻家问:“如果博物馆失火,里面有一幅名画和一只普通的小猫,你会去救哪一个?”名画价值连城且不可复制,而小猫则比比皆是。雕刻家认为,猫是生命,生命无价,当然应该救那只猫。

选择背后的主宰就是价值观。有什么样的价值观,就会有什么样的选择,特别是在一些重大问题的选择上。价值观与人生观、世界观是相统一的,而理想、信念、目标、责任等又是“三观”的集中体现。所以,全面提升“三观” 和理想、信念等,有助于人生道路上的所有选择。

学习——天下好事，读书第一

不读书的人，不光人要变得浅薄，也将被社会的前进步伐所抛弃。

——池田大作

天下第一件好事还是读书。

——姚文田

一

学习，指的是通过阅读、听讲、研究、实践等而获得知识或技能的过程。

《论语》开篇第一句，子曰："学而时习之，不亦悦乎？"学了之后能及时、经常地温习和练习，不是一件很愉快的事情吗？有人认为，学习一词就是出自孔子的这一名言。

按照孔子和其他中国古代教育家的看法，学就是阅、闻、见与模仿，是获得知识和技能的手段和过程，主要是指接受感官信息（图像、声音、触觉、味觉等）、书本知识以及某种思想。学是有人教你学或自学。习是巩固知识、技能的行为，一般有三种含义：温习、实习、练习。学偏重于思想意识的理论领域，习偏重于行动实习的实践方面。学习就是获得知识，形成技能(包括获得适应环境、改变环境的能力)的过程。学习,实质上是学、思、习、行的总称。学,是指知识和经验的吸收和累积,习是指知识和经验的巩固和应用。学属知,习属行。中国古代很多哲学家认为,不仅要知(认识),尤其应当行(实践),只有把知和行统一起来,才能称得上善。

学习是一种既古老而又永恒的现象。时至今日,一般认为,学习的概念有广义和狭义之分。从广义上说,学习是人类(个体或团队、组织)在认识与实践过程中获取经验和知识、掌握客观规律,使身心获得发展的社会活动。学习不仅仅是指课本知识即文化的学习,还有生产、工作、生活技能的学习,还有礼貌、礼仪、待人接物、为人处世的学习,还有“修身、齐家、治国、平天下”方面的学习等。从狭义上说,学习专指学生在学校里的学习行为,是学习的一种特殊形式,即学习是学生在教师指导下,有目的、有计划、有组织、有步骤地获得知识、形成技能、培养才智的过程。

二

读书是最好的学习。

“人间数百年旧家无非积德;天下第一件好事还是读书。”

“勤耕种无多有少;多读书不圣也贤。”

我国古代“凿壁借光”“悬梁刺股”“囊萤映雪”“负薪挂角”“程门立雪”等勤奋读书的故事早已家喻户晓,深入人心。

读书,就是为了获取知识。知识是人们在各种活动中所获得的认识和经验的总和,是人类智慧的结晶。知识的载体有三:人脑,实物,书籍(包括报纸、期刊、影像资料、声像资料、电子图书等)。

人脑之所以聪明,就是因为它能吸收、加工、提升和存储大量的知识。但是,人脑的时间和空间十分有限,人类必须用符号把自己的智慧记录下来,才能打破时间和空间的局限性而一代一代地传承下去。这种用文字和其它符号纪录在纸上的智慧,就是书籍。

实物易损,难以保存,其时间性和空间性也很有限。而且,保存实物还必须把实物的图形和制作时间、地点、人员、材质、工艺以及该实物的成因、体系、背景资料等记录下来，形成完整的知识。如钱币文化、服饰文化、饮食文化等，才可以代代相传。这种记录在纸上的文化也是书籍。

其实，书籍就是人脑和实物这两种载体的载体。人为什么要读书？就是为了继承和光大先人的智慧。人类社会为什么会进步发展？正是由于书籍这种载体的作用。先人的智慧像滚雪球一样，一代一代地发扬光大：人，一代比一代聪明；社会，一代比一代文明。如果这个世界上没有书籍，那么人类社会就会是一片黑暗！

书籍是人类用来记录一切成就的主要工具，也是人类取得知识、传承经验、交融感情的重要媒介，对人类文明的进步与发展，厥功甚伟，贡献至钜。无论古今中外，对于书籍和读书，人们总给予最高的肯定与特别的关怀。例如：

高尔基说："书籍是人类进步的阶梯。"

毛泽东说："饭可以一日不吃，觉可以一日不睡，书不可以一日不读。"

习近平总书记说："现在，我经常能做到的是读书，读书已成了我的一种生活方式。读书可以让人保持思想活力，让人得到智慧启发，让人滋养浩然之气。"

人们还将书籍比喻为良师、益友、明灯、桥梁、武器、粮食、方向盘、家庭医生、灵魂工程师、第二个母亲等。

三

开卷有益。

1."立身以立学为先，立学以读书为本"（欧阳修语）。不论是谁，要想在这个世界上立足、获得成功，首要的任务，就是学习，而学习，又当以读书为根本。宋真宗赵恒《劝学诗》吟道："男儿若遂平生志。六经勤向窗前读。"读书，就是从书中获取知识，经过消化，进而转化成自己的能力和才华。

2.“粗缯(zēng)大布裹生涯,腹有诗书气自华”(苏轼语)。书能修身养性,陶冶情操。读不同的书,就会有不同的收获。书读多了,文化底蕴就深厚了,就能全面提升人的精、气、神。

3.“读书破万卷,下笔如有神”(杜甫语)。一个人肚子里有多少书,就与一个人腰里有多少钱一样。钱多了,才能开公司、办企业。一个人只有多读书,多比较,多思考,才能有自己的见解。读书要读到一定的量,才可以动手去写。读得多了,才能写得好。

4.“问渠那得清如许,为有源头活水来”(朱熹语)。半亩方塘,清澈见底,因为源头有活水不断地注入。人的心灵和大脑也一样,只有常常读书,时时补充新知识,才能保持心灵的澄明和大脑的灵活。

5.“读书之乐乐何如?绿满窗前草不除”(翁森语)。读书有休闲、养生、养心功能。而且读书是最积极、最有益、最有效的休闲,也是最经济的休闲,还能在休闲中“充电”,获得知识。

四

学校教育。

学校教育是最好的教育。它自产生之日起,就区别于社会教育和家庭教育,具有独自的特点。它由专业人员承担,在专门的机构,进行目的明确、组织严密、系统完善、计划性强的,以影响学生身心发展为直接目标的社会实践活动。学校教育是正规教育,是传承人类文明的重要的方式和途径,是有史以来公认的、最好的传授知识的方法。

同样的学校、班级、老师、课本,但成绩却各不一样。差别之一,就在方法上,在于学习方法的掌握和运用。其主要方法是:

1. 自主学习。它一方面表现为学习兴趣。有兴趣,就越学越爱学。另一方面表现为学习责任。能清醒地意识到学习跟自己的生活、生命、成长和发展的关系,自觉地担负起学习的责任。自主学习也是一种独立学习。自主性表现为我要学,独立性则表现为我能学。

2.提前预习。上课和打仗一样,有准备和无准备大不相同。不预习,是被动听课。预习了,就变成了主动学习:不仅有心理准备,而且还带着问题急等老师剖析,听起课来更积极、认真和有的放矢。

3.专心听讲。上课是教师经过精心准备所进行的教学活动,知识含金量很高,而且是一次性的,学生少听一分钟、一句话,都是损失。居里夫人堪称典范,"无论是上课或做实验,她都全神贯注,生怕漏掉一个字,连眼睛几乎都不眨一下"(艾军《天才与勤奋》)。

4.认真作业。作业前,把当天所学的课程复习一下。作业要认真、快速。也可借助于钟表进行训练,要做得又好又快。这样,才可能有时间去课外活动、课外阅读、保证睡眠等。

5.纠正错误。身边要备"纠错本",这是高考状元和优秀学生的共同经验。把各种考试中的错误随时记录下来,然后找时间去消灭它们。同样的错误,不犯第二次。错误越来越少,成绩才会越来越好。

五

终生学习。

泰戈尔说:"在我浏览过的书的太阳系里,学校里读的书像地球,而校外读的书则是太阳。"终生学习已是人们不断获取新知识、充实原有知识结构,并最终取得成功的法宝。

1.建立自己的藏书体系。不管你是什么人,家中都必须有书。家中无书,就好像黑暗的房子里面没有灯。自己的藏书,有个性,有特色,质量高,使用方便。

2.建立自己的数据库。资料积累的过程,就是一个人的知识、才干和学术水平增长的过程。吴晗的名言"卡片一万张,学问涨一丈",说的就是这个道理。

3.学点目录学和文献检索知识。书海无涯,从何处着手?目录学和文献检索就是求学、治学、科学科研的门径和必备知识。

4.善于利用图书馆。要了解图书馆。特别注意利用它的工具书、多卷册大部头图书(如丛书、类书、百科全书)、进口图书、原版杂志、特藏图书、灰色文献和电子资源等。

5.养成学习兴趣和习惯。孔子说:“知之者不如好之者,好之者不如乐之者。”(《论语·雍也》)这就是为学三境界:知 、好、乐。

6.要特别注意向他人学习,从实践中学习,不断总结新鲜的经验和知识。成人的读书方法,并没有统一的规范,因目的、要求不同、所读的书不同,采用的方法也就不相同。

例如,鲁迅把阅读分为两种:一种是“非看不可的书籍”必须慢咽细嚼,费神费力;另一种是“消闲的读书——随便翻翻”。

又如,梁启超说:“我们一面要养成读书心细的习惯,一面要养成读书眼快的习惯。心不细则毫无所得,等于白读;眼不快则时候不够用,不能博搜资料。”

六

智力支持。

学习与智力具有辩证关系:智力是搞好学习的基础,智力好,学习就好;学习是智力发展的条件,学习好,智力就发展得快。而观察力、注意力、记忆力、想像力、思维力、转换力等是构成智力的因素,要想提高学习能力和效率,就必须提高和强化它们。

1.观察力。首先要从观察自己喜欢的事物开始,继而培养良好的观察方法,还要积累观察经验并养成良好的观察习惯。

2.注意力。首先要培养兴趣。哪里有兴趣,哪里就有注意力。其次要培养自制力,养成有始有终和专心致志的习惯。再次要避免注意力分散。

3.记忆力。一是明确记忆任务。像驾驶员认路一样,快速、准确、牢固地把该记住的东西记住。二是不要欠债。该记忆的尽快记住。三是保持和增强大脑记忆机能。科学地安排饮食、睡眠,注意劳逸结合。四是采用